先进粒子加速器系列
主编 赵振堂

加速器质谱技术及其应用

Accelerator Mass Spectrometry and Its Applications

姜 山 何 明 等 编著

内容提要

本书为“十三五”国家重点图书出版规划项目“核能与核技术出版工程·先进粒子加速器系列”之一。加速器质谱技术(AMS)是基于加速器技术和粒子探测技术的一种同位素质谱技术，是属于加速器、粒子探测器以及质谱学的交叉学科。本书内容主要包括质谱仪、加速器和探测器的概念、原理、结构等；加速器质谱仪的测量方法；AMS在核科学、考古学、地学、生命科学和药物开发、环境和资源科学等领域的应用。本书读者对象为加速器质谱仪的测试运行维护者、应用研究者、各类用户(环境、资源、设施、医药、食品、材料等)以及相关高校师生和青年学者。

图书在版编目(CIP)数据

加速器质谱技术及其应用/姜山等编著. —上海:
上海交通大学出版社,2020
核能与核技术出版工程. 先进粒子加速器系列
ISBN 978-7-313-23028-7

Ⅰ.①加… Ⅱ.①姜… Ⅲ.①加速器—质谱学 Ⅳ.
①TL5

中国版本图书馆CIP数据核字(2020)第038534号

加速器质谱技术及其应用
JIASUQI ZHI PU JISHU JI QI YINGYONG

编　　著:姜　山　何　明　等
出版发行:上海交通大学出版社
邮政编码:200030
印　　制:苏州市越洋印刷有限公司
开　　本:710mm×1000mm　1/16
字　　数:316千字
版　　次:2020年9月第1版
书　　号:ISBN 978-7-313-23028-7
定　　价:168.00元
地　　址:上海市番禺路951号
电　　话:021-64071208
经　　销:全国新华书店
印　　张:19
印　　次:2020年9月第1次印刷

核能与核技术出版工程

丛书编委会

先进粒子加速器系列

编　委　会

总　　序

1896 年法国物理学家贝可勒尔对天然放射性现象的发现，标志着原子核物理学的开始，直接导致了居里夫妇镭的发现，为后来核科学的发展开辟了道路。1942 年人类历史上第一个核反应堆在芝加哥的建成被认为是原子核科学技术应用的开端，至今已经历了 70 多年的发展历程。核技术应用包括军用与民用两个方面，其中民用核技术又分为民用动力核技术（核电）与民用非动力核技术（即核技术在理、工、农、医方面的应用）。在核技术应用发展史上发生的两次核爆炸与三次重大核电站事故，成为人们长期挥之不去的阴影。然而全球能源匮乏以及生态环境恶化问题日益严峻，迫切需要开发新能源，调整能源结构。核能作为清洁、高效、安全的绿色能源，还具有储量最丰富、高能量密集度、低碳无污染等优点，受到了各国政府的极大重视。发展安全核能已成为当前各国解决能源不足和应对气候变化的重要战略。我国《国家中长期科学和技术发展规划纲要（2006—2020 年）》明确指出“大力发展核能技术，形成核电系统技术自主开发能力”，并设立国家科技重大专项“大型先进压水堆及高温气冷堆核电站专项”，把“钍基熔盐堆”核能系统列为国家首项科技先导项目，投资 25 亿元，已在中国科学院上海应用物理研究所启动，以创建具有自主知识产权的中国核电技术品牌。

从世界范围来看，核能应用范围正不断扩大。据国际原子能机构最新数据显示：截至 2018 年 8 月，核能发电量美国排名第一，中国排名第四；不过在核能发电的占比方面，截至 2017 年 12 月，法国占比约为 71.6%，排名第一，中国仅约 3.9%，排名几乎最后。但是中国在建、拟建的反应堆数比任何国家都多，相比而言，未来中国核电有很大的发展空间。截至 2018 年 8 月，中国投入商业运行的核电机组共 42 台，总装机容量约为 3 833 万千瓦。值此核电发展的历史机遇期，中国应大力推广自主开发的第三代以及第四代的“快堆”“高温气冷堆”“钍基熔盐堆”核电技术，努力使中国核电走出去，带动中国由核电大国向核电强国跨越。

随着先进核技术的应用发展，核能将成为逐步代替化石能源的重要能源。受控核聚变技术有望从实验室走向实用，为人类提供取之不尽的干净能源；威力巨大的核爆炸将为工程建设、改造环境和开发资源服务；核动力将在交通运输及星际航行等方面发挥更大的作用。核技术几乎在国民经济的所有领域得到应用。原子核结构的揭示，核能、核技术的开发利用，是 20 世纪人类征服自然的重大突破，具有划时代的意义。然而，日本大海啸导致的福岛核电站危机，使得发展安全级别更高的核能系统更加急迫，核能技术与核安全成为先进核电技术产业化追求的核心目标，在国家核心利益中的地位愈加显著。

在 21 世纪的尖端科学中，核科学技术作为战略性高科技，已成为标志国家经济发展实力和国防力量的关键学科之一。通过学科间的交叉、融合，核科学技术已形成了多个分支学科并得到了广泛应用，诸如核物理与原子物理、核天体物理、核反应堆工程技术、加速器工程技术、辐射工艺与辐射加工、同步辐射技术、放射化学、放射性同位素及示踪技术、辐射生物等，以及核技术在农学、医学、环境、国防安全等领域的应用。随着核科学技术的稳步发展，我国已经形成了较为完整的核工业体系。核科学技术已走进各行各业，为人类造福。

无论是科学研究方面，还是产业化进程方面，我国的核能与核技术研究与应用都积累了丰富的成果和宝贵的经验，应该系统整理、总结一下。另外，在大力发展核电的新时期，也急需一套系统而实用的、汇集前沿成果的技术丛书作指导。在此鼓舞下，上海交通大学出版社联合上海市核学会，召集了国内核领域的权威专家组成高水平编委会，经过多次策划、研讨，召开编委会商讨大纲、遴选书目，最终编写了这套“核能与核技术出版工程”丛书。本丛书的出版旨在培养核科技人才；推动核科学研究和学科发展；为核技术应用提供决策参考和智力支持；为核科学研究与交流搭建一个学术平台，鼓励创新与科学精神的传承。

本丛书的编委及作者都是活跃在核科学前沿领域的优秀学者，如核反应堆工程及核安全专家王大中院士、核武器专家胡思得院士、实验核物理专家沈文庆院士、核动力专家于俊崇院士、核材料专家周邦新院士、核电设备专家潘健生院士，还有“国家杰出青年”科学家、“973”项目首席科学家、“国家千人计划”特聘教授等一批有影响力的科研工作者。他们都来自各大高校及研究单位，如清华大学、复旦大学、上海交通大学、浙江大学、上海大学、中国科学院上海应用物理研究所、中国科学院近代物理研究所、中国原子能科学研究院、中国核动力研究设计院、中国工程物理研究院、上海核工程研究设计院、上海市辐射环境监督站等。本丛书是他们最新研究成果的荟萃，其中多项研究成果获国家级或省部级大奖，代表了国内甚至国际先进水平。丛书涵盖军用核技术、民用动力核技术、民用非动力核技术及其在理、工、农、医方面的应用。内容系统而全面且极具实用性与指导性，例如，《应用核物理》就阐述了当今国内外核物理研究与应用的全貌，有助于读者对核物理的应用领域及实验技术有全面的了解；其他图书也都力求做到了这一点，极具可读性。

由于良好的立意和高品质的学术成果，本丛书第一期于2013年成功入选"十二五"国家重点图书出版规划项目，同时也得到上海市新闻出版局的高度肯定，入选了"上海高校服务国家重大战略出版工程"。第一期（12本）已于2016年初全部出版，在业内引起了良好反响，国际著名出版集团Elsevier对本丛书很感兴趣，在2016年5月的美国书展上，就"核能与核技术出版工程（英文版）"与上海交通大学出版社签订了版权输出框架协议。丛书第二期于2016年初成功入选了"十三五"国家重点图书出版规划项目。

在丛书出版的过程中，我们本着追求卓越的精神，力争把丛书从内容到形式做到最好。希望这套丛书的出版能为我国大力发展核能技术提供上游的思想、理论、方法，能为核科技人才的培养与科创中心建设贡献一份力量，能成为不断汇集核能与核技术科研成果的平台，推动我国核科学事业不断向前发展。

杨福家

2018年8月

序

粒子加速器作为国之重器，在科技兴国、创新发展中起着重要作用，已成为人类科技进步和社会经济发展不可或缺的装备。粒子加速器的发展始于人类对原子核的探究。从诞生至今，粒子加速器帮助人类探索物质世界并揭示了一个又一个自然奥秘，因而也被誉为科学发现之引擎，据统计，它对 25 项诺贝尔物理学奖的工作做出了直接贡献，基于储存环加速器的同步辐射光源还直接支持了 5 项诺贝尔化学奖的实验工作。不仅如此，粒子加速器还与人类社会发展及大众生活息息相关，因在核分析、辐照、无损检测、放疗和放射性药物等方面优势突出，使其在医疗健康、环境与能源等领域得以广泛应用并发挥着不可替代的重要作用。

1919 年，英国科学家 E. 卢瑟福(E. Rutherford)用天然放射性元素放射出来的 α 粒子轰击氮核，打出了质子，实现了人类历史上第一个人工核反应。这一发现使人们认识到，利用高能量粒子束轰击原子核可以研究原子核的内部结构。随着核物理与粒子物理研究的深入，天然的粒子源已不能满足研究对粒子种类、能量、束流强度等提出的要求，研制人造高能粒子源——粒子加速器成为支撑进一步研究物质结构的重大前沿需求。20 世纪 30 年代初，为将带电粒子加速到高能量，静电加速器、回旋加速器、倍压加速器等应运而生。其中，美国科学家 J. D. 考克饶夫(J. D. Cockcroft)和爱尔兰科学家 E. T. S. 瓦耳顿(E. T. S. Walton)成功建造了世界上第一台直流高压加速器；美国科学家 R. J. 范德格拉夫(R. J. van de Graaff)发明了采用另一种原理产生高压的静电加速器；在瑞典科学家 G. 伊辛(G. Ising)和德国科学家 R. 维德罗(R. Wideröe)分别独立发明漂移管上加高频电压的直线加速器之后，美国科学家 E. O. 劳伦斯(E. O. Lawrence)研制成功世界上第一台回旋加速器，并用它产生了人工放射性同位素和稳定同位素，因此获得1939年的诺贝尔物理学奖。

1945年，美国科学家E. M. 麦克米伦（E. M. McMillan）和苏联科学家V. I. 韦克斯勒（V. I. Veksler）分别独立发现了自动稳相原理；1950年代初期，美国工程师N. C. 克里斯托菲洛斯（N. C. Christofilos）与美国科学家E. D. 库兰特（E. D. Courant）、M. S. 利文斯顿（M. S. Livingston）和H. S. 施奈德（H. S. Schneider）发现了强聚焦原理。这两个重要原理的发现奠定了现代高能加速器的物理基础。另外，第二次世界大战中发展起来的雷达技术又推动了射频加速的跨越发展。自此，基于高压、射频、磁感应电场加速的各种类型粒子加速器开始蓬勃发展，从直线加速器、环形加速器，到粒子对撞机，成为人类观测微观世界的重要工具，极大地提高了认识世界和改造世界的能力。人类利用电子加速器产生的同步辐射研究物质的内部结构和动态过程，特别是解析原子分子的结构和工作机制，打开了了解微观世界的一扇窗户。

人类利用粒子加速器发现了绝大部分新的超铀元素，合成了上千种新的人工放射性核素，发现了重子、介子、轻子和各种共振态粒子在内的几百种粒子。2012年7月，利用欧洲核子研究中心27公里周长的大型强子对撞机，物理学家发现了希格斯玻色子——“上帝粒子”，让40多年前的基本粒子预言成为现实，又一次展示了粒子加速器在科学研究中的超强力量。比利时物理学家F. 恩格勒特（F. Englert）和英国物理学家P. W. 希格斯（P. W. Higgs）因预言希格斯玻色子的存在而被授予2013年度的诺贝尔物理学奖。

随着粒子加速器的发展，其应用范围不断扩展，除了应用于物理、化学及生物等领域的基础科学研究外，还广泛应用在工农业生产、医疗卫生、环境保护、材料科学、生命科学、国防等各个领域，如辐照电缆、辐射消毒灭菌、高分子材料辐射改性、食品辐照保鲜、辐射育种、生产放射性药物、肿瘤放射治疗与影像诊断等。目前，全球仅作为放疗应用的医用直线加速器就有近2万台。

粒子加速器的研制及应用属于典型的高新科技，受到世界各发达国家的高度重视并将其放在国家战略的高度予以优先支持。粒子加速器的研制能力也是衡量一个国家综合科技实力的重要标志。我国的粒子加速器事业起步于20世纪50年代，经过60多年的发展，我国的粒子加速器研究与应用水平已步入国际先进行列。我国各类研究型及应用型加速器不断发展，多个加速器大科学装置和应用平台相继建成，如兰州重离子加速器、北京正负电子对撞机、合肥光源(第二代光源)、北京放射性核束设施、上海光源(第三代光源)、大连相干光源、中国散裂中子源等；还有大量应用型的粒子加速器，包括医用电子直线加速器、质子治疗加速器和碳离子治疗加速器，工业辐照和探伤加速器、集装箱检测加速器等在过去几十年中从无到有、快速发展。另外，我国基于激光等离子体尾场的新原理加速器也取得了令人瞩目的进展，向加速器的小型化目标迈出了重要一步。我国基于加速器的超快电子衍射与超快电镜装置发展迅猛，在刚刚兴起的兆伏特能级超快电子衍射与超快电子透镜相关技术及应用方面不断向前沿冲击。

近年来，面向科学、医学和工业应用的重大需求，我国粒子加速器的研究和装置及平台研制呈现出强劲的发展态势，正在建设中的有上海软 X 射线自由电子激光用户装置、上海硬 X 射线自由电子激光装置、北京高能光源(第四代光源)、重离子加速器实验装置、北京拍瓦激光加速器装置、兰州碳离子治疗加速器装置、上海和北京及合肥质子治疗加速器装置；此外，在预研关键技术阶段的和提出研制计划的各种加速器装置和平台还有十多个。面对这一发展需求，我国在技术研发和设备制造能力等方面还有待提高，亟需进一步加强技术积累和人才队伍培养。

粒子加速器的持续发展、技术突破、人才培养、国际交流都需要学术积累与文化传承。为此，上海交通大学出版社与上海市核学会及国内多家单位的加速器专家与学者沟通、研讨，策划了这套学术丛书——“先进粒子加速器系列”。这套丛书主要面向我国研制、运行和使用粒子加速器的科研人员及研究生，介绍一部分典型粒子加速器的基本原理和关键技术以及发展动态，助力我国粒子加速器的科研创新、技术进步与产业应用。为保证丛书的高品质，我们遴选了长期从事粒子加速器研究和装置研制的科技骨干组成编委会，他们来自中国科学院上海高等研究院、中国科学院上海应用物理研究所、中国科学院近代物理研究所、中国科学院高能物理研究所、中国原子能科学研究院、清华大学、上海交通大学等单位。编委会选取代表性工作作为丛书内容的框架，并召开多次编写会议，讨论大纲内容、样章编写与统稿细节等，旨在打磨一套有实用价值的粒子加速器丛书，为广大科技工作者和产业从业者服务，为决策提供技术支持。

科技前行的路上要善于撷英拾萃。“先进粒子加速器系列”力求将我国加速器领域积累的一部分学术精要集中出版，从而凝聚一批我国加速器领域的优秀专家，形成一个互动交流平台，共同为我国加速器与核科技事业的发展提供文献、贡献智慧，成为助推我国粒子加速器这个“大国重器”迈向新高度的“加速器”，为使我国真正成为加速器研制与核科学技术应用的强国尽一份绵薄之力。

赵振堂

2020 年 6 月

前 言

加速器质谱仪是基于加速器技术和粒子探测器技术的一种高能同位质谱仪。由于加速器质谱仪具有排除分子本底和同量异位素本底的能力，从而极大地提高了测量的丰度灵敏度，使同位素测量的丰度灵敏度从传统质谱仪的 10^{-8} 提高到 10^{-15} 水平。加速器质谱仪的出现为考古学、地学、环境科学、生物医学以及核物理与核天体物理等学科的研究提供了强有力的测量手段。

从 20 世纪 70 年代末加速器质谱仪问世以来，就其仪器本身经历了三个发展阶段：第一阶段的加速器质谱仪是利用核物理实验用的加速器改造而成的，实际上只是加速器的一个实验终端；第二阶段是加速器质谱仪的专用化，它不再是加速器的一个终端，相反加速器却成为加速器质谱仪的一个部件；第三阶段是加速器质谱仪的小型化。进入 21 世纪以来，加速器质谱仪小型化发展迅速，如针对 ^{14}C 测量的加速器质谱仪，其加速器的加速电压减小到 200 kV。

近年来小型化技术的发展使加速器质谱仪的市场售价大幅降低，同时操作更加容易，购买加速器质谱仪的用户迅速增加。到 2018 年底，全世界已经有 170 多台加速器质谱仪在运行，我国有加速器质谱仪 22 台(包括运行的和在建的，其中有一半左右在大学)，成为国际上拥有加速器质谱仪数量最多的国家。

随着加速器质谱仪数量的迅速增加，也产生了一些新的问题：① 实验测试、运行、维护技术人员严重缺乏；② 自从加速器质谱仪问世以来，一些重要的概念如丰度灵敏度、仪器本底水平等还没有适合于加速器质谱仪的定义和规定，一直不当地沿用传统质谱仪的规定；③ 应用研究人员的加速器质谱仪技术和物理基础知识不足，影响了试验结果的准确性和可靠性；④ 许多用户由于对加速器质谱仪及其性能了解不够，导致难以提出好的科学与技术问题；

⑤ 我国目前的加速器质谱仪绝大部分依靠进口，成为我们科学研究成果实现跨越和重大突破的瓶颈。

我们编著本书的主要目的就是针对上述存在的问题，尽可能做到为加速器质谱仪良好的运行与样品测量提供一本工具书，为提出更多、更好科学思想和做出重要科研成果提供一本参考书，为仪器研发人员创造出领先的仪器或核心部件提供启发的一本基础书。随着小型化发展，加速器质谱仪必将成为大学里融教学和科研为一体的最佳仪器之一。

全书共 8 章，第 1 章由李振宇和张宇轩完成；第 2 章由窦亮和贺国珠完成；第 3 章由何明和拓飞完成；第 4 章由何明和庞义俊完成；第 5 章由董克君和何明完成；第 6 章由沈洪涛和张慧完成；第 7 章由李世红和张慧完成；第 8 章由赵庆章和王小明完成。统稿和审阅由姜山完成。

作为本书的主要编著人，笔者代表全体作者，感谢厦门大学刘广山教授在编写过程中给予的指导和建议；感谢上海交大出版社对于本书的支持；尤其感谢本书的责任编辑杨迎春老师不辞劳苦、默默奉献，为本书的出版奠定了坚实的基础。

由于水平所限，本书所存在的问题与不足，敬请各位专家、读者批评指正。

姜　山

2020 年 4 月

目　录

第 1 章
加速器质谱学基础

加速器质谱技术(accelerator mass spectrometry, AMS)是 20 世纪 70 年代末基于粒子加速器和离子探测器发展起来的一项现代核分析技术,属于一种高能同位素质谱技术,主要用于检测自然界中丰度极低的长寿命放射性核素。加速器质谱仪具有测量灵敏度高、所需样品量小和测量效率高等优点,在核科学、考古学、地球科学、环境科学和生命科学等领域具有十分广泛的应用[1-6]。

加速器质谱属于质谱学,但是与传统的质谱学不同。传统质谱学一般包括离子源电离、离子质量分析、被测离子的检测和质谱获取等 4 个环节的核心内容。加速器质谱在此基础上增加了加速器和离子探测器环节。本章依次介绍各个环节的基础知识和基本概念等内容。

1.1 质谱学基础知识

质谱学(mass spectrometry, MS)是研究各种形态的物质质量谱的获得原理、获取方法、仪器使用、质量谱的处理及其应用的科学。简单来说,质谱分析是一种将化学物质电离,并根据其质量与电荷的比值对离子进行分类的分析技术。质谱分析的测量对象是样品中某种物质的质量。质谱分析可以应用于许多不同的领域,不仅适用于纯样品,也适用于复杂的混合物。质谱学的知识体系涉及许多领域,包括基础物理学、基础化学、核工程、地质学、生命科学等。质谱学本身是一个系统的方法和应用的科学体系。它的每一个环节都需要相关学科的系统研究。以获取样品中某分子或者原子的有效信息为目标,质谱学需要从方法学开始,制订有效的测量方案,建立每一类测量对象的系统方法。具体还需要确认样品的化学形态、样品的制备方法、样品引出离子的形式和价态、干扰离子的(化学和物理)有效排除手段、离子加速能量的范围、质量选择的具体方式、离子的物理信号获取途径、数据的在线或离线处理等每一个操作环节。而其中的每一个环节都属于专门的研究课题。作为一个独立的学科体系，质谱学还有其自身的一些专门研究内容，比如表征质谱测量性能指标的提高和优化、方法学的改进、质谱测量仪器的创新、质谱测量工艺的发展等。此外，质谱学测量还需要考虑社会经济成本和效率的最优化等问题。所以，质谱学是一门涉及面很广泛的综合学科体系。

本章关于质谱学基础知识的介绍只侧重于核物理知识背景的相关内容。

1.1.1 质谱学的发展历史

质谱学是从核物理中产生的。1886 年德国物理学家哥德斯坦在低压放电管中发现了阳极射线。1898 年英国物理学家汤姆孙证明了阳极射线是带正电的离子流。为了继续研究阳极射线的性质，1910 年他提出了测定带正电粒子的抛物线方法[7]，并制成了一台测定带正电粒子质荷比的仪器，这就是人类设计的第一台质谱仪器。汤姆孙的学生，英国化学家、物理学家阿斯顿将这台质谱仪器做了改进，得到了质谱学史上第一张分子质谱图。他们还用这台仪器发现了氖是由两种质量的粒子 ^{20}Ne 和 ^{22}Ne 组成的。对于这两种粒子，用化学方法和光谱方法都不能区别它们的性质，它们之间所不同的只是质量。这是一次意义重大的发现，首次证明自然界中存在着稳定同位素。

1920 年，阿斯顿正式给出了“质谱仪”(mass spectrometer)的名词，并将这一学科称为“质谱学”。

随后，阿斯顿设计出了更高灵敏度和分辨本领的质谱仪器，并开始测定原子质量。他在大量的测量数据基础上，于 1927 年公布了著名的敛集率曲线[8]，显示了核的稳定性与核质量的关系。这是质谱学方法在核素分布方面最早的应用研究。

早期的质谱仪器大多采用磁场偏转的单聚焦分析法或者电场与磁场串接的双聚焦分析法，仪器比较笨重。这种设计阻碍了质谱仪器的商业化生产。第一台商用质谱仪于 20 世纪 40 年代出现，但是其基本结构依然采用电磁偏转，仪器无法进一步小型化[9]。

20 世纪 50 年代，人们设计出了四极杆质量分析器，它采用了全新的质量分析原理，由此诞生了第一种无磁质谱仪[10]。很快，第一台飞行时间质谱仪也设计出来，这是第二种无磁质谱仪[11]。随即质谱学在核科学技术中有了深入和广泛的应用[12]。

从 20 世纪 60 年代起，质谱学开始应用于有机分析化学领域。目前质谱学分析方法已经广泛地应用于核科学、化学、化工、材料、环境、地质、考古、能源、药物、刑侦、生命科学、运动医学等各个领域[13]。

质谱学的发展主要是质谱仪器和测量技术的发展。质谱仪器的发展主要是离子源、质量分析器以及探测器各部分的技术创新和应用。质谱学方法和其他测量技术联合使用拓宽了质谱学的应用范围。如质谱学方法和传统的色谱技术联合产生了色谱质谱联合分析技术[14-17]，这是现代生命科学等领域非常重要的分析手段。

另外，现代计算机技术显著提高了测量数据处理的能力和速度，计算机在线数据处理已经成为现代质谱学的一个重要环节。

1.1.2　质谱仪

质谱仪是分离和检测不同质量的粒子（如同位素离子、大分子离子等）的仪器。质谱仪属于质谱学中的测量环节。其工作原理是对具有一定动能的离子进行质量分析，通常是将待测离子的质量与某一已知质量的离子进行比较，从而获得待测离子的数目和质量等信息数据。质谱仪可以根据带电粒子在电磁场中能够偏转的原理或者其他分析原理对离子进行分离和检测。一般的质谱仪直接分析测量的不是离子的质量，而是其质量与该离子电荷态的比值，称为质荷比。

1）质谱仪的结构

传统质谱仪的结构主要有三部分：离子源、质量分析器和检测器。加速器质谱仪的正常工作一般还需要配备相应的电子控制系统、高真空系统、样品的制备（即进样系统）和数据处理系统，如图 1－1 所示。

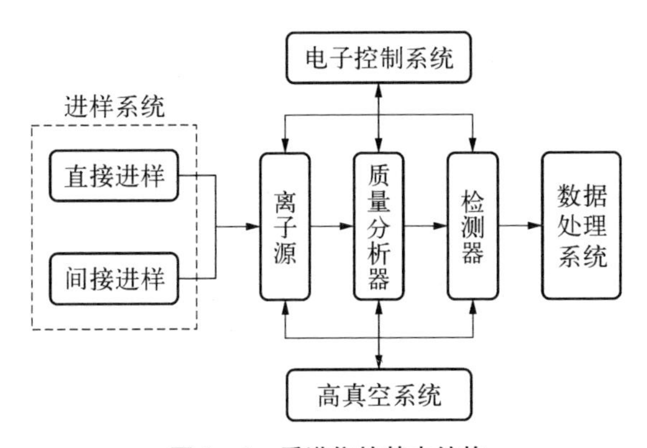

图 1－1　质谱仪的基本结构

2）质谱仪的性能指标

质谱仪有几个典型的性能指标。

(1) 质量测量范围。质量测量范围反映了质谱仪的适用范围。由于质谱仪自身测量原理和设计结构的限制，各类质谱仪都有特定的测量范围。

(2) 信号噪声比。信号噪声比反映了测量仪器的本底水平[17-18]。质谱仪或质谱测量系统的稳定性越高，由此产生的电子学噪声就会越低。影响质谱仪的信号噪声比的因素比较多，如方法学的限制、测量环境的影响、仪器机械性能的稳定性、供电系统的稳定性、信号收集的响应效率等。

(3) 灵敏度。灵敏度通常用原子/离子的转换效率来定义，即用接收器接收到的离子数除以进入离子源的样品原子总数所得的百分数。灵敏度取决于离子源的电离效率，以及离子在离子源、分析器的传输效率和接收器的接收效率。

(4) 丰度灵敏度。丰度灵敏度是指质量数为 M 的离子峰 A_M 与它在质量数为 $M+1$ 或 $M-1$ 位置的离子拖尾峰 A_{M+1} 或 A_{M-1} 之比的倒数，即 $\frac{A_{M+1}}{A_M}$ 或 $\frac{A_{M-1}}{A_M}$。丰度灵敏度反映了仪器的聚焦性能和分辨率，也与测量时的真空度状态相关。拖尾峰主要是由强峰离子与管道缝隙或管道内残存的气体发生非弹性或弹性碰撞所导致的散射离子，以及由电荷转移形成的带电离子和中性粒子组成。

加速器质谱测量几乎不存在以上传统质谱测量的各种干扰。加速器质谱仪的丰度灵敏度是指在有限时间内能够测量到目标核素的最小丰度值，详细请见 2.4 节。

(5) 分辨率。分辨率指的是质谱仪区分测量某核素与其他不同质量核素的能力参数。数学定义有两种常用方法。

① 10％峰谷定义：若两个等高质谱峰 M 及 ΔM 在质谱图中分离，其峰谷（两峰相连的谷的高度）为峰高的 10％。其分辨率记为

$$R=\frac{M}{\Delta M} \tag{1-1}$$

式中，M 为第一个峰的$\frac{m}{Z}$值（或者两个峰的平均$\frac{m}{Z}$值）；ΔM 为两个峰$\frac{m}{Z}$值的差。这里 m 代表被测离子的质量数，Z 代表被测离子的电荷态数。

② 半峰宽定义：形式同式(1-1)，但 M 代表峰的对应$\frac{m}{Z}$值，ΔM 为半峰宽的$\frac{m}{Z}$的差值。在加速器质谱测量中，该定义常用在离子注入加速管前的分辨率检测。对于 $Z=1$ 的情况，可直接定义 M 为质量数，ΔM 为半峰宽（详见 1.3.1 节）。

(6) 精密度。精密度（或称精度）是指在规定条件下所获得独立测量结果之间的一致程度[19]。单次进样测量结果的标准偏差称为内精度；重复进样测量结果的标准偏差称为外精度。内精度主要反映仪器性能，外精度由仪器性能和施加的测量条件决定。外精度通常大于内精度。

3) 质谱仪的分类

质谱仪按应用范围可以分为同位素质谱仪、无机质谱仪和有机质谱仪[13]。

(1) 同位素质谱仪（isotope mass spectrometer，IMS）。IMS 主要是用来测定样品中（核素）同位素的相对丰度。几种典型的同位素质谱仪如图 1-2 所示。同位素质谱仪已经广泛地应用于科学研究、经济工业、国防安全等许多领域。

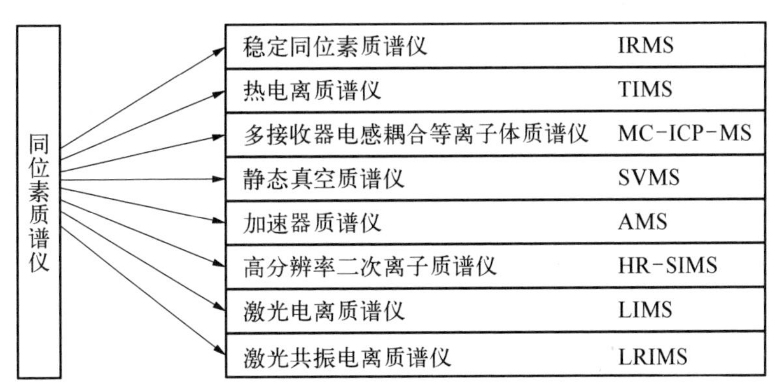

图 1-2　几种典型的同位素质谱仪[20]

同位素质谱仪的技术进展主要围绕提高仪器的灵敏度、丰度灵敏度、分辨率和精度等性能进行。几种常用的同位素质谱仪的典型性能参数如表 1-1 所示。

表 1-1　几种常用同位素质谱仪的典型性能参数(部分数据引自文献[20])

质谱仪种类	型　号	分辨率	灵 敏 度	丰度灵敏度	精　度
同位素质谱仪(IRMS)	Finnigan TMM AT253	C、N、O、S 四种元素 200 H 同位素 25 (10%峰谷)	CO_2 800 分子产生一个离子	M^{44} 在 M^{45} 位置 $<2\times10^{-6}$	N_2: 0.008 SO_2: 0.006 (外精度)
热电离质谱仪(TIMS)	X-62	$\frac{M}{\Delta M}>470$	—	M^{238} 在 M^{237} 位置 <2 ppm	内精度：$\leqslant2\times10^{-6}$(1R SE) 外精度：$\leqslant5\times10^{-6}$(1R SD) ($^{87}Sr/^{86}Sr$)
多接收器电感耦合等离子体质谱仪(MC-ICP-MS)	Neptune plus	>450 (10%峰谷)	(V/ppm①) 1：>40 2：>200 3：>800	<5 ppm(无 RPQ②) <0.5 ppm(有 RPQ)	内精度：$\leqslant2\times10^{-5}$ 外精度：$\leqslant2\times10^{-5}$ ($^{87}Sr/^{86}Sr$)
静态真空质谱仪(SVMS)	Helix SFT	扫描电镜(SEM)>700 法拉第杯(Faraday cup)>400	He：$<10^{-4}$ am ps/Ton③ Ar：$<10^{-3}$ am ps/Ton	M^{40} 在 M^{39} 位置 $<10^{-6}$	(空白本底) ^{39}Ar：$\leqslant5\times10^{-14}$ ccSTP
加速器质谱仪	0.2 MV 单极 AMS	>10 000	(总效率) ^{14}C：5%	$\frac{^{14}C}{^{12}C}$：$<10^{-15}$	^{14}C：0.5%
灵敏、高分辨率的二次离子质谱仪(HS-HR-SIMS)	CAMECA IMS1270	>23 000 (50%传输效率)	24 cps/(ppm·nA)④ (^{206}Pb)	0.8 ppm⑤	(锆石年龄精度小于 1%) O,Mg,Si,S：0.03% C：0.05%

注：① ppm 这里是体积单位，表示微升。② RPQ 指阻滞电位四极杆。③ am ps/Ton 表示对于气体样品，离子源单位气压下质谱仪探测到的离子数目。④ cps/(ppm·nA)指离子源单位束流强度下，元素含量为 1 ppm 时质谱仪的离子计数。⑤ ppm 表示含量为百万分之一，行业用法。

(2) 无机质谱仪。无机质谱仪检测的目标是微量的无机元素，如土壤中重金属元素污染的测定。主流的无机质谱仪常采用四极杆质量分析器，主要是以电感耦合高频放电(ICP)将待测物进行离子化。这样的 ICP－MS 的谱线简单易认，可以同时测量多种元素，灵敏度与精度均很高，广泛用于地质学、矿物学、重金属测定、核工业、环境监测等领域。按照不同的离子化方式，无机质谱仪还有火花源质谱仪、辉光放电质谱仪、离子探针质谱仪、激光探针质谱仪等[21]。

(3) 有机质谱仪。有机质谱仪能够提供化合物的相对分子质量、官能团结构等信息，主要用于有机化合物的定性和定量测量。有机质谱仪与无机质谱仪的工作原理有所不同，区别在于离子化的方式不一样，质量分析器部分可能是相同的。有机质谱仪通常与气相色谱、液相色谱等技术联用，将复杂的有机混合物分离成纯组分再进入质谱仪，解决了质谱只能分析纯品的弊端，充分发挥了质谱仪的分析速度快、灵敏度高的特长。有机质谱仪广泛用于食品安全、环境监测、生命科学、药物代谢、医疗卫生、石油化工、新能源、新材料等前沿领域，以及空间技术和公安刑侦等特种分析领域。

1.2　离子源电离技术

离子源电离技术是将被测样品转变成相应的离子，这是一个复杂且重要的环节。从最早的电子电离技术开始，人们相继研发了各种有效的离子化技术，极大地推进了质谱学在许多领域的应用。另外，离子源的研发针对的是各种不同的样品及其不同的物理、化学形态。早期的离子源对样品处理的要求比较严格。随着离子源技术的发展，现代质谱学技术在某些领域对样品制备的要求已经降低。

离子源将待测量样品转变成相应的离子，这一过程称为样品的离子化[22]。目前各种质谱仪以及加速器的离子注入系统使用的离子源种类有很多[18-23]，这里只介绍三类典型的离子源。

1.2.1　有机质谱电离源

电子电离(electron ionization, EI)是最直接的离子化方法，即用一定能量的电子轰击(气态)样品。从微观角度看，这是一个量子力学描述的散射过程，当电子的动能和样品中的分子的能级差接近时，可以产生较强烈的共振。待测分子就会被共振激发，从而发射出电子，变成正离子。对于不同分子的共振能级差异，人们可以设定电子相应的能量，使得分子离子化的效果达到最优。这样的离子源称为电子电离源[23-24]，可以用于有机大分子气态样品的离子化过程，其电子的动能一般只有几十电子伏特(eV)。图 1-3 中外磁场的作用是使电子束聚焦，提高电离效率。

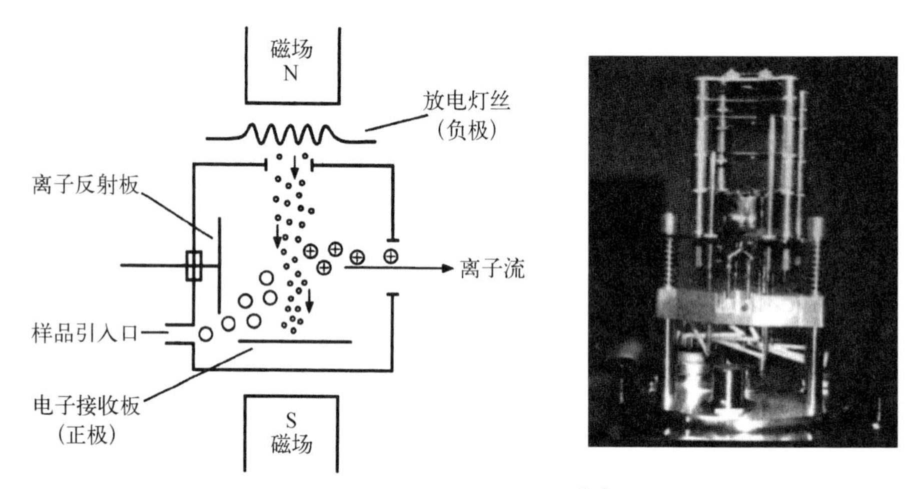

图 1-3 电子电离离子源[22]

随后在电子电离源的基础上人们又设计了化学电离源(chemical ionization, CI)[25]。针对液态样品的离子化，人们还设计了电喷雾电离源(electron spray ionization, ESI)[26]。

对电离后的分子离子可以直接进行质量分析。也有的会对分子离子进行二次离子化，然后再进行质量分析。这样的质谱技术称为次级离子质谱(secondary ion mass spectrometry, SIMS)，也称为二次离子质谱。在次级离子质谱的启发下，人们设计出了快原子轰击电离子源(fast atom bombardment, FAB)[27]，这种技术的最大特点是需要将被电离的样品附着在某种基质上。FAB 常用于以液态为基质的样品的离子化。

基质辅助激光解吸电离源(matrix-assisted laser desorption ionization, MALDI)[28]是以固态为基质，以激光为轰击粒子流的离子化技术。

以上的离子源技术多用于有机质谱学中大分子的质谱测量。从电离的方式看，除了 EI，其他的电离方式都属于软电离技术，这些离子源主要提供分子离子，所以其离子化能力并不是很强。EI 型离子源具有较强的离子化能力，也常用在同位素质谱仪和无机质谱仪中。

1.2.2　无机质谱和同位素质谱离子源

无机质谱和同位素质谱测量的对象一般是单原子离子，所以需要将测量样品电离成适当的离子形式。这就需要较强的电离本领。同位素质谱常用的离子源电离技术有电子电离技术、电感耦合等离子体电离技术、激光电离技术、激光共振电离技术、二次离子电离技术、热电离技术、热电离腔（thermal ionization cavity，TIC）电离技术等[20]。这里只简单介绍比较典型的电感耦合等离子体电离技术。

电感耦合等离子体（inductive coupled plasma，ICP）离子源具有较强的离子化能力，可以提供原子离子，由此设计的电感耦合等离子体质谱（ICP－MS）常用在同位素质谱和无机质谱学的测量中。ICP 离子源的主体是一个由三层石英套管组成的炬管（见图 1－4），炬管上端绕有负载线圈，三层管从里到外分别通载气、辅助气和冷却气，负载线圈由高频电源耦合供电，产生垂直于线圈

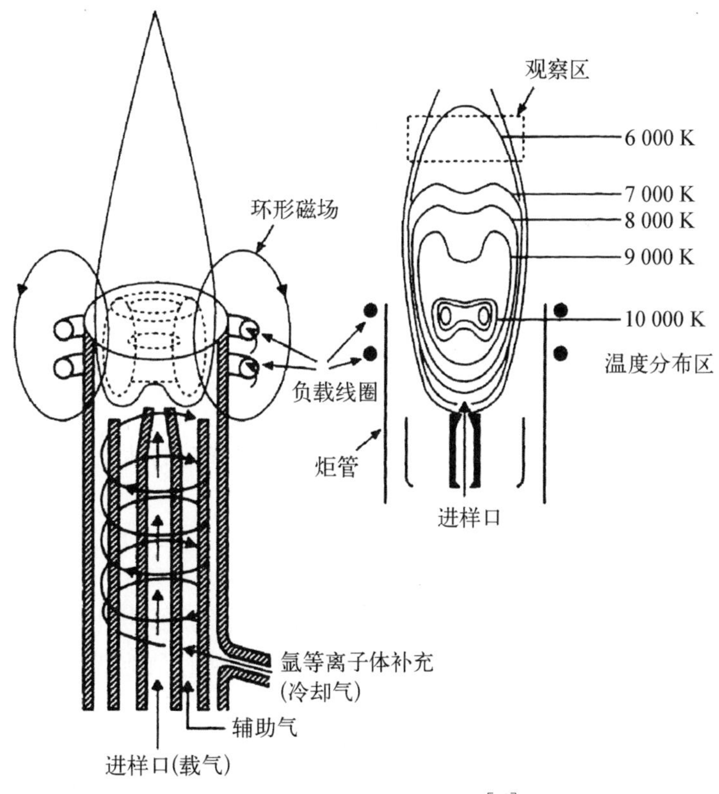

图 1－4　ICP 离子源示意图[18]

平面的环形磁场。高频电磁脉冲使氩气电离，氩离子和电子在电磁场作用下又会与其他氩原子碰撞产生更多的离子和电子，形成等离子体涡流，温度可达10 000 K。而且由于这种等离子体涡流呈环状结构，有利于从等离子体中心通道进样并维持涡流的稳定。样品随载气进入高温ICP中，蒸发、解离、原子化和离子化，从而得到人们需要的离子形式。对于ICP-MS，离子会在6 000 K左右的区域被引出。

1.3 离子质量分析技术

质量分析器是质谱仪的重要部分。质量分析器可以将离子源引出的离子按质荷比值进行分离。质量分析器根据工作原理可以分为电磁质量分析器、飞行时间质量分析器、四极杆质量分析器、离子阱质量分析器、傅里叶变换离子回旋共振仪、轨道离子阱质量分析器等。

1.3.1 电磁质量分析器

电磁质量分析器是最早的离子质量分析器。利用在磁场中运动的带电粒子会发生偏转而设计的分析器称为磁分析器(magnetic sector instrument)。利用在电场中运动的带电粒子会发生偏转而设计的分析器称为静电分析器(electrostatic sector 或 electrostatic analyzer, ESA)。静电分析器在实验核物理中也称为静电偏转器(electrostatic inflector)。这两种质量分析器的工作区域一般是扇形的。凡是静态电场、磁场或者两者的组合构成的质量分析器(质谱仪)统称为扇形仪表(sector instrument)[29]。下面简要介绍电磁质量分析器的工作原理。

在非相对论近似下，离子源引出来的离子具有确定的动能中心值：

$$E=\frac{1}{2}mv^2=ZeU \tag{1-2}$$

式中，e 是元电荷；Z 是离子的电荷态绝对值；U 是离子源的引出电压；m 是离子的质量；v 是离子的速率。实际的离子动能在中心值附近呈近似的正态分布。

离子源引出的离子经过准直狭缝(源狭缝)后进入电(磁)质量分析器。

对于静电分析器(见图1-5)，阳极板和阴极板分别置于扇形区的两个弧

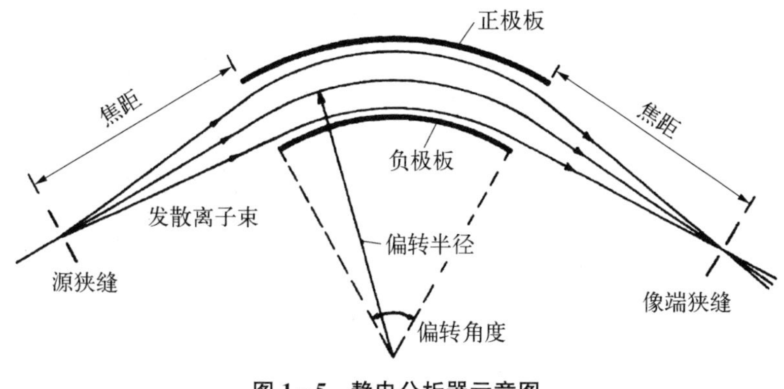

图1-5　静电分析器示意图

形边界。电场的方向在扇形区内的径向。运动的带电粒子在扇形区域的切线方向做圆周运动。根据电场力等于向心力，可知基本关系式为

$$\varepsilon q = \frac{2E}{r} \tag{1-3}$$

式中，ε 为静电分析器的电场强度；r 为既定轨道的偏转半径；E 为离子的动能；$q = Ze$ 为离子的电荷量。于是有

$$\frac{E}{Z} = \frac{\varepsilon e r}{2} \tag{1-4}$$

由于扇形电场的偏转半径 r 是固定的，当电场强度 ε 确定后，静电分析器的作用实际上是对离子的动能与电荷态的比值进行分离和选择。单个静电分析器并不能对离子做质量分析，所以，静电分析器不能在质谱仪中单独实现测量任务。

静电分析器的聚焦功能并不强。为了将进入静电分析器的能量宽度变窄(所谓的聚焦)，通常在静电分析器前设一个源狭缝。狭缝越窄，能量的宽度越小，聚焦效果越好，但进入静电分析器的粒子数目就会越少，从而仪器的灵敏度或者效率就会大大降低。

对于磁分析器，磁场设置在运动粒子的偏转平面的垂直方向。运动的带电粒子在磁场中受到洛伦兹力，运动方向会发生偏转(见图1-6)。基本关系式为

$$Br = \sqrt{\frac{2\,mE}{q^{2}}} \tag{1-5}$$

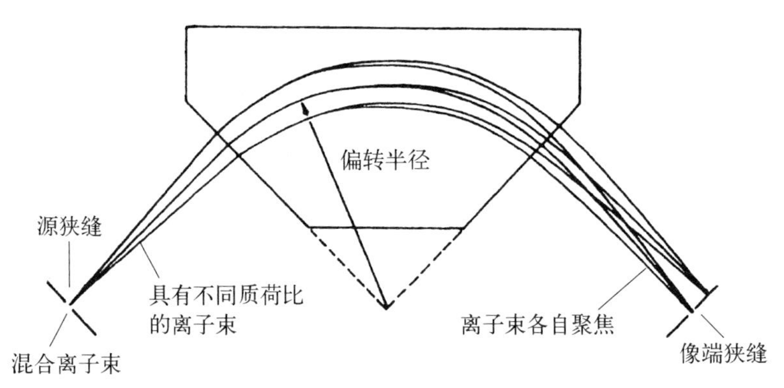

图 1-6　磁分析器示意图[18]

式中，B 为磁场强度；q 为离子的电荷态绝对值；r 为轨道的偏转半径；m 和 E 分别代表离子的质量和动能。Br 为磁刚度。根据式(1-2)，式(1-5)可以写为

$$\frac{m}{Z}=\frac{eB^2r^2}{2U} \tag{1-6}$$

所以磁分析器的作用是对离子的质荷比进行分离和选择。通过改变磁场或者改变离子源引出电压，都可以实现对样品中离子质荷比的磁场扫描。磁分析器可以实现对不同质荷比的粒子束流分别聚焦。通过改变磁场可以选择束流通过出口狭缝。磁分析器同样存在狭缝(分辨率)与效率(灵敏度)的竞争问题。

磁分析器的质量分辨率可由式(1-7)给出：

$$\frac{m}{\Delta m}=\frac{r}{S_1+S_2} \tag{1-7}$$

式中，S_1、S_2 分别为注入磁铁的源狭缝(物点狭缝)宽度和像端狭缝(收集狭缝)宽度；r 为偏转半径，三者量纲一致。真实的分辨率可以通过实验测试得到。应用关系式为

$$\frac{m}{\Delta m}=\frac{1}{2}\,\frac{B}{\Delta B}=\frac{1}{2}\,\frac{B}{W_{hf}(B)} \tag{1-8}$$

式中，B 为扫描获得的束流峰值对应的磁场强度；$W_{hf}(B)$ 为相应峰形的半高宽。

静电分析器实现了能量聚焦，磁分析器实现了质量聚焦。我们将这两种分析器称为单聚焦分析器。

在单聚焦分析器中,离子源产生的离子由于被加速产生的初始能量不能全部严格集中在中心值,即离子速度分布展宽。所以,即使质荷比相同的离子,最后也不能全部聚焦在检测器上,致使仪器的分辨率和效率存在竞争。为了同时提高分辨率和效率,通常采用双聚焦质量分析器,即在磁分析器之前加一个静电分析器。图 1 - 7 所示就是一种典型的双聚焦分析器。静电分析器是将质量相同而速度不同的离子分离聚焦,即具有速度分离聚焦的作用。然后,经过狭缝进入磁分析器,再进行$\frac{m}{Z}$方向聚焦。这种同时实现速度和方向双聚焦的分析器称为双聚焦分析器。

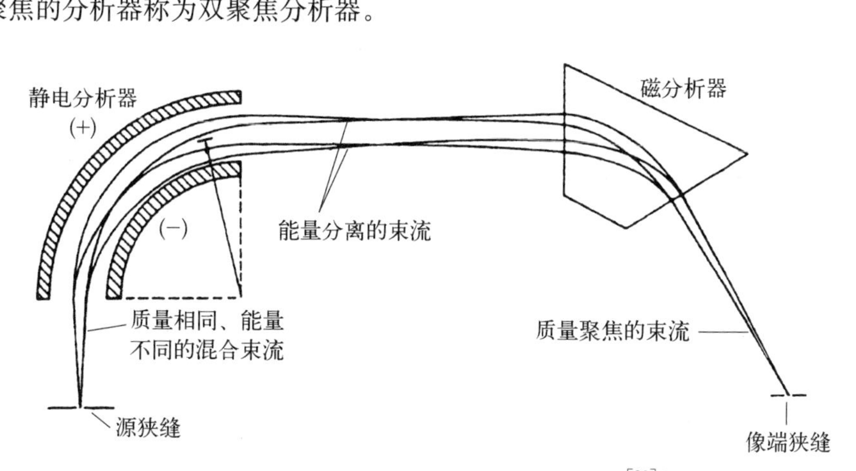

图 1 - 7 一种典型的双聚焦分析器示意图[30]

在同等分辨率的前提下,相比较于单聚焦分析器,双聚焦分析器的优点是可以将狭缝适当放宽,尤其是两个分析器连接处的狭缝可以很宽,从而提高了仪器的测量效率或灵敏度。但是双聚焦分析器仪器尺寸较大,较多地应用于较大的质谱装置,以及用做大型加速器的离子注入系统。

1.3.2 无磁质量分析器

无磁质量分析器是在不同于电磁质量分析器的原理上产生并发展起来的。相对于电磁质量分析器,无磁质量分析器的尺寸一般较小、质量较轻。这为质谱仪的小型化以及商业化创造了重要条件。所以,无磁质量分析器已广泛应用于现代普通质谱检测仪器中。下面介绍几种比较常见的无磁质量分析器。

1) 飞行时间质量分析器

飞行时间(time of flight, TOF)质量分析器很早就出现在质谱领域[11]。

从离子源引出的离子经过准直后进入一个1米多长的真空管飞行，没有外力作用（飞行区域没有外场）。假定离子的电荷态相同，具有相同动能的离子由于质量不同，飞行的速率不同，所以到达终端探测器的时间也就不同。这样，就可以对不同质量的离子进行时间分离或选择。飞行时间质量分析器经过多次改进，现在已经应用于许多有机大分子的质谱分析领域。特别是在大通量、分析速度要求快的生物大分子质谱分析中，飞行时间质量分析器质谱仪成为唯一的可以满足要求的分析手段[22]。

2）四极杆质量分析器

四极杆质量分析器（quadrupole mass filter）的设计思想和电磁质量分析器的原理完全不同。严格地说，四极杆并不是一个质量分析器，而是一个质量过滤器[31]。四极杆质量分析器的主要组成部分是一组四根平行放置的电极杆。四极杆的轴心与离子源引出的离子的直线运动轨迹重合。四根电极杆分别具有确定的电极，在轴线的垂直面上构成对称的电四极矩分布。在电极杆上外加快速交变的射频交流电场和直流电场。直流电场的作用是引导离子在直线运动方向加速，而交变电场在四极杆区域内部形成高速旋转的电场。运动离子在两组电场的作用下做螺旋式前进运动。但是，只有旋转频率与四极电场的设定频率相符的离子才有稳定的运动轨迹，从而能够通过四极杆质量分析器，这样就实现了对特定质量离子的选择。逐渐改变交变电场的设定频率可以实现对离子质量谱的快速扫描。

四极杆质量分析器的优点是扫描速度快，仪器尺寸相对较小，但是测量精度不高。

3）离子阱质量分析器

离子阱（ion trap）质量分析器是在四极杆质量分析器的基础上发展起来的另一类小型无磁质量分析器[22]。其设计思想与四极杆质量分析器相同。两者的区别在于，四极杆质量分析器是选择性地使一种离子稳定前进，其他离子不能稳定运动，最终散射在仪器别的地方，造成了浪费，同时也就降低了效率和灵敏度；而离子阱可以将大多数的离子约束在某一空间，再将某一种离子选择性地激发释放出去，所以很好地节约了样品，同时也提高了灵敏度。

4）傅里叶变换离子回旋共振仪

傅里叶变换离子回旋共振（Fourier transform ion cyclotron resonance，FTICR）[32]是一种根据给定磁场中的离子回旋频率来测量离子质荷比的质谱分析方法。离子在均匀磁场中做回旋运动，离子的回旋频率、半径、速率和能量等这些特征量与离子质量和电荷以及磁场强度存在函数关系。外加一个射频电场，当离子的回旋频率和射频电场的频率发生共振时，离子被同步加速，回旋半径增大。这样，离子的回旋轨迹进入镜像电流感应区，从而产生镜像电流信号。由镜像(脉冲)电流的频率即可计算出离子的质荷比。从数学技术角度来看，这是一个时域信号和频率信号的傅里叶变换[22]。

5) 轨道离子阱质量分析器

轨道离子阱(orbitrap)质量分析器的设计原理[33]类似于傅里叶变换离子回旋共振仪，也是通过离子的旋转振荡产生镜像电流。区别在于，轨道离子阱属于静电场离子阱。轨道离子阱具有较高的分辨率和质量测量精度，在高分子质谱测量中有广泛应用。

几种典型的质量分析器的性能参数列于表 1 - 2。

表 1 - 2　几种典型的质量分析器的性能参数比较

质量分析器种类	测定参数	测量范围 $\frac{m}{Z}$	分辨率	特　点
扇形仪表	动量/电荷	20 000	>10 000	分辨率高，相对分子质量测试准确
四极杆质量分析器	质荷比大小过滤	3 000	2 000	适合不同离子源，正负离子模式易切换，体积小，易加工
离子阱质量分析器	共振频率	2 000	2 000	体积小，中等分辨率，设计简单，价格低，适合多级质谱
飞行时间质量分析器	离子飞行时间	>100 000	>10 000	质量范围宽，扫描速度快，设计简单，高分辨率，高灵敏度
傅里叶变换离子回旋共振仪	共振频率	10 000	100 000	超高分辨率，适合多级质谱，价格昂贵

1.4　加速器

传统的质谱学技术不需要专门的离子加速环节，其离子源自带离子引出功能。但是引出离子的能量一般比较小，这就限制了传统质谱仪的离子鉴别能力。加速器质谱仪在传统的质谱仪中增加了加速器环节，不但提高了离子的能量，也有效地排除了干扰离子。加速器质谱仪装置的灵敏度以及测量下限显著高于传统的质谱仪。

本节主要介绍各种核物理实验加速器的基本概念和基本原理。

1.4.1 加速器概念及历史发展

加速器是用来加速带电粒子束的装置。带电粒子包括正负电子、质子以及其他轻重离子。加速能量低于 100 MeV 的加速器称为低能加速器，能量在 100 MeV～1 GeV 之间的称为中能加速器，能量在 1～100 GeV 范围内的称为高能加速器，能量在 100 GeV 以上的称为超高能加速器[34]。

人工加速器最早出现在 20 世纪 30 年代。当时，应核物理研究的需要，高压加速器、回旋加速器、静电加速器等第一批离子加速器相继设计出来。第一批加速器的加速能量为 100 keV～10 MeV。

随后的几十年，人们不断提高加速能量并改进加速器的其他性能指标，如束流品质、加速器稳定性、加速器功耗、加速离子种类等。1945 年，人们提出了谐振加速的自动稳相原理，突破了回旋加速器的能量上限，推动了稳相加速器的发展。与此同时，微波技术的发展推动了直线加速器的发展，加速粒子的能量很快达到 GeV 量级。20 世纪 50 年代，强聚焦原理的提出使得同步加速器的能量提高到 500 GeV。为了进一步提高有效的加速能量，满足粒子物理以及核物理研究的需要，人们开始设计对撞机，有效加速能量达到 TeV 量级。

短短几十年的时间，人类设计的加速器能量提高了 8 个数量级，世界上加速器的数量达到几千台，加速离子的种类涵盖了核素图上的大多数粒子。此外，超导技术的发展进一步推动了加速器的发展。目前代表人类最高技术水平的加速器是坐落在瑞士和法国交界的欧洲核子研究中心（The European Organization for Nuclear Research，CERN）的大型强子对撞机（the large hadron collider，LHC）。

加速器在很多领域得到了广泛使用，有效地推动了科学研究以及工业的进步。高能加速器主要用于高能物理实验研究。对于低能加速器，其中一小部分用于核物理和核工程研究，大部分用于其他方面，比如材料科学、固体物理、分子生物学、化学以及地质、考古等学科领域，还有同位素生产、肿瘤诊断和治疗、辐射育种、离子注入、空间辐射模拟等工业、农业、医学以及其他领域。

20 世纪 70 年代，加速器开始应用于质谱学（MS）领域。增加了加速器和离子探测器环节的质谱装置称为加速器质谱装置。相对于传统的质谱装置，加速器质谱仪装置可以将离子能量加速到 MeV 量级，从而具有进一步鉴别同量异位素的巨大优势。这使得加速器质谱仪装置的灵敏度显著提高。在超痕量同位素相对丰度测量中，加速器质谱仪是目前唯一有效的手段。

1.4.2　加速器类别

完整的加速系统需要很多环节协同合作，才能实现对特定粒子的加速。一般加速器的基本结构如图 1－8 所示。不同的加速器是根据不同的粒（离）子加速原理设计的，其核心环节就是加速环节。其他的环节基本上没有太大区别。人们一般根据加速环节的设计原理给相应的加速器命名。以下主要介绍某些典型的传统加速器的加速原理。

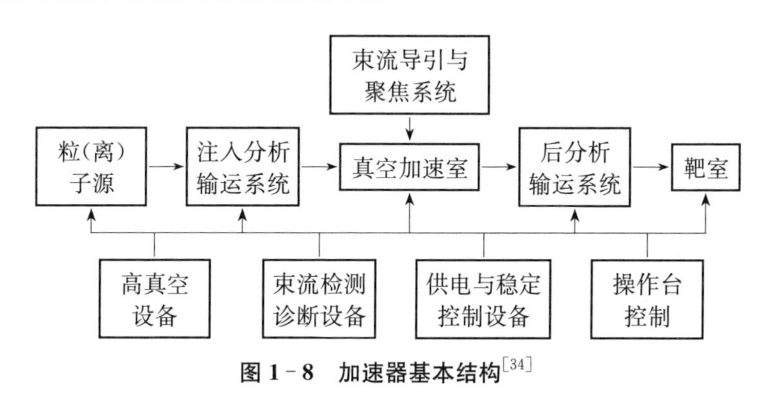

图 1－8　加速器基本结构[34]

1）高压加速器

高压加速器的基本工作原理是利用直流高压电场对带电粒子进行加速。高压加速器包括静电加速器和倍压电路加速器两大类，前者包括串列静电加速器和单极静电加速器。从离子源引出的离子进入加速管，加速管的两端分别接高电位和低电位。带电粒子在电场中实现加速。为了避免与管内的空气分子发生散射而损失加速能量，或产生电荷交换以及减少束流损失等原因，一般的加速管对真空度都有一定要求。

串列静电加速器（简称串列加速器）可以实现离子在加速管内的二次加速，如图 1－9 所示。加速管的前端与离子源相接，处于低电位。加速管的中间区域处于高电位，在高电位区还设置了电子剥离器。加速管的末端处在低电位。这种加速管内部实际上有两段加速电场区域。离子源引出的负离子进入加速管被第一段加速电场区域加速到达高电位区，经过电子剥离器后失去外层电子变成正离子，正离子在第二段加速电场区域再次被加速。

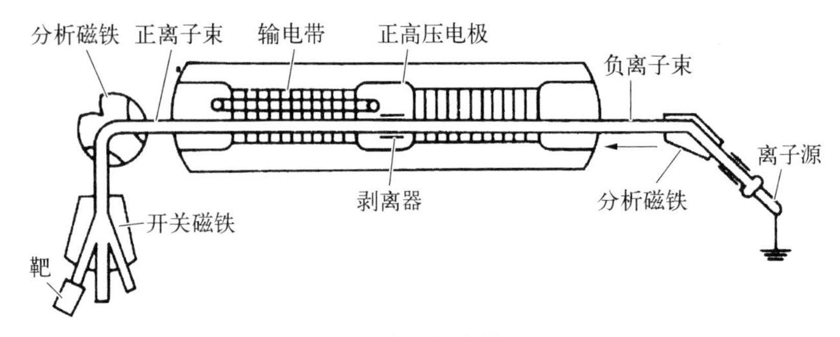

图 1-9　串列加速器原理图

加速管中间的电子剥离器可以将高速运动离子的外层电子剥离，使得离子变成各种可能价态的正离子。离子源引出的一般是分子负离子，这些离子经过剥离器时被剥离掉外层电子，在库仑排斥作用下，会碎裂成各种可能的碎片分子离子或原子离子。剥离器可以是一层薄膜，也可以是一段充有某种气体的区域。根据电子剥离的物理规律，相应的计算程序可以预测剥离后各种价态离子的相对产额。

由于在第一段加速电场区域中的分子离子是负一价，而在第二段加速电场区域中，分子离子碎裂成了各种价态的正离子。对于 $+q$ 价的正离子，其在经过加速管后的总动能为

$$\Delta E = e\left[V_0 + V\left(\frac{m}{M} + q\right)\right] \tag{1-9}$$

式中，e 为电子的电荷绝对值；V_0 为进入加速器前的引出电压与预加速电压之和；V 为加速器设定的端电压；小括号内第一项代表负离子加速阶段获得的能量份额，第二项代表正离子加速阶段获得的能量份额；q 为正离子的价态。

由于串列加速器在加速粒子时需要改变一次粒子的电荷态，而电子的电荷态不能改变，所以串列加速器只能加速分子、离子，而不能加速电子。串列加速器可以将单位质量的离子加速到 MeV 量级，在加速器质谱仪装置中被广泛采用。

2) 感应加速器

感应加速器有两种：一种是电子感应加速器，另一种是直线感应加速器。

电子感应加速器的工作原理是利用随时间变化的磁通量产生涡旋电场来加速电子。在涡旋电场中，电子做加速圆周运动。每转动一圈，电子大约可以获得几十电子伏特(eV)的能量。一般地，电子可以在涡旋电场下沿着封闭轨

道加速运动百万圈，所以最后获得的能量可以达到 MeV 量级，与此同时也需要考虑同步辐射的能量损失。所以电子感应加速器存在加速能量的上限。

直线感应加速器由多个加速组元串接组成。每个加速组元可以单独产生加速电场。加速组元很像一个密绕的环形螺线管，当绕线中通入脉冲电流时，就会感生出环形磁通，并产生轴向的感应电场。直线感应加速器不仅可以加速电子，也可以加速离子。

3）回旋加速器

经典回旋加速器出现于 20 世纪 30 年代，主要由两部分组成，如图 1 - 10 所示。第一部分是产生直流磁场的磁体，可以将运动的带电粒子约束在与磁场垂直的平面内做圆周运动；第二部分是包含 D 形盒的高频电压发生器，可以在两个 D 形盒的间隙产生脉冲电场来加速离子。在非相对论近似下，粒子圆周运动的周期或者频率与半径无关，也与速率无关。脉冲电场的频率无须时刻根据离子的运动速率而调整。但是，当离子的能量较高时，相对论效应使得离子回转的周期随能量增大。另外，还存在离子轴向聚焦随能量发生变化从而需要调整磁场均匀度的问题。两者综合结果使得离子回旋频率与脉冲电场的同步性变差，出现“滑相”。这严重制约了离子加速能量的提高。

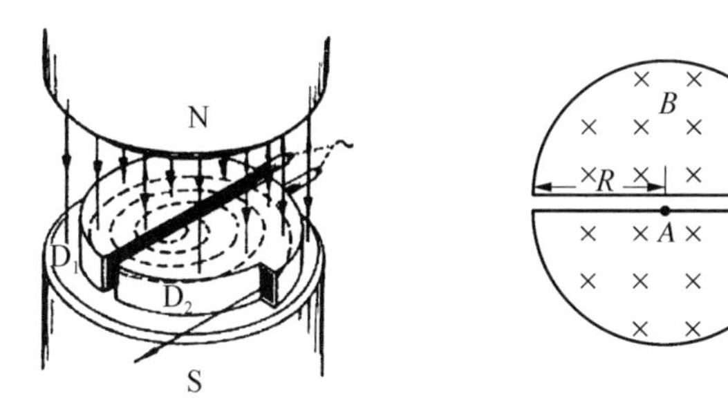

图 1 - 10　经典回旋加速器原理图

等时性回旋加速器在经典回旋加速器基础上设计了等时性磁场。这种磁场不再是均匀分布，磁场的强度沿着径向增大，同时也随着离子能量增大，使得离子的回旋周期不变，从而解决了经典回旋加速器的“滑相”问题。典型的等时性回旋加速器是扇形聚焦回旋加速器。等时性回旋加速器主要出现在 20 世纪 60—80 年代，加速能区一般低于 500 MeV。后来，随着超导技术的发展，人们在 20 世纪 80 年代开始设计超导回旋加速器。

4）稳相加速器

稳相加速器也是在经典回旋加速器上改进的。稳相加速器的磁场依然采用均匀磁场，而加速电场的频率与离子的回旋频率同步。早期同步回旋加速器的设计遇到了一个严峻的理论问题，即由于同步加速频率是一个复杂的函数，理论上无法精确地与离子的回旋频率同步。而且，进入加速器的一般是一簇离子束团，只有束团中严格满足同步频率的理想离子才能被严格加速，而更多的其他非理想离子不能被同步加速，从而最终损失掉。20 世纪 40 年代，人们提出了自动稳相原理，理论证明以上问题可以通过加速离子的自动稳相机制解决，指出了稳相加速器设计的可行性。20 世纪 40—50 年代，稳相加速器广泛地应用于核物理研究领域。但是由于制造成本的限制，稳相加速器的最大加速能量只有 720 MeV。

在稳相加速器的基础上，人们很快设计出了同步加速器。同步加速器与稳相加速器的区别在于，同步加速器的离子运行轨道是固定的，加速离子时需要同步地调节磁场和加速电场。这样的设计节约了电磁铁的使用量，降低了制造成本，并且可以提高加速能量。如电子同步加速器可以将电子加速到 1 GeV。但此时的同步辐射能量损失非常显著，制约了电子加速能量的进一步提高。为了进一步提高加速能量，人们在 20 世纪 70 年代设计出了强聚焦同步加速器。

现代的同步加速器的设计更加复杂，最高的加速能量可以达到 TeV 量级。欧洲核子中心的大型强子对撞机是目前人类设计的同步加速器中加速能量最大的加速器，在高能物理发展中做出了非常重要的贡献。

相对于离子加速，电子加速的规律稍有不同，人们专门设计了电子回旋加速器。电子回旋加速器也存在自动稳相机制的研究和应用问题。

5) 直线加速器

直线加速器是加速器历史上较早出现的加速器之一。其设计原理与高压加速器不同，直线加速器是利用高频电场加速带电粒子。直线加速器一般可分为电子直线加速器和离子直线加速器。由于加速粒子的是高频电场，加速器的核心部件是波导管或者谐振腔。波导管可以容纳行波，谐振腔可以容纳驻波。所以直线加速器的两种基本加速方式是行波加速和驻波加速。

离子直线加速器是当前使用比较广泛的一种加速器。它可以用来直接加速离子，也可以作为高能加速器的离子注入器。

射频四极(radio frequency qaudrupole, RFQ)加速器是 20 世纪 80 年代后迅速发展起来的一种新型离子直线加速器[35]。

RFQ 加速器利用高频四极电场同时实现了对离子的横向聚焦和纵向加

速。RFQ 加速器将横向匹配、横向强聚焦、高效聚束以及加速等几项功能集中在一个部件。在能量低于每核子 2 MeV 的范围里，RFQ 加速器是理想的加速装置。常见的 RFQ 加速器有两种：四翼(4 vane)型 RFQ 加速器适用于以较高的频率加速轻离子，属于谐振腔的加速结构；四杆(4 rod)型 RFQ 加速器工作频率较低，适用于加速重离子。

RFQ 加速器广泛用于各类加速器的注入器、离子注入机、强中子源等场合[36]。近年来，国际上发展的强流 RFQ 加速器技术也广泛应用在加速器驱动的次临界系统(ADS)、散裂中子源(SNS)、中子照相等领域。

由于电子的静止质量非常小，其加速规律尤其是相的运动规律和离子有一定区别，所以人们专门设计了电子直线加速器。世界上最长的、能量最高的美国斯坦福电子直线加速器的加速电子能量可达 22 GeV。

另外，随着超导技术的发展，超导电子直线加速器和超导离子直线加速器也处在不断研发和应用中。

1.4.3　加速器质谱仪中的加速器

加速器已广泛地应用于各种研究领域。在质谱学研究领域，包含加速器的质谱装置称为加速器质谱仪(或 AMS 装置)。实际上，普通的质谱仪本身也有加速离子的功能。此功能由离子源提供，但是能量一般较低。加速器质谱仪装置是在离子源后增加了加速器，可以将离子的能量加速到 MeV 量级，从而有利于质谱测量鉴别干扰离子，实现精确测量。

加速器质谱仪装置常用的加速器有串列加速器和单级静电加速器。

串列加速器可以实现二次加速，并且剥离器可以提供各种可能电荷态的正离子。所以，串列加速器成为目前在加速器质谱仪中使用最多的一种加速器，可以加速几乎所有的元素离子。这种加速器质谱仪一般有两类。第一类是在传统核物理研究的加速器上改进后用做质谱测量，如中国原子能科学研究院的加速器质谱仪装置(CIAE－AMS)是在北京串列加速器核物理国家实验室 HI－13 串列加速器上建成的。第二类是专门设计的串列加速器质谱仪装置。比如中科院地环所的 3 MV 的加速器质谱仪装置，以及北京大学的 0.6 MV 专门测量碳元素的 CAMS 装置都属于这一类。

随着加速器质谱仪装置小型化的发展趋势[37]，小型的加速器质谱仪装置应运而生。中国原子能科学研究院和广西师范大学联合研制的紧凑型加速器质谱仪装置，采用了单极静电加速结构，加速能量为 0.2 MeV。单极静电加速器是在串列加速器的基础上去掉了二次加速的部分，即离子源引出的分子负离子在静电加速器经过第一次加速，再被剥离器转换成正价态离子后，直接进入质量分析器。

随着加速器的新原理和新技术的发展，加速器本身会有更长足的发展，会在各种领域包括加速器质谱学领域有更广泛的应用。

1.5 射线探测技术与离子的质谱检测

质谱仪核心环节的最后一个环节是离子的检测。通过探测离子的电荷或者能量的物理信息，得到关于离子质量分布的数据。质谱仪对离子的探测技术源自核物理的射线探测技术。

核物理学研究的射线一般有四种：轻带电粒子(包括质子、α 粒子等)及重离子(原子序数大于 2)；β 射线(电子)；X 射线和 γ 射线；中性粒子(中子)。它们与物质的相互作用规律决定了对它们的探测手段。

1.5.1 射线与物质的作用规律

重带电粒子经过探测物质时，主要是与探测物质的核外电子发生电磁相互作用，从而将能量转移给物质，称为电子阻止作用。重带电粒子在单位路径上的能量损耗满足 Bethe-Bloch 公式。而重离子主要与探测物质发生电荷交换效应、电子阻止及核阻止作用。当重带电粒子或者重离子在探测物质中将自身的运动能量损耗殆尽后即会停留在物质中。

β 射线是高速运动的正负电子。当 β 射线经过探测物质时，不仅会使物质发生电离，还会产生韧致辐射；如果电子的速度大于辐射场的传播速度，会发生切伦科夫辐射；由于电子的静止质量最小，会在探测物质中发生多次散射。当电子的动能损耗殆尽后就会被物质吸收掉。电子在单位路径上的电离能损和辐射能损都有已知的计算公式。对于正电子，在路径的末端最终会与物质中的电子发生湮灭，放出两个特征 γ 光子(能量都是 0.511 MeV，方向夹角为 π)。

X 射线和 γ 射线与探测物质的作用主要有三种：光电效应、康普顿散射和电子对效应。这三种作用的发生不仅与光子的能量有关，还与物质的属性有关，另外还可能发生低能光子的瑞利散射(相干散射)和高能光子的光致核反应。

中子与物质会发生核反应，产生次级粒子，这些粒子再与物质作用产生可观测的效应。

1.5.2 射线探测技术

射线探测技术也称为核探测技术。根据射线与物质的不同作用规律，人们设计了各种探测器。核物理中常用的探测器主要有四类：气体探测器、闪烁探测器、半导体探测器和固体径迹探测器。

1) 气体探测器

典型的气体探测器有电离室、正比计数器和盖革-弥勒(G－M)计数器。它们探测的物质是气体。气体探测器在核物理实验的早期使用广泛。现以电离室为例介绍其工作原理。

图 1－11 所示是一种简单的电离室。虚线部分是电离室的主体，由两个电极板平行放置，极板之间充有气体。电离室的信号输出端由 RC 电路构成。为保证电离室正常工作，对预设工作电压 V_s 有两个要求：① 电压必须足够高，保证电离产生的离子不会复合损失掉；② 电压必须足够低，避免离子漂移过程出现电荷倍增效应。

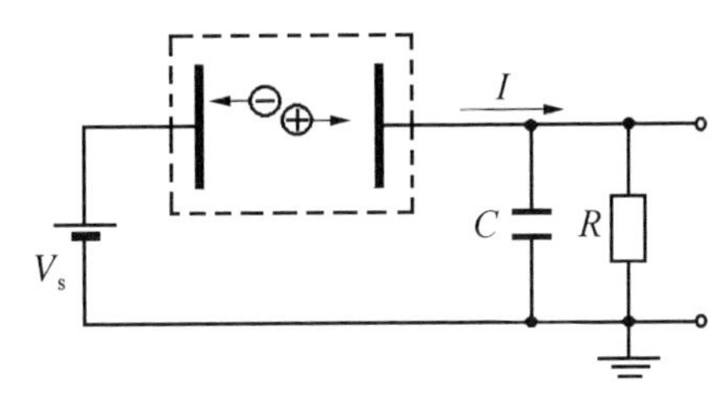

图 1－11　电离室原理

离子进入电离室就会将周围的气体电离，在离子的径迹上产生大量的离子对(电子和正离子)，在单位路径上的能量损耗满足 Bethe-Bloch 公式。这些离子对会在电场作用下做定向漂移，最后被收集到电极上。离子对的形成瞬间会改变极板之间的电场以及极板之间的电压。这样，就会有感应电流 I 输出。在一定的工作电压下，感应电流的强度和生成的离子对数存在函数关系。调节工作电压，使得感应电流的强度与离子对数成正比，这样电离室就可以正常工作了。

感应电流持续的时间来自两部分，第一部分是电子漂移的时间(约为 1 μs)，第二部分是离子漂移的时间。一般地，电子漂移率约为离子的 1 000 倍。RC 电路具有特征衰减时间 $\tau = RC$。设定 τ 远大于电子漂移时间，且远小于离子漂移时间，即 $T^- < RC < T^+$，这样收集极电位就可以得到快脉冲信号，如图 1－12 所示。图中，$T^- < RC < T^+$ 条件下电

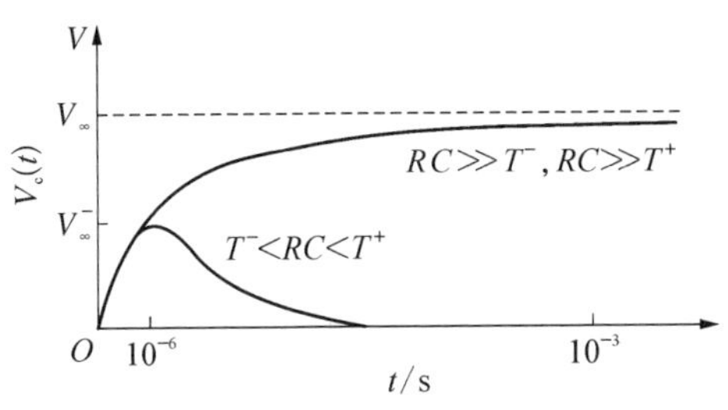

$V_c(t)$—收集极电位；V_∞—$t\to\infty$ 的收集极电位；V_∞^-—电子漂移感应的电压信号。

图 1－12　电离室脉冲信号形状

压信号快速衰减形成脉冲；而当 $RC \gg T^{-}$ 和 $RC \gg T^{+}$ 时，电压信号趋近 V_{∞}，不能形成脉冲信号。

在以上电离室的基础上改进的加栅电离室可以获得单个电离事件的电离能量信息。图 1-13 显示了一个加栅电离室的工作原理。在电离室的阳极板前加装一个金属栅网，就可以将电离发生的区域和信号采集的区域分开。电离事件发生后，正负离子在电离区域完成漂移，同时产生栅极感应电流 I_g。电离室的阳极板不会产生感应电流 I，这就达到了屏蔽电离信号的效果。只有当电子漂移穿过栅网后，阳极板上才会出现感应电流 I。对感应电流 I 的时间积分可以得到总电荷量 Q，而 Q 正比于单个电离事件的电离能量。栅网网格大小的设定需要兼顾信号电极的屏蔽效果以及漂移电子的通过性。

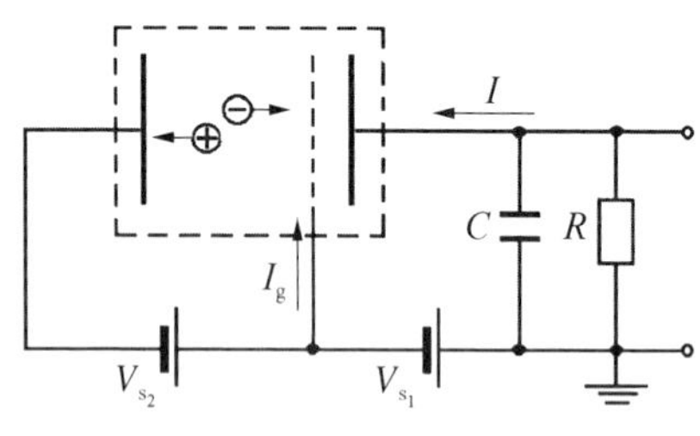

图 1-13　加栅电离室原理

电离室可以收集单个离子的电离能，记录结果为一次脉冲信号，称为脉冲电离室；还有一种是累计电离室，用于记录大量辐射粒子的平均效应和累计效应。正比计数器和盖革-弥勒计数器的工作原理与电离室相似，只是工作电压不同。

2）闪烁探测器

闪烁探测器的工作原理是当某种透明的荧光物质被射线电离或者激发后会发出荧光。闪烁探测器一般由三部分组成：闪烁体、光电倍增管和信号收集系统。闪烁体即为探测物质，被射线激发后发出的荧光统一收集到光电倍增管。光电倍增管负责转换光电信号并将其放大，电信号最后进入信号收集系统，实现对射线的记录。闪烁探测器中常用的闪烁体有 NaI(TI)晶体、CsI(TI)晶体、ZnS(Ag)闪烁体、锗酸铋(BGO)晶体、氟化钡晶体等，还有其他有机闪烁体及液体闪烁体。不同闪烁体会对特定的射线有不同的灵敏度，它们的发光效率、发光衰减时间等性能参数也各有区别。

3）半导体探测器

半导体探测器的工作原理与电离室相似。半导体的 P-N 结区域在反向电压下形成一个强电场区。带电粒子经过 P-N 结区域时，会将处于满带的电子激发到空带，形成电子-空穴对。在电场作用下，电子和空穴分别向两极漂移，收集的感应电流可以在输出回路中形成信号。金硅面垒探测器(gold silicon surface barrier detectors, GS-SBD)是常用的一种半导体探测器，主要用于测量带电粒子的能谱。高纯锗(HPGe)探测器常用于探测β、γ射线。

4) 固体径迹探测器

固体径迹探测器曾经在高能核物理实验中起过重要作用,现在依然是高能物理实验中的重要探测手段。射线经过探测物质会留下痕迹,形成一条清晰的径迹。人们通过观测径迹的形状,推算粒子的电荷、动量等物理性质,还能直接得到相互作用顶点的相关信息。气泡室、火花室、原子核乳胶、多丝正比室等都曾经在高能核物理实验中使用过。径迹探测器一直是粒子物理实验的主要探测手段。最近,气体电子倍增器(gas glectron multiplier, GEM)作为一种新型的微结构气体探测器(micro-pattern gas detector, MPGD),具有高的计数率,良好的时间分辨、能量分辨、空间分辨等优点而用于高能粒子径迹探测[38]。另外,CR39探测器作为一种典型的塑料固体径迹探测器[39]在高能物理之外的许多科研领域有广泛应用。

射线探测技术不只是探测器技术,电子学技术以及数据的收集与处理也是射线探测技术的重要组成部分,通常将三者统称为核电子学[40]。首先探测器将射线的能量转化成脉冲电信号,然后电子学线路将电信号转移并收集,最后计算机软件将这些电信号进行分析处理。所以,完整实现射线的探测需要三者的协同合作。

1.5.3 离子的质谱检测

质谱学需要将被测离子的电荷或者能量转化成电信号,并进行收集和处理。所以质谱学中的离子检测技术和核物理中的射线探测技术相似。区别在于质谱仪已经将离子加以鉴别,最终只需知道终端离子的计数即可。所以质谱学需要获取的数据相对比较简单。

质谱学收集离子的信号一般有电荷量和能量脉冲两种。离子的质谱检测通常分为两类[22]:一类是单点离子收集(point ion collect),即将到达检测器的特定离子一个一个记录下来;另一类是点阵收集(array collect),即将到达检测器的所有离子同时记录下来。

1.5.3.1 传统质谱仪的离子检测

普通的质谱学离子检测常用的检测器主要有以下四种。

1) 法拉第杯

法拉第杯(Faraday cup)也称为法拉第接收器,是一种电流转换器,收集对象是离子的电荷量。法拉第杯可以把在真空中运动的离子流转换成在导体中运动的电子流。法拉第杯通过记录一段时间内的总电荷量,从而得到平均电流强度的信息。所以，法拉第杯在同位素质谱仪中常用来进行同位素离子的电流积分数据收集[41]；而在大型加速器束流线上也常用来进行束流检测[42]。对于大型加速器，法拉第杯一般安装在离子注入系统的束流线上，当需要测量束流强度时，就把法拉第杯移到束流线中央；不需要时，就将其移开。

2) 电子倍增器

电子倍增器是一种核电子监测器件，收集对象是离子的能量。它的前端涂有一层金属氧化物。具有一定动能的离子撞击电子倍增器的涂层会激发出次级电子。电子倍增器再将单个的离子产生的次级电子信号放大，从而实现对单个离子的记录。电子倍增器分为连续式和非连续式两种。连续式的电子倍增器具有更快的响应频率和更高的放大效率，所以适合进行快速的质量扫描。目前微通道板电子倍增器是使用较多的一种连续式电子倍增器。

3) 电-光离子检测器

最初的电-光离子检测器里面设计有一个电-光转换器，可以将正离子产生的次级电子转换成光子，最后光信号被光电倍增器或者光电二极管列阵收集。改进的电-光离子检测器可以检测负离子，光信号收集环节使用了闪烁计数器[43]。

4) 深冷检测器

深冷检测器工作在极低温度下，可以将离子的动能转换成热能，从而实现检测和计数。深冷检测器是在宇宙学和粒子物理学的实验探测中产生的，用于探测极其微弱的或者极其罕见的粒子信号[44]。这种检测器最近用于生物大分子的质谱测量[45]。

1.5.3.2 加速器质谱仪装置的离子检测

加速器质谱仪装置中被检测离子能量比较高(在 MeV 量级)，所以加速器质谱仪可以采用核物理实验中的一些常规检测技术记录离子数目，甚至可以进一步进行离子(同量异位素)鉴别。

1) $\Delta E-E$ 探测器

电离室是加速器质谱学中较常用的检测器(探测器)[46]。在电离室基础上研发的 $\Delta E-E$ 探测器(见图 1-14)常用于加速器质谱的离子探测和鉴别。进入电离室的离子在路径上的能量损失会被阳极板分段收集，而阴极板收集离子的总能量。这样可以得到离子能损的双参数图(见 1.6 节)，从而实现对同量异位素的鉴别。$\Delta E-E$ 探测器是加速器质谱仪测量中进行同量异位素鉴别的常用方法，可以对 ^{10}Be、^{14}C、^{26}Al、^{36}Cl 和 ^{41}Ca 等核素实现有效的同量异位素鉴别与测量。但是，$\Delta E-E$ 探测器对探测离子的能量上限只有 5 MeV，

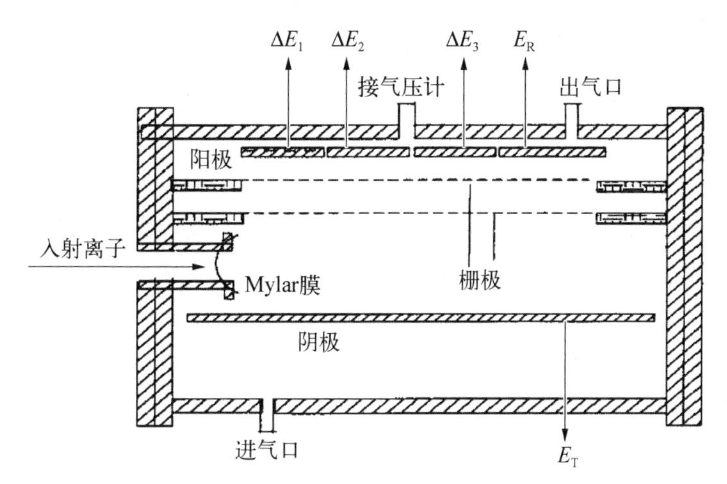

图1-14 一种典型的多阳极电离室：ΔE-E探测器

即一般只适合加速能量低于5 MeV的加速器质谱仪测量。

2）充气飞行时间谱仪[47]

对于能量高于5 MeV的加速器质谱仪测量中的中等核素同量异位素鉴别，充气飞行时间谱仪法（gas filled time-of-flight，GF-TOF）是一种有效的鉴别方法。

两个具有相同能量的同量异位素在同一介质中的能量损失率是不同的，即它们的速度改变率不同，因此穿过同等长度的同一介质所需要的时间也就不同。通过测量这一时间的不同，就可以进行同量异位素的鉴别。

GF-TOF系统由起始时间探测器、充气室和停止时间探测器组成（见图1-15）。起始时间探测器采用微通道板（micro-channel plate，MCP），停止

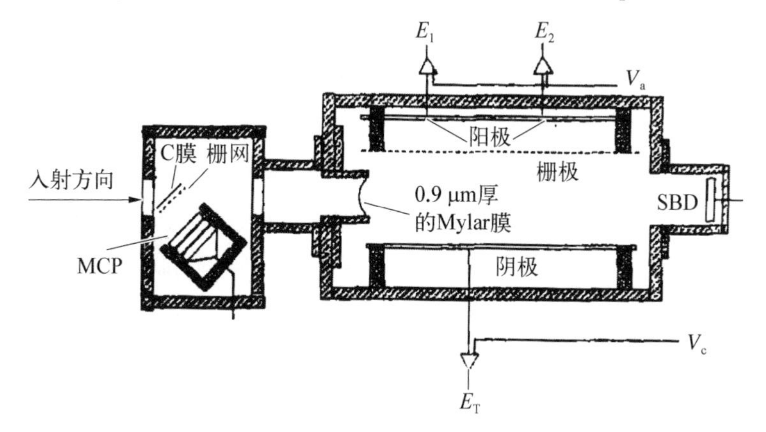

图1-15 充气飞行时间谱仪原理图

时间探测器采用金硅面垒半导体探测器(SBD),放在充气室的后面。SBD同时可用来测量剩余能量 E_R。充气室又可作为电离室,用来测量能损 ΔE。两者可以用来鉴别中轻核素(比如 ^{36}Cl 和 ^{41}Ca 等)的同量异位素。

3) 半导体探测器

对于一般的离子信号收集,加速器质谱仪只需要收集离子的个数信息。半导体探测器(semiconductor detector)可以记录单个离子的能量脉冲信号,不能对同量异位素做鉴别,所以可以满足一般的单点离子收集。金硅面垒探测器(GS-SBD)在加速器质谱仪测量中常用于重核素的计数[48-49]。

另外,重离子磁谱仪也可以用做加速器质谱的离子检测,比如,Q3D磁谱仪[50-51]等。

1.6 离子质量图谱

质谱(mass spectrum)是离子信号作为质量与电荷比值的函数曲线。质谱可用于确定样品的元素或同位素特征,并阐明分子和其他化合物的化学结构。具体来说,质谱是通过质谱仪终端的检测器获取不同电荷态离子计数按照质量的分布。获得质谱是质谱学的最终目标和最后一个环节。质谱一般可以是分布图谱,也可以是分布列表。早期的质谱主要是手动计数,处理速度慢,一般会先使用数据列表记录质谱。由于现代计算机技术的使用,已经广泛采用数据在线处理。这样,质谱在线扫描计数可以直接得到质谱图,快速分析样品的质谱。

一般的质谱图是离子计数强度对质荷比的二维分布图。在某个质荷比的位置,计数显著增大形成一个峰,称为离子峰。质谱图中离子峰的位置对应离子的质荷比,峰的强度对应该离子的相对丰度。

质谱图或者质谱测量中,特征峰是比较重要的。有机大分子化合物的质谱图一般会有两个特征峰。

在大分子化合物的质谱中,通常会出现最大质荷比的峰,该峰对应被测化合物大分子的正一价离子 M^+,称为分子离子峰。其他的峰分别与大分子的各种碎片离子(不同质量、不同价态)对应,称为碎片离子峰。

另外一种特征峰是一个质谱图中最强的峰,称作基峰。一般地,可以将该峰的相对强度取为1。其他峰的强度以此峰归一化。这使得质谱分布强度便于比较。

在某些大分子质谱图中，这两个特征峰可以是一个峰，如图 1-16 所示。

大型加速器质谱主要是处理同位素质谱，以上的特征峰很难观测到，我们可以寻找别的特征峰。比如中国原子能科学研究院的加速器质谱仪装置 CIAE，无论离子源溅射何种样品，在引出的离子束流中，$^{16}O^{-}$ 离子是最多的，其会形成一个很强的离子峰。一般地，可以先扫描确认 $^{16}O^{-}$ 离子峰，再根据磁刚度关系估计其他离子的位置。所以，这里的特征峰就是某一特定离子的峰。

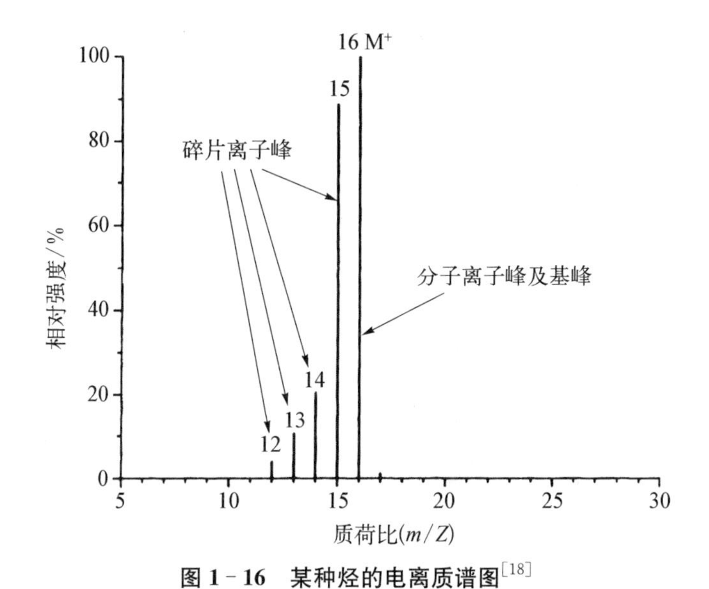

图 1-16　某种烃的电离质谱图[18]

还有一种特征峰是以峰位的相对形状来确认的，如同位素质谱中的 HfF_5^- 离子峰扫描图。Hf 同位素的自然丰度是已知的，在对 HfF_5^- 样品的扫描中可以明确得到如图 1-17 所示的质谱扫描图[52]。离子峰的相对丰度与 Hf 同位素的自然丰度一致。所以这种特定的相对关系（质谱图形状）可以帮助我们确认每一个离子峰。

有一种比较常用的质谱二维图，显示的不是离子的相对丰度与质荷比关系，而是被测离子和干扰离子质谱的相对分布关系。如利用加速器质谱仪装置测量核素 ^{32}Si 时，存在同量异位素 ^{32}S 的干扰，质量分析器无法将两者区分开。探测器采用多极板电离室，利用两者在电离室前进路径上的能量损失差异，可以将两者完全区分开。图 1-18 给出了待测核素 ^{32}Si 和干扰核素 ^{32}S 在

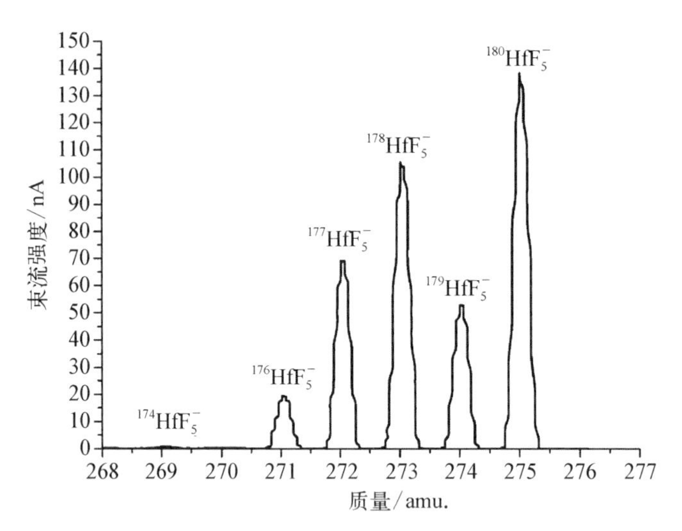

图 1-17　加速器质谱仪注入装置对 HfF_5^- 束流的同位素质谱扫描

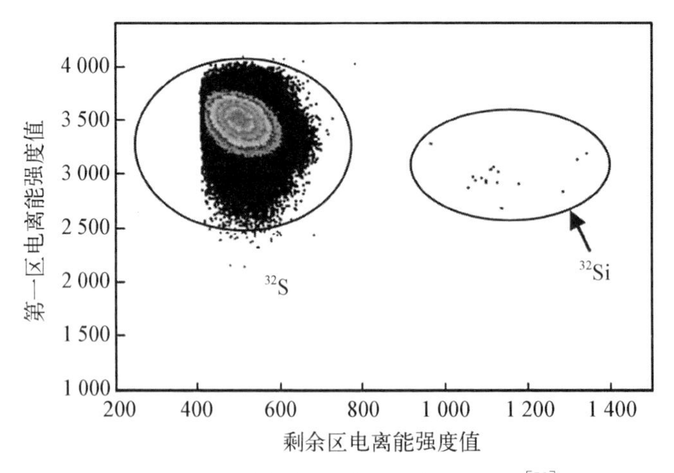

图 1-18　同量异位素 ^{32}Si 与 ^{32}S 的鉴别[53]

注：图中横纵坐标都代表能道分布，是多道分析软件的二维显示结果，表征同量异位素的相对位置，无单位。

多极板电离室中的电离能双参数图(也称为双维图)。从该图可以直观、清楚地看到，电离室已将两种核素完全区分开。

总之，人们会根据具体的测量需要获取相应的质谱图。质谱图可以帮助人们快速、直观地分析样品的分子团构成或者元素组成比例等信息，是质谱学分析方法中最重要的一个环节。

参考文献

[1] 郭之虞，李坤，陈铁梅，等. 加速器质谱计的原理、技术及其进展[J]. 原子能科学技术，1989，23(6)：76－80.

[2] 刘克新. 加速器质谱及应用[J]. 现代仪器，2003(5)：1－4.

[3] 刘克新，李坤，马宏骥，等. 加速器质谱与环境科学[J]. 核技术，2001，24(9)：783－786.

[4] 姜山，董克君，何明. 超灵敏加速器质谱技术进展及应用[J]. 岩矿测试，2012，31(1)：7－23.

[5] 姜山，杨旭冉，何明，等. 加速器质谱在核科学中的应用[J]. 深圳大学学报(理工版)，2015，32(1)：8－16.

[6] 何明，庞义俊，姜山. 加速器质谱技术及其在环境科学中的应用[J]. 现代科学仪器，2016(6)：23－29.

[7] Thomson J J. Rays of positive electricity[J]. Proceedings of the Royal Society A, 1913, 89(607): 1－20.

[8] Aston F W. Mass Spectra and Isotopes[M]. London: Edward Arnold, 1942.

[9] Nier A O. A mass spectrometer for routine isotope abundance measurements[J]. Review of Scientific Instruments, 1940, 11(7): 212－216.

[10] Paul W, Steinwedel H. Ein neues massenspektrometer ohne magnetfeld [J]. Zeitschrift für Naturforschung A, 1953, 8(7): 448－450.

[11] Wiley W C, McLaren I H. Time-of-flight mass spectrometer with improved resolution[J]. Review of Scientific Instruments, 1955, 26(12): 1150－1157.

[12] Wang S J. Application of mass spectrometry in nuclear science and technology and its prospect[J]. Chinese Journal of Nuclear Science and Engineering, 1996, 16(1): 75－80.

[13] 陶少华，刘国根. 现代谱学[M]. 北京：科学出版社，2015：288－289.

[14] Liang X D. The review of mass spectrometry applied in new drug investigation[J]. Journal of Chinese Mass Spectrometry Society, 2002, 23(4): 234－240.

[15] Dorsey J A, Hunt R H, Oneal M J. Rapid-scaning mass spectrometry continuous analysis of fraction from capillary gas chromatography[J]. Analytical Chemistry, 1963, 35(4): 511－515.

[16] Waston J T, Biemann K B. High-resolution mass spectra of compounds emerging from a gas chromatograph[J]. Analytical Chemistry, 1964, 36(6): 1135－1139

[17] 杨承宇. 全国质谱学会议资料选编[M]，北京：原子能出版社，1983：156－164.

[18] Gross J H. 质谱[M]. 2 版. 北京：科学出版社，2012.

[19] 黄达峰，罗秀泉，李喜斌，等. 同位素质谱技术与应用[M]. 北京：化学工业出版社，2005：159－160.

[20] 赵墨田. 同位素质谱仪技术进展[J]. 现代科学仪器，2012(5)：5－19.

[21] Brancia F L. Digital asymmetric waveform isolation (DAWI) in digital linear ion trap [J]. Journal of the American Society for Mass Spectrometry, 2010, 21(9): 1530－1533.

[22] 赖聪. 现代质谱与生命科学研究[M]. 北京：科学出版社，2013.
[23] Bleakney W. A new method of positive-ray analysis and its application to the measurement of ionization potentials in mercury vapor[J]. Physical Review, 1929, 34(7): 157 - 160.
[24] Nier A O. A mass spectrometer for isotope and gas analysis[J]. Review of Scientific Instruments, 1947, 18(6): 398 - 411.
[25] Munson B, Field F. Chemical ionization mass spectrometry. I. General introduction [J]. Journal of the American Chemical Society, 1966, 88(12): 2621 - 2630.
[26] Fenn J B, Mann M, Meng C K, et al. Electrospray ionization for mass spectrometry of large biomolecules[J]. Science, 1989, 246(4926): 64 - 71.
[27] Barber M, Bordoli R S, Elliot G J, et al. Fast atom bombardment mass spectrometry[J]. Analytical Chemistry, 1982, 54(4): 645A - 657A.
[28] Zakett D, Schoen A E, Cooks R G, et al. Laser-desorption mass spectrometry/mass spectrometry and the mechanism of desorption ionization[J]. Journal of the American Chemical Society, 1981, 103(5): 1295 - 1297.
[29] Cordaro J, McIntosh J. Upgrade of high resolution mass spectrometers[C]. Proceedings of the 54th International Instrumentation Symposium, 2008.
[30] Johnson E G, Nier A O. Angular aberrations in sector shaped electromagnetic lenses for focusing beams of charged particles[J]. Physical Review, 1953, 91(1): 10 - 17.
[31] Philip E M, Denton M B. The quadrupole mass filter: Basic operating concepts[J]. Chemical Education, 1986, 63(7): 617 - 622.
[32] Comisarow M B, Marshall A G. Fourier transform ion cyclotron resonance[FT - ICR] spectroscopy[J]. Chemical Physics Letters, 1974, 25(2): 282 - 283.
[33] Richard H P, Cooks R G, Noll R J. Orbitrap mass spectrometry: Instrumentation, ion motion and applications[J]. Mass Spectrometry Reviews, 2008, 27(6): 661 - 699.
[34] 陈佳洱. 加速器物理基础[M]. 北京：北京大学出版社，1993.
[35] Kapchinskii I M, Teplyakov V A. Linear ion accelerator with spatially homogeneous strong focusing[R]. Inst of High Energy Physics, Serpukhov, USSR, 1970(2): 19 - 22.
[36] Chen J E, Guo Z Y, Lu Y R, et al. Progress of RFQ accelerator study at Peking University[J]. Atomic Energy Science and Technology, 2008, 42(Suppl): 224 - 228.
[37] Synal H A, Jacob S, Suter M, et al. the PSI/ETH small radiocarbon dationg system[J]. Nuclear Instruments and Methods in Physics Research B, 2000, 172(1 - 4): 1 - 7.
[38] Sauli F. GEM: A new concept for electorn amplification in gas detectors[J]. Nuclear Instruments and Methods in Physics Research A, 1997, 386(2 - 3): 531 - 534.
[39] 朱润生. 固体核径迹探测器的原理和应用[M]. 北京：科学出版社，1987.

[40] 科瓦尔斯基 E. 核电子学[M]. 何殿祖，译. 北京：原子能出版社，1975.

[41] 刘文贵，唐明霞. 同位素质谱仪的法拉第接收器[J]. 分析仪器，2013(2)：57 - 62.

[42] Li Z Y, He M, Dong K J, et al. ΣHfF_5^- current monitoring with off-axis Faraday cup in AMS measurement of ^{182}Hf at CIAE[J]. Nuclear Science and Techniques, 2012, 23(4): 199 - 202.

[43] Li M H, Tsai S T, Chen C H, et al. Bipolar ion detector based on sequential conversion reactions[J]. Analytical Chemistry, 2007, 79(4): 1277 - 1282.

[44] Glass I S. Handbook of infrared astronomy[M]. New York: Cambridge University Press, 1999.

[45] Wenzel R J, Matter U, Schultheis L, et al. Analysis of megadalton ions using cryodetection MALDI time-of-flight mass spectrometry[J]. Analytical Chemistry, 2005, 77(14): 4329 - 4337.

[46] Fu D P, Ding X F, Muller A M, et al. Study on ^{10}Be measurement using 0. 5 MV AMS facility[J]. Atomic Energy Science and Technology, 2013, 47(11): 2131 - 2136.

[47] Jiang S, He M, Jiang S S, et al. A gas-filled time of flight detector for accelerator mass spectrometric measurements[J]. Jour of Chinese Mass Spectrometry Society, 1998, 20(3, 4): 23 - 24.

[48] Wang X B, Wang W, He M, et al. Study on AMS measurement of ^{79}Se[J]. Atomic Energy Science and Technology, 2013, 47(12): 2317 - 2321.

[49] Li Z Y, Jiang S, He M, et al. AMS measurement technology for ^{182}Hf[J]. Atomic Energy Science and Technology, 2013, 47(2): 172 - 177.

[50] Li Z C. Focal plane detector systems for Beijing G120 Q3D Magnetic Spectrometer [J]. Nuclear Electronics and Detection Technology, 2002, 22(5): 385 - 392.

[51] Li C L, He M, Zhang W, et al. AMS measurement of ^{36}Cl with a Q3D magnetic spectrometer at CIAE[J]. Plasma Science and Technology, 2012, 14(6): 543 - 547.

[52] Dong K J, He M, Yu L Z, et al. Progress in AMS measurement of ^{182}Hf at CIAE [J]. Chinese Physics Letters, 2010, 27(11): 110701.

[53] Gong J, Li C L, Wang W, et al. The ΔE - Q3D method for AMS measurement of ^{32}Si[J]. Nuclear Techniques, 2010, 33(7): 490 - 496.

第 2 章
加速器质谱仪

本章主要介绍加速器质谱仪原理、装置结构、仪器现状和技术发展等问题。在此基础上定义了加速器质谱仪测量的丰度灵敏度，讨论了影响丰度灵敏度的因素以及影响丰度灵敏度的重要问题之一，即本底问题。最后介绍了加速器质谱仪技术的新发展。

2.1 加速器质谱仪发展简史

因地质和考古等学科发展的需求，随着加速器技术和离子探测技术的发展，20 世纪 70 年代末诞生了一种新的核分析技术——加速器质谱技术(AMS)[1-2]。加速器质谱仪是基于加速器技术和离子探测器技术的一种高能质谱技术，属于一种同位素质谱技术，它克服了传统质谱学(MS)技术存在的分子本底和同量异位素本底干扰的限制，因此具有极高的同位素丰度灵敏度。目前传统同位素质谱测量的丰度灵敏度最高为 10^{-8}，加速器质谱仪则达到了 10^{-15}。加速器质谱仪不仅具有如此高的测量灵敏度，还有样品用量少(ng 量级)和测量时间短等优点。因此加速器质谱仪为地质、海洋、考古、环境等许多学科研究的深入发展提供了一种强有力的测试手段。

加速器质谱仪的发展可以追溯到 1939 年。Alvarez 和 Cornog[3]利用回旋加速器测定了自然界中 ^{3}He 的存在。在之后的近 40 年中，由于重离子探测技术和加速器束流品质等条件的限制，一直没有开展任何关于加速器质谱仪的工作。随着地质学、考古学等对 ^{14}C、^{10}Be 等长寿命宇宙成因核素测量需求的不断增强，为了解决衰变计数方法和普通质谱测量方法测量灵敏度不够高的问题，1977 年，Stephenson 等[4]提出用回旋加速器探测 ^{14}C、^{10}Be 等长寿命放射性核素的建议。与此同时，美国 Rochester 大学的研究小组提出了用串列加

速器测量 ^{14}C 的计划[1]。加拿大 McMaster 大学和美国 Rochester 大学几乎同时发表了用串列加速器测量自然界 ^{14}C 的结果。从此，加速器质谱仪技术作为一种核分析技术，以其多方面的优势迅速发展起来。至 2019 年，专门的加速器质谱仪国际会议已经召开了 14 次(见表 2-1)，有 150 多个加速器质谱仪实验室开展了相关工作，其中我国有中国原子能科学研究院[5]、北京大学、中国科学院上海应用物理研究所和中国科学院地球环境研究所等近 20 个加速器质谱仪实验室。加速器质谱仪应用研究工作几乎涉及所有研究领域，而且在许多方面都取得了重要的科研成果，并发挥着越来越不可替代的作用。

表 2-1　加速器质谱仪国际会议召开的时间和地点

届　数	年　份	国　家	城　市
第一届	1978	美国	罗切斯特
第二届	1981	美国	阿尔贡
第三届	1984	瑞士	苏黎世
第四届	1987	加拿大	尼亚加拉
第五届	1990	法国	巴黎
第六届	1993	澳大利亚	堪培拉、悉尼
第七届	1996	美国	图森
第八届	1999	奥地利	维也纳
第九届	2002	日本	名古屋
第十届	2005	美国	伯克利
第十一届	2008	意大利	罗马
第十二届	2011	新西兰	惠灵顿
第十三届	2014	法国	艾克斯
第十四届	2017	加拿大	渥太华

加速器质谱仪目前主要用于分析自然界长寿命、微含量的宇宙射线成因核素，如 ^{10}Be(1.5×10^{6} a)、^{14}C(5 730 a)、^{26}Al(7.5×10^{5} a)、^{32}Si(172 a)、^{36}Cl(3.0×10^{5} a)、^{41}Ca(1.0×10^{5} a)、^{129}I(1.6×10^{7} a)等，其半衰期在 $10^{0}\sim10^{8}$ a 范围，地球、天体和宇宙间许多令人感兴趣的过程正是在这个时间范围内。作为年代计和示踪剂，这些宇宙射线成因核素可提供自然界许多运动、变

化以及相互作用等的相关信息。

2.2　加速器质谱仪原理

实质上，加速器质谱仪与同位素质谱仪的原理是相同的。上一节已指出：加速器质谱仪是基于加速器技术和离子探测器技术的一种高能质谱技术，属于一种同位素质谱技术。由于加速器和离子探测器的使用，加速器质谱仪突破了普通质谱仪测量中存在的分子本底和同量异位素本底的限制，从而使得测量的丰度灵敏度从普通质谱仪的 10^{-8} 水平提高到 10^{-15} 水平。

2.2.1　加速器质谱仪基本原理与结构

同位素质谱仪的丰度灵敏度最好时为 10^{-8}，其影响因素主要是分子本底和同量异位素本底。例如，测量^{36}Cl，存在^{35}ClH、$^{18}O_2$ 等分子离子和^{36}S 同量异位素离子的干扰，同位素质谱仪无法将这两类本底排除掉。加速器质谱仪则通过加速器把离子能量提高后，离子穿过一个气体或膜剥离器把分子瓦解并排除；再通过探测器就能够把同量异位素分辨出来。

2.2.1.1　加速器质谱仪的工作原理

加速器质谱仪是一种具有排除分子本底和同量异位素本底能力的同位素质谱技术。普通质谱仪与加速器质谱仪原理如图 2-1 所示。

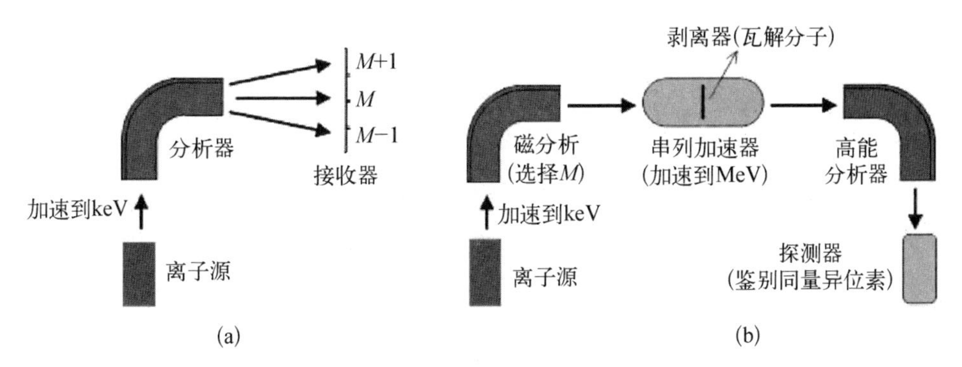

图 2-1　普通质谱仪与加速器质谱仪原理图

(a) 普通质谱仪；(b) 加速器质谱仪

图 2-1(a)为普通质谱仪原理图，其过程为从离子源引出的离子加速到 keV 量级，再经过磁铁、静电分析器后，按质量大小不同经不同的轨迹进入接

收器。在同位素质谱仪的接收器中，在质量数为 M 的位置存在三种离子：一是待测定的核素离子，二是分子离子，三是同量异位素离子。例如，测定^{36}Cl时，在质量数 $M=36$ 的位置上，除了^{36}Cl外，还有^{35}ClH、$^{18}O_2$ 等分子离子和^{36}S同量异位素离子。分子离子和同量异位素离子是限制传统同位素质谱仪测量丰度灵敏度提高的两个最重要因素。

图 2-1(b)为加速器质谱仪原理图。与普通同位素质谱仪相似，加速器质谱仪由离子源、离子加速器、分析器和探测器组成。两者的区别在于：① 加速器质谱仪用加速器把离子加速到 MeV 的量级，而普通同位素质谱仪的离子能量仅为 keV 量级；② 加速器质谱仪的探测器是针对高能带电粒子具有电荷分辨本领的粒子计数器。在高能情况下，加速器质谱仪具备以下优点。

(1) 能够排除分子本底的干扰。对分子的排除是由于在加速器的中部具有一个剥离器(薄膜或气体)，当分子离子穿过剥离器时由于库仑力的作用而使得分子离子瓦解。

(2) 通过粒子鉴别消除同量异位素的干扰。对于同量异位素的排除主要是采用重离子探测器。重离子探测器根据高能(MeV)带电粒子在介质中穿行时具有不同核电荷离子的能量损失速率不同来进行同量异位素鉴别。根据离子能量的高低、质量数的大小，有多种不同类型的重离子探测器用于加速器质谱仪测量。除了使用重离子探测器外，通过在离子源引出分子离子、高能量的串列加速器将离子全部剥离、充气磁铁、激发入射粒子 X 射线等技术来排除同量异位素。

(3) 减少散射的干扰。离子经过加速器的加速后，由于能量提高而使得散射截面下降，改善了束流的传输特性。由于这些优点，加速器质谱仪极大地提高了测量灵敏度，同时加速器质谱仪还有样品用量少、测量时间短等优点。例如，用加速器质谱仪测量地下水中的^{36}Cl，只需 1 L 左右的地下水样品；若$^{36}Cl/Cl$原子比为 10^{-14}，则只需要几十分钟的测量时间。而采用衰变计数法，则需处理数吨的地下水样品；要达到与加速器质谱仪相同的测量精度，则需要几十甚至上百小时的测量时间。

2.2.1.2 加速器质谱仪的结构

图 2-2 是中国原子能科学研究院的加速器质谱仪结构简图，有 38 个分系统。加速器质谱仪除了真空、控制、数据获取等几个通用系统外，可以由离子源与注入器、加速器、磁电分析器和探测器四个专用系统组成[6]。

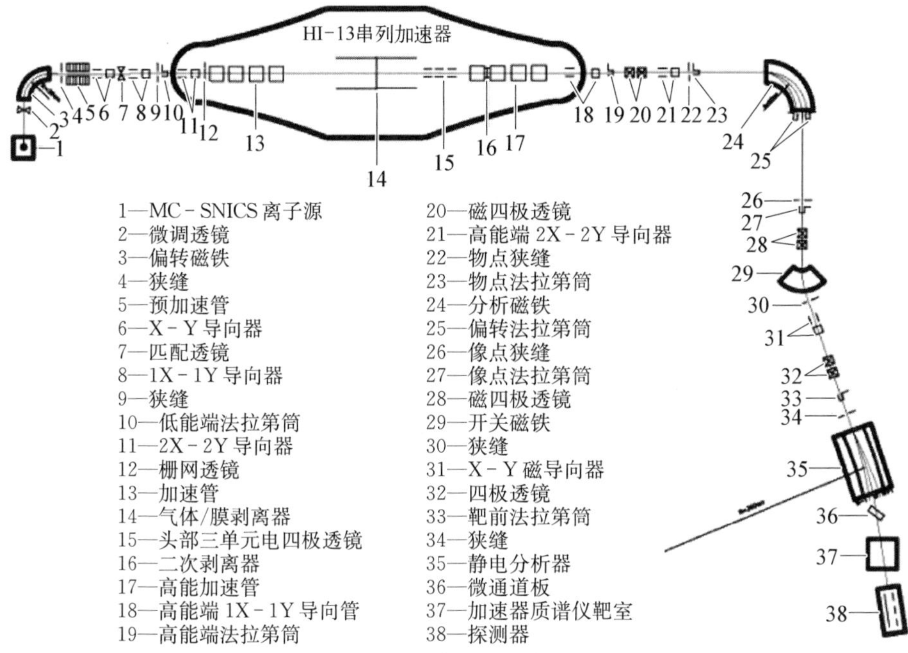

图 2-2 中国原子能科学研究院的加速器质谱仪系统

1）离子源与注入器

加速器质谱仪一般采用 Cs^+ 溅射负离子源，即由铯锅产生的铯离子 Cs^+ 经过加速并聚焦后溅射到样品的表面，样品被溅射后产生负离子流，在电场的作用下负离子流从离子源引出，根据样品的不同一般为 0.1～50 μA。离子源不仅引出原子负离子，为了达到束流强度高和排除同量异位素的目的，也经常引出分子负离子，例如测量 ^{10}Be 时，引出 BeO^- 负离子。加速器质谱仪测量对离子源的要求是束流稳定性好、发射度小、束流强度高等。此外，还要求多靶位，更换样品速度快。目前，一个多靶位强流离子源最多可达 130 个靶位。中国原子能科学研究院加速器质谱仪的离子源采用 MC-SNICS 型铯溅射负离子强流多靶源（见图 2-3）。

加速器质谱仪注入器一般为磁分析器（见图 2-4），其对从离子源引出的负离子进行质量选择，然后通过预加速将选定质量的离子加速到 100～400 keV 范围，再注入加速器中继续加速。加速器质谱仪注入器一般采用大半径 ($R > 50$ cm) 90°双聚焦磁铁，具有很强的抑制相邻强峰拖尾能力，也就是说具有非常高的质量分辨本领，即在保证传输效率的前提下$\frac{M}{\Delta M}$越大越好。另外，在磁分析器前加上一个静电分析器，也是抑制相邻强峰拖尾的有效方法。

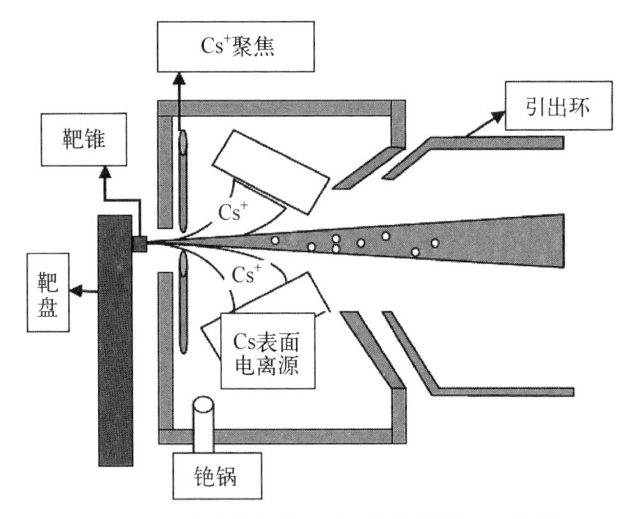

图 2-3 铯溅射负离子强流多靶源原理示意图

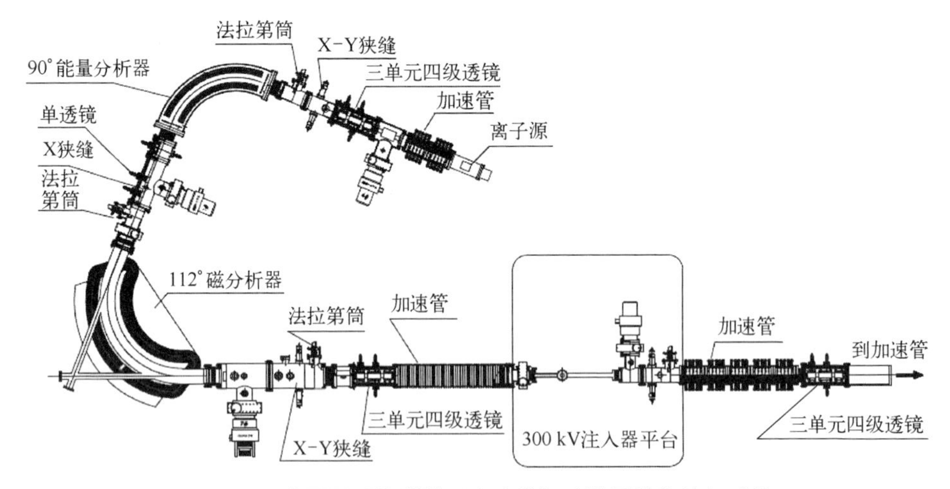

图 2-4 中国原子能科学研究院的加速器质谱仪注入系统

2）加速器

加速器质谱仪的加速器目前主要采用串列加速器和单极静电加速器两种（见 1.4.3 节）。加速电压在 0.1～13 MV 范围内。注入串列加速器中的负离子在加速电场中首先进行第一级加速，当离子加速运行到头部端电压处，由膜（或气体）剥离器剥去外层电子而变为正离子（此时分子离子瓦解），正离子随即进行第二级加速而得到较高能量的正离子。而在单极静电加速器中，负离子运行穿过剥离器后不再进行第二级加速。目前在加速器质谱仪测量中所用的加速器主要由美国的国家静电公司（NEC）、荷兰高压工程公司（HVEE）、瑞士的 Ion-plus 公司和中国的启先核科技有限公司制造。中国原子能科学研究院的串列加速器是一台原美国高压工程公司生产的 HI－13(端电压可以达到 13 MV)的串列加速器(见图 2－5)。

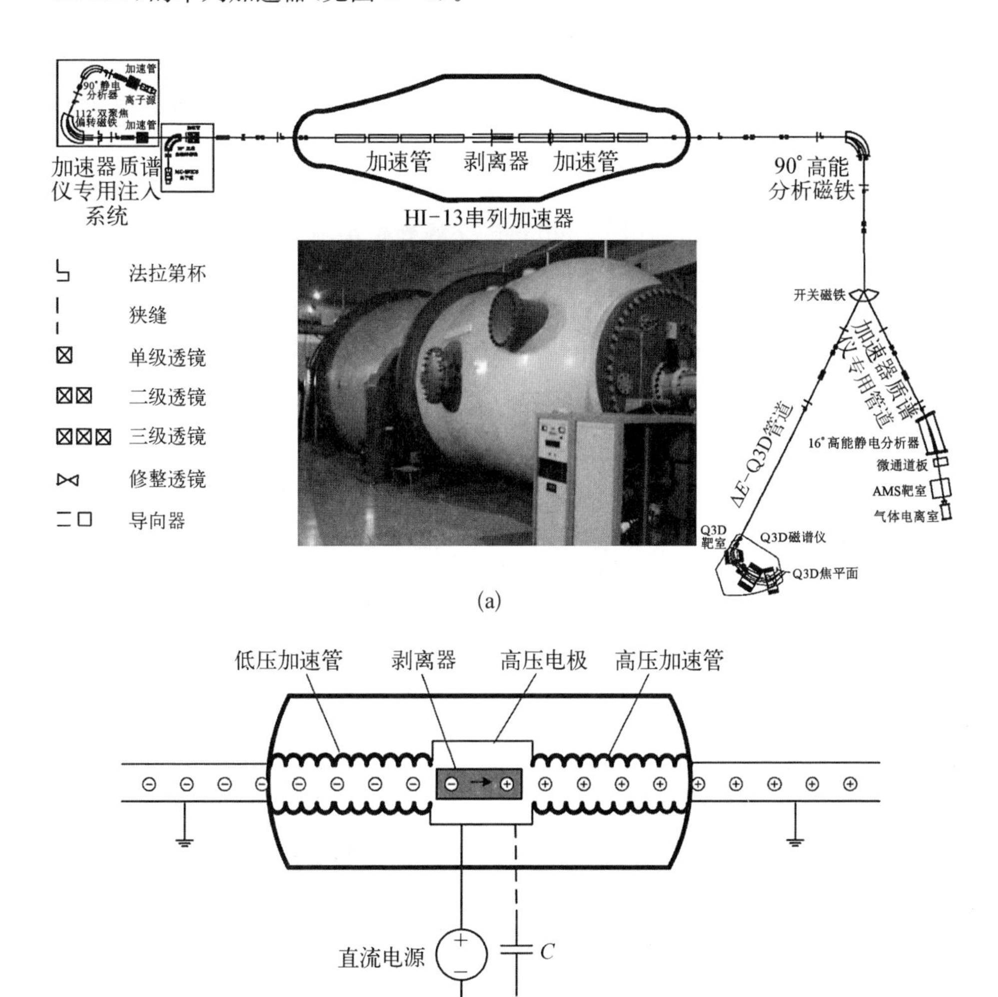

图 2－5　中国原子能科学研究院串列加速器系统

(a) 串列加速器系统照片；(b) 串列加速器原理示意图

3) 电磁分析器

经加速器加速后的高能正离子是包括多种元素、多种电荷态 q(多种能量

E)的离子。为了选定待测离子,必须对高能离子进行选择性分析。加速器质谱仪高能分析器主要有以下三种类型。

(1) 磁分析器,与注入器的磁分析器相同,它利用磁场对带电粒子偏转作用对高能带电粒子的动量进行分析,从而选定$\frac{EM}{q^2}$值。

(2) 静电分析器,是利用带电粒子在静电场中受力的原理,实现对离子的能量分析,从而选定$\frac{E}{q}$值。

(3) 速度选择器,是利用一组相互正交的静磁场与静电场对带电粒子同时作用,实现对离子的速度分析,从而选定$\frac{E}{M}$值。

上述分析器中任意两种的组合都可以唯一选定离子质量 M 与电荷 q 的比值$\frac{M}{q}$。例如,在对^{36}Cl 的测量中经过加速器加速后,束流中的离子包括$^{36}Cl^{+i}$、$^{36}S^{+i}$、$^{35}Cl^{+i}$、$^{37}Cl^{+i}$、$^{18}O^{+i}$ 和$^{12}C^{+i}$(i 为电荷,$i=1, 2, 3, \cdots$)等,经过上述的任意两种分析器后,只保留具有相同电荷态的^{36}Cl 和^{36}S,其他离子全都排除。目前各实验室的加速器质谱仪大都采用第一种与第二种或第三种的组合。中国原子能科学研究院的加速器质谱仪高能分析系统采用的是第一种与第二种的组合。电磁分析系统如图 2-6 所示。

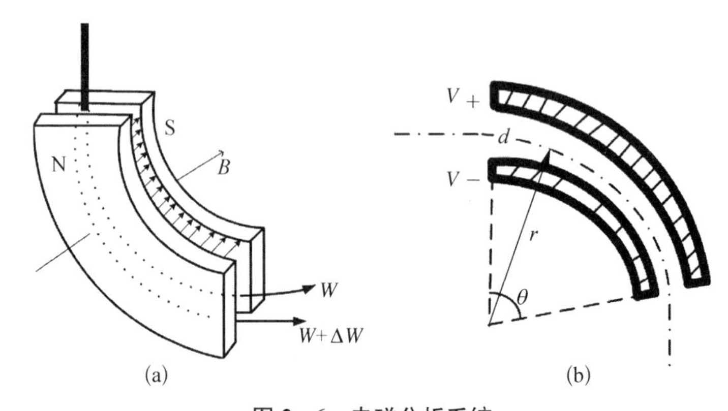

图 2-6 电磁分析系统

(a) 磁分析器;(b) 静电分析器

4) 粒子探测器

粒子束流经过高能分析后,选定$\frac{M}{q}$值,但有两种粒子仍不能排除:① 与待测定粒子具有相同电荷态的同量异位素(如测量^{36}Cl 时不能排除具有相同电荷态的^{36}S)；② 在测量重离子时，不能完全排除与待测定离子具有相同电荷态的相邻同位素(如^{35}Cl 和^{37}Cl)。同量异位素、重离子相邻同位素与所要测量的离子一同进入探测器系统。因此离子探测器在原子计数的同时要鉴别同量异位素和重离子相邻同位素。粒子探测器主要分为同位素鉴别与同量异位素鉴别两大类，有关粒子鉴别与探测方法原理请见第 3.2 节。气体探测器原理如图 2-7 所示。

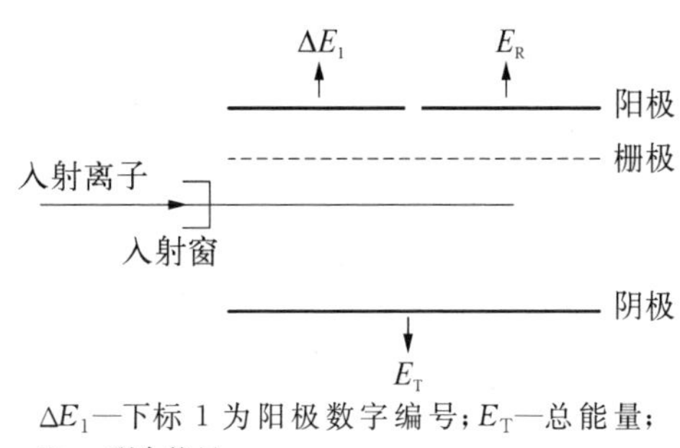

ΔE_1—下标 1 为阳极数字编号；E_T—总能量；E_R—剩余能量。

图 2-7　气体探测器原理示意图

2.2.2　加速器质谱仪的发展

国际上，加速器质谱仪大致经历了三个发展阶段。

第一阶段：20 世纪 70 年代末到 80 年代末的十几年为加速器质谱仪发展初期。这时期大部分加速器质谱仪装置是在原有用于核物理实验研究的加速器基础上改造而成的。其特点是：① 装置非专用，只有部分束流时间用于加速器质谱仪测量；② 加速器的能量比较高，测量的费用比较高；③ 由于加速器非专用，加速器质谱仪系统稳定性差，传输效率比较低。

第二阶段：20 世纪 90 年代初到 2000 年。随着考古、地质、环境等学科研究需求的迅速增加，加速器质谱仪发展初期的非专用装置远远不能满足用户的需求，于是专用加速器质谱仪装置(全套商品化专用加速器质谱仪装置)开始出现。这些专用加速器质谱仪装置大都基于串列加速器，加速器的端电压有 5 MV、3 MV、1 MV、0.5 MV 和 0.2 MV 五种。这一时期的特点是“两个专用”：一个是加速器质谱仪装置专门用于^{14}C、^{10}Be、^{129}I 等核素的分析与应用；另一个是加速器质谱仪装置专门用于专一目的的研究，如美国 Woods Hole 海洋研究所的 NOSAMS 装置[7]，主要用于海洋学研究；而英国 York 大学研制的一台加速器质谱仪设备专门用于药物研究[8]。

第三阶段：最近 20 年的时间。随着加速器质谱仪分析技术的不断发展，加速器质谱仪装置趋于更简单化、更小型化和更合理化。由于大型设备运行维护费用非常高，近年来加速器质谱仪装置发展的一个主要趋势是朝着紧凑和低成本的小型化、简单化方向发展。如美国 NEC 公司 2004 年推出的一种新的加速器质谱仪系统——基于 0.25 MV 单级静电加速器的加速器质谱仪系统(SSAMS)[9],瑞士苏黎世联邦理工学院(ETH)的加速器质谱仪实验室研制的端电压 0.2 MV 专用于^{14}C定年的"桌面"加速器质谱仪系统[10]。针对^{36}Cl、^{41}Ca和^{32}Si等具有较强同量异位素干扰核素的测量,基于 5 MV 串列加速器质谱仪装置在能量上属于临界,中国原子能科学研究院姜山小组 2004 年提出的采用 6 MV 的串列加速器更为合理,立即得到国际上的认同。至 2019 年,国际上专用加速器质谱仪装置的数量有约 180 台。到 2019 年底,国际上 6 MV 的加速器质谱仪装置已经有 7 台。

2.3 加速器质谱仪核心技术的发展

除了仪器技术外,加速器质谱仪的核心技术还包括离子源技术、压低本底技术、制样与进样技术、加速器技术和探测器技术等。关于加速器技术的基础知识在第 1 章中已经介绍了。关于探测器技术,一方面作为基本原理和基础知识在第 1 章中已介绍,另一方面作为粒子鉴别与探测方法在第 3 章中将详细介绍。本节介绍离子源技术、压低本底技术、制样与进样技术等的部分进展。

2.3.1 离子源技术

加速器质谱仪仪器中,目前主要是铯溅射负离子源,对于测量同位素丰度比相差较大的未知样品与标准来说,大的离子束流和小的离子源记忆效应是必需的。

1) 固体进样离子源

由于固体铯溅射负离子源可以降低同量异位素的干扰,交叉干扰低,而且对于加速器质谱仪经常测量的核素有较适用的负离子产额[1,11],所以至今仍被大多数加速器质谱仪系统所采用。通常,待测样品需要转换成固体单质(如CO_2转换成石墨)或者化合物形式,与银或铌粉混合压入靶锥,以增强样品的导电、导热性。近年来,对于一些核素的加速器质谱仪测量,PbF_2粉末与待测样品混合作为靶材料也已经取得了可喜的实验结果[12]。固体铯溅射负离子源推动了加速器质谱仪的迅速发展,其性能和可靠性目前仍在不断探索改进之中。

2) 气体进样离子源

早在 1984 年,Middleton[13]就已经对气体离子源进行调查研究。对于^{14}C测量来说,这种方式不但可以简化样品制备流程,而且对于量极少的样品,可以有效避免制备过程中所带来的样品损失。但是,由于一系列的实验结果并不尽如人意，直到 2004 年，才由 Paul L. Skipper 等[14]成功完成，其测量的样品量可以减少到 50 ng。这种离子源一般是把气体吸附能力比较强的钛粉压入靶锥，通过特殊的流气装置将气体传输到靶锥表面，然后通过铯溅射产生实验需要的离子束流。近十年来，许多^{14}C - AMS 实验室都已经建立了这种实验装置。但是，由于气体离子源产生的束流较固体源低，源内的交叉污染程度相对来说也比较高，所以目前仍处于不断发展与完善之中。

也有一些其他类型的负离子或正气体进样离子源已经或正在发展。例如，美国 Woods Hole 海洋实验室研制的紧凑型微波离子源[15]，可以产生大约 500 μA 的 C^+，然后通过 Mg 蒸气转变成 C^-，从而可以进行常规的加速器质谱仪测量；澳大利亚核科学与技术组织(Australian Nuclear Science and Technology Organization, ANSTO)研制的电子回旋共振离子源[16]，通过产生 C^{+++} 离子束排除相应的分子离子 CH、CH_2，然后经过铷蒸气室转变为负离子的方法进一步排除氮的干扰，最后把$^{14}C^-$引出进行加速器质谱仪分析。这种方法的发展优势是可以不需要加速器，但是目前这种技术仍处于研究阶段。

2.3.2　在低能端排除同量异位素

如何压低和排除同量异位素是加速器质谱仪从测量技术上的一个重要课题。在低能端，包括在离子源内采用不同的样品化学形态和离子源引出离子形式，以及引出后采用在线化学等方法。

为了压低同量异位素^{14}N 对^{14}C 的干扰，在^{14}C 的 MS 测量中，美国的 M. Anbar[17]最早开展了在离子源引出 C^-，该实验证明了氮不能够形成稳定的负离子。该实验奠定了加速器质谱仪测量^{14}C 的理论和实验基础。另外，为了排除^{41}K 对^{41}Ca 测量的干扰，法国的 G. Raisbeck 等[18]采用 CaH_2 作为加速器质谱仪测量样品，离子源引出 CaH_3^-，从而有效地降低了^{41}K 的干扰。同样在^{182}Hf 的加速器质谱仪测量中，奥地利的 C. Vockenhuber 等[19]采用 HfF_4 作为测量样品，离子源引出 HfF_5^-，能够把同量异位素^{182}W 压低 4～5 个数量级。

近年来发展起来的射频四级透镜(RFQ)技术为加速器质谱仪测量中减少同量异位素干扰提供了一种全新的手段。其基本原理是在低能端装有一个气体反应室，通过 RFQ 控制反应条件，当离子穿过气体反应室时，根据不同核素气相反应阈值的差异，一些负离子会变成中性粒子而被排除，从而达到对同量异位素分离的目的。如对于放热反应 $SF_5^- + SiF_4 \longrightarrow SF_4 + SiF_5^-$，$SiF_4$ 气体很容易形成超卤素阴离子[12]，因此可以达到排除 SF_5^- 的目的。此方面的技术已经成功应用于^{36}Cl的低能加速器质谱仪测量，$^{36}Cl/Cl$原子数比值的探测限达到了10^{-14}[20-21]。又如，加拿大 Ottawa 大学的 Kieser、Eliades 和赵晓雷等[22]基于小型加速器质谱仪装置测量^{135}Cs、^{137}Cs与^{90}Sr的实验，将PbF_2粉末与样品均匀混合，采用离子源引出CsF_2^-与SrF_3^-的方法，成功压低了同量异位素本底^{135}Ba、^{137}Ba和^{90}Zr的干扰，对于CsF_2^-可将BaF_2^-压低至原来的$1/10^4$，使得^{135}Cs、^{137}Cs的测量灵敏度分别达到7×10^{-15}、1×10^{-14}。对于SrF_3^-可将ZrF_3^-压低至原来的$1/10^3$，测量灵敏度可以达到10^{-16}。

2.3.3 制样与进样技术

制样与进样技术主要有三个目的：一是增加样品的电离效率；二是增加离子源的束流强度；三是压低分子本底和同量异位素本底。

1）制样技术

样品制备属于加速器质谱仪装置整体系统的一部分，是非常关键的环节。加速器质谱仪测量中，一般需要在样品制备过程中加入载体把待测核素提取出来，这样一方面影响了对样品的测量灵敏度，另一方面不可避免地会引入干扰。近年来发展起来的无载体样品分析技术，不仅简化了样品制备流程，而且在很大程度上避免了载体加入过程中对样品的污染，有效地提高了测量灵敏度。如 Maden 等[23]发明了一种方法，将小量的无载体 Be（100 ng）沉积在洁净的基体上，然后被聚焦非常好的铯束（SIMS 离子源）溅射，样品中原始的$^{10}Be/^{9}Be$原子数比值能够直接测量，其优点之一是，使用这种方法测量的$^{10}Be/^{9}Be$原子数比值比加载体时要低 3～5 个数量级。另外，对于^{129}I、^{236}U等核素测量，同样无载体的样品制备方法近年来也已发展起来[24]。

2）激光共振电离

根据阴离子电子结合能的不同，采用固定频率的激光对具有较低电子亲和势的同量异位素进行解离，以达到对同量异位素抑制的目的，这种方法的有效性已经被成功证明[25]。因为此种情况下仅有光子反应，并不需要气体反应，所以在很大程度上减少了离子源的能量散射。近来，相关的有效排除同量异位素干扰的实验装置已经探索研制[26]，技术的优点是离子的能量不用降低到 eV 量级，在 keV 量级就可以对同量异位素进行分离与排除。当前这种方法正处于积极发展研制之中，同样此方法对于低能加速器质谱仪系统也具有广阔的应用前景。

3）激光灼烧

美国NEC公司针对^{14}C测量发展了一种液体样品加速器质谱仪测量技术，即通过激光灼烧液体，产生CO_2气体直接进入气体离子源进行加速器质谱仪测量[27]，这种方法在很大程度上简化了^{14}C测量中的样品制备流程。同时，美国阿贡国家实验室针对锕系元素的分析研制出一种电子回旋共振(electron cyclotron resonance，ECR)离子源用于加速器质谱仪测量的新型装置[28]，该装置也是通过激光灼烧技术将锕系材料转化成气体输送到ECR离子源，然后通过加速器加速、$\frac{M}{q}$选择感兴趣的核素进行测量。无独有偶，最近ETH也推出了一种激光消融耦合系统[29]：石笋、珊瑚等碳酸盐固体样品被放在密封的消融室内，使用激光脉冲束聚焦在固体表面对样品进行持续分解，固体消融产生的CO_2与He气一起进入加速器质谱仪气体离子源，CO_2的产额可以通过调节激光频率进行控制，这种方法可以对直径小于150 μm的固体颗粒进行分析。

2.4 加速器质谱仪丰度灵敏度

加速器质谱仪和同位素MS测量的丰度灵敏度实质上是一样的，但是影响其测量丰度灵敏度的因素是不同的。针对同位素MS，影响测量丰度灵敏度的因素主要是仪器本底，所以丰度灵敏度的定义取决于仪器测量的本底水平。对于加速器质谱仪，由于它排除本底的能力强，影响测量丰度灵敏度的因素不再是仪器本底水平，而是束流强度、传输效率及制样本底等多种因素。自从加速器质谱仪出现以来，国际上并没有对其测量的丰度灵敏度有合理的定义。本节将参考同位素MS测量丰度灵敏度，从加速器质谱仪测量的物理实质和影响测量丰度灵敏度的因素出发，定义加速器质谱仪的测量丰度灵敏度。

2.4.1 MS的丰度灵敏度

在MS测量过程中，对低丰度同位素谱线的干扰主要来自分子本底和同量异位素本底。强峰离子在管道内沿着离子轨迹传递过程中，同残存的中性粒子碰撞引起散射而形成的强峰拖尾，这是干扰强峰周围弱峰测量的一个主要因素[30]。

如图 2-8 所示，普通质谱测量的丰度灵敏度只考虑在质量数为 M 位置的一个强峰对左边 $M-1$ 和右边 $M+1$ 质量数位置处的拖尾影响。

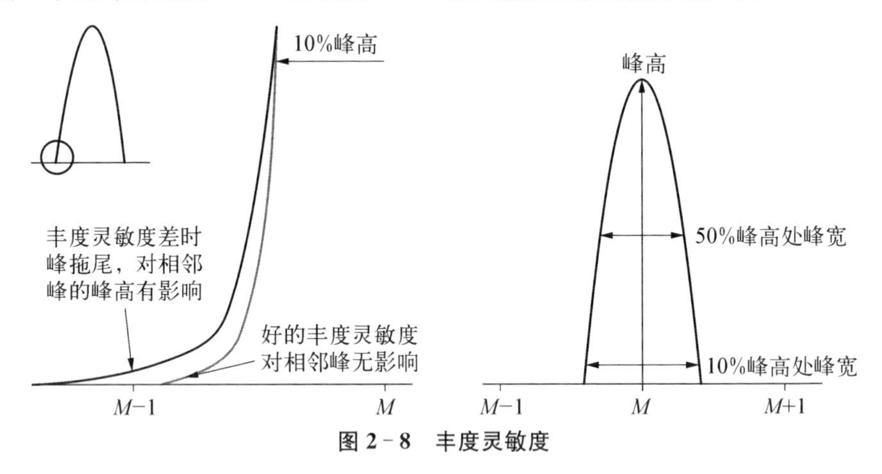

图 2-8　丰度灵敏度

加速器质谱仪注入器一般采用大半径 ($R>50$ cm) 的 90°双聚焦磁铁，要求具有很强的抑制相邻强峰拖尾的能力。另外，在磁分析器前加上一个静电分析器，也是抑制相邻强峰拖尾的有效方法。结合高能分析器对待测核素$\frac{M}{q}$(离子质量数 M 与电荷 q)唯一选定功能，可极大地抑制强峰拖尾的现象。同时，加速器质谱仪能够把分子和同量异位素本底压得很低，很多时候不再是构成影响丰度灵敏度的主要因素。例如^{129}I 测量丰度灵敏度，不再受分子和同量异位素本底的影响[31]，而受制样本底中^{129}I 污染的影响。再例如，利用大型加速器质谱仪测量^{10}Be，影响测量丰度灵敏度的因素是制样本底、束流强度及传输效率。

2.4.2　加速器质谱仪的丰度灵敏度

加速器质谱仪测量的丰度灵敏度定义为在有限时间内能够测量到待测核素的原子数目 A 与其稳定同位素的原子数目 A_0 的比值，即$\frac{A}{A_0}$。将测量有限时间采用通常的加速器质谱仪测量时间(约为 15 min)取一个整数，即为 1 000 s，测量到待测核素的计数确定为 1 个原子。例如：如果一个待测核素质量数为 M，平均每 1 000 s 有一个计数(计数率为 0.001 个每秒，即 $A=0.001$)，其质量数为 $M+1$ 的稳定同位素到达离子探测器的束流是 1 μA(计数率为 6.25×10^{12} 个每秒，即 $A_0=6.25\times10^{12}$)。于是，该加速器质谱仪系统测量质量数为 M 的核素的丰度灵敏度为

$$\frac{A}{A_0}=\frac{0.001}{6.25\times10^{12}}=1.6\times10^{-16} \tag{2-1}$$

图 2-9 为中国原子能科学研究院 HI-13 串列加速器质谱仪装置测量^{41}Ca 的实验谱，标准样品^{41}Ca 的丰度为 6.0×10^{-12}，^{41}Ca 的计数是每 1 000 秒 10 个左右。这样，如果样品中^{41}Ca 丰度为 6.0×10^{-13}，恰好就是 1 000 秒钟有一个^{41}Ca 计数。因此，测量的丰度灵敏度仅为 6.0×10^{-13}[32]。这个丰度灵敏度值主要受到束流强度低和传输效率低的影响。由于 HI-13 串列加速器质谱仪是一台大型串列加速器，传输效率（离子源引出 CaF 分子负离子）仅为 3%，所用的是一台比较老的 NEC 负离子源，离子源引出束流强度仅为 80 nA。

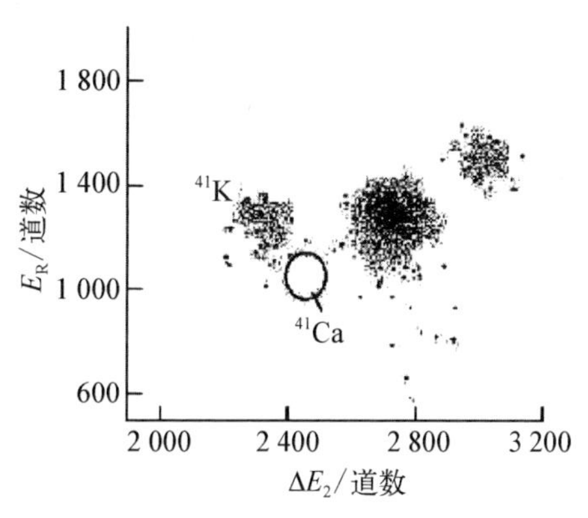

图 2-9　测量标准样品中^{41}Ca 的实验谱

2.4.3　影响丰度灵敏度的主要因素

丰度灵敏度既是理论值也是实验数据。对于加速器质谱仪测量丰度灵敏度，有的核素主要受到本底的影响，有的核素主要受到束流强度、传输效率、探测效率的影响。概括起来，影响加速器质谱仪测量丰度灵敏度的因素主要有三个，即束流强度、传输效率和本底（包括仪器本底和制样本底）水平。

$$\frac{A}{A_0}=\frac{A}{A_i A_f} \tag{2-2}$$

式中，$A_0=A_iA_f$，其中 A_i 为低能端的束流强度；A_f 为低能端到探测器前束流的传输效率。

1）束流强度

束流强度是指用法拉第筒测出的束流大小。离子源引出系统是决定引出束流强度的关键部分，对于加速器质谱仪而言，不仅需要较强的束流强度，还需要预防离子束发散。因此，必须用一定结构的磁场或电场对束流进行约束。CIAE-AMS 系统采用 MC-SNICS 型 Cs^+ 溅射负离子源，即由铯锅产生的铯离子 Cs^+ 经过加速并聚焦后溅射到样品的表面，样品被溅射后产生负离子流，在电场的作用下负离子流从离子源引出。束流性能对溅射离子的温度和聚焦情况非常敏感，一般而言，在供铯充足的情况下，溅射电压和铯聚焦电压决定电离器表面的电场强度，每一个电离器表面的电场强度对应一个饱和铯流。在测量中，饱和铯炉温度的选择基本取决于铯聚焦电压，对不同的铯聚焦电压应采用不同的铯炉温度。在实验中先逐步升高铯炉温度，引出流强也随之上升，当引出流强不再增加时铯炉温度为 T_1；然后再逐步降低铯炉温度，当引出流强开始减小时，铯炉温度为 T_2。选 T_1 和 T_2 的平均值作为测量过程中铯炉温度的设置值，可实现较高的引出流强。

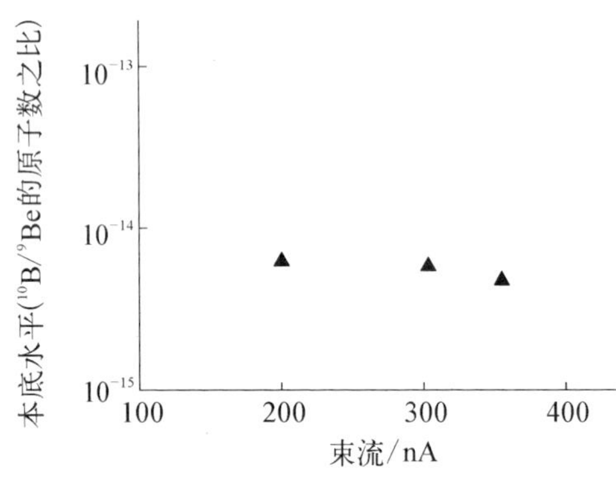

图 2-10　^{10}Be 测量的本底与束流强度的关系

图 2-10 为采用端电压为 5 MV，电荷态为 3^+，测量 ^{10}Be 时的本底(^{10}B)水平与束流强度的关系。

实际测量过程中，需采用合适的离子化技术对样品进行电离，提高待测核素的离子化效率和传输效率，抑制其他核素的电离。离子源不仅引出原子负离子，为了达到束流强度高和排除同量异位素的目的，也经常引出分子负离子。这就涉及样品及导电介质化学形式的选择和制备方式，例如在 CIAE-AMS 测量 ^{41}Ca 的生物学和天文学的应用中，采用二次氟化法制备的 CaF_2 样品加 PbF_2 做导电介质具有最高的束流引出强度，这可能是由于其 F^-/O^- 原子数之比最高，容易引出 CaF_3^- 离子。除此之外，压靶技术、靶锥半径、铯束聚焦稳定性等因素均会对束流强度产生影响。

与正离子源相比，目前加速器质谱仪所采用的溅射负离子源的束流强度要低很多。正离子源的束流强度一般在 $10^2\sim10^4$ μA 范围内，负离子源仅在 $10^0\sim10^1$ μA 的范围内。如果离子源的束流强度为一到几个微安，传输效率为 10%左右，其测量的丰度灵敏度最好为 10^{-15} 水平。在 2.4.2 节中，如果，CaF^- 离子源引出束流强度增加 10 倍，到 800 nA，这时的丰度灵敏度就会提高 10 倍，达到 6.0×10^{-14}；如果增加 100 倍到微安量级，丰度灵敏度就达到 10^{-15} 水平。

2) 传输效率

加速器质谱仪测定样品中待测核素的数量是通过测量待测核素与其稳定

同位素原子数比值来实现的（同位素原子数比值用 $R_X(A_1/A_2)$ 来表示，其中下标 X 表示元素符号，A_1 与 A_2 表示同位素质量数。如待测核素 ^{36}Cl 与稳定核素 ^{35}Cl 的同位素原子数比值可表示为 $R_{Cl(36/35)}$）。稳定同位素用法拉第筒来测量，待测核素用粒子探测器来测量，这两种测量是交替进行的。样品中稳定同位素的数量是已知的，再通过测得同位素比值，就可以得到待测核素的数量。因此，提高束流传输效率 A_f 就可以提高待测核素的测量丰度灵敏度。如果束流传输效率提高一倍，测量丰度灵敏度也随之提高一倍。

束流的传输效率一般指探测器前法拉第筒测得流强与注入磁铁之后法拉第筒测得流强的比值。决定束流传输效率的最为关键的因素为剥离效率，因此，采用适当的剥离物质尤为重要。目前，通常采用气体剥离或薄膜剥离，以气体剥离为例，在高压电极内部加装 1 台复合分子泵可实现剥离气体的循环使用。与普通气体剥离器相比，剥离管道中的等效气体厚度大为增加，剥离管道长度有所减小，有效提高了离子的剥离效率，有利于束流传输。

束流光学是影响传输效率的另一个主要因素[33]，束流中每个粒子都可用六维相空间 (x, y, z, p_x, p_y, p_z) 中的一点表示，其中 z 是离子运动方向，x 与 y 是横向平面上的水平和垂直方向，p_x, p_y, p_z 是三个方向的动量分量。在研究连续离子束流的传输时，只考虑在 $z = z_l$ 处束流某截面上离子的运动状态，因而只要 (x, y, p_x, p_y) 四维相空间就够了。由于离子运动在 x、y 两个方向上是互不耦合的离子束流，可分别在 (x, p_x) 和 (y, p_y) 构成的两维相平面上进行研究。如果粒子轴向动量是恒定的，且远大于径向动量，则可用散角的正切值 $x' = \frac{dx}{dz}$ 和 $y' = \frac{dy}{dz}$ 分别替代 p_x 和 p_y。因此，非相对论的离子束流可通过两个独立的相平面 (x, x') 和 (y, y') 表示。需采用静电四级透镜和正交电磁场对 (x, x') 和 (y, y') 进行约束，稳定同位素离子沿着中心轨道传输，放射性核素离子沿着相应的偏离的轨道传输。每种质量的离子的束流在各自的约束场中平行传输，在系统中心对称面上，各束流包络在两个方向上都形成束腰。同时，改善加速管道内的真空条件，可使散射与电荷交换大幅度减小，束流损失相应降低，提高了束流传输效率。总之，优化离子束流光学线路，改善交替注入监测技术，可以有效提升离子传输效率及稳定性。

由于加速器质谱仪测量在离子引出和加速过程中因待测核素与其稳定同位素的质量不同，因此两者的传输效率也有差异，这样测得的同位素比值与实际的同位素比值也存在差异。为了消除上述测量上的差异，加速器质谱仪采用与已知的标准样品的测量进行比较的相对测量方法。

3）本底水平

加速器质谱仪测量的本底水平包括仪器本底水平和制样本底水平。该部分内容将在第 2.5 节详细描述。

前面对待测核素丰度灵敏度的影响因素进行了总体性描述，以下以 AMS-^{10}Be 测量为例，详细描述影响其测量丰度灵敏度的因素以及测量精度的获得[34-36]。

(1) 提高 BeO^-引出束流强度。为改善样品的导电性和导热性，近年来使用较为普遍的是将样品与铌粉以一定比例混合压入靶座，大多数加速器质谱仪实验室按照各自的实验条件进行合理比例配比以得到最大流强。对不同混合比例的样品进行了反复测量比较，结果表明最佳比例大致为 1∶1(体积比)。

在铯溅射离子源中，样品表面覆盖一层薄的铯原子有利于降低负离子 BeO^- 的溢出功，增加引出流强。但铯原子过多会使负离子 BeO^- 的溢出功增加为铯原子的溢出功，反而减弱 BeO^- 流强。另外，过量铯原子会弥散到离子源其他部分，降低绝缘性且使得离子源真空变坏，影响引出流的传输，因此，铯炉温度的合理选择非常重要。在测量中，溅射电压通常选为 5.8 kV，引出束流强度为 1～2 μA。

最近几年，美国的 NEC 公司通过改进溅射负离子源离子器的结构，明显地改进了离子源 BeO^- 的流强强度。

(2) 提高$^{10}Be^{3+}$ 传输效率。由于^{10}Be 离子计数很少，无法测量流强，^{10}Be 离子传输效率一般通过研究^{9}Be 离子的传输效率来反映。^{9}Be 束流的传输效率指探测器前法拉第筒测得$^{9}Be^{3+}$ 流强的$\frac{1}{3}$(剥离选择+3 价电荷态)与注入磁铁之后法拉第筒测得$^{9}BeO^-$ 流强的比值。采用 ETHoptics 软件对^{10}Be 离子在高能端束流传输进行模拟计算，可确定^{10}Be 离子束流传输的优化设计：在合适位置安装测量^{9}Be 束流的法拉第筒，剥离管道长度由 700 mm 减小到 500 mm，内径由 6 mm 增加到 8 mm，增大了其束流接受度；提升系统的真空度，降低散射和电荷交换造成的损失。在静电分析器后添加一块 90°双聚焦磁铁，这块附加磁铁一方面可有效分离^{9}Be、^{10}Be 两种离子，降低测量本底，另一方面还可对^{10}Be 束流进行聚焦。

(3) 提高探测器^{10}Be 探测效率。探测器可选择安装内径为 12 mm 和 15 mm 的窗口。选用各种内径窗口组合进行实验，调节阳极电压、栅极电压以及吸收室和探测室气压，使计数率和高能端测量效率达最大。当^{10}B吸收室两侧窗口内径均为15 mm时，^{10}Be的高能端测量效率可超90%，且^{10}Be的计数率明显增加。在离子源引出流强只有1.2 μA的情况下，标准样品计数率已达23 s^{-1}。探测器窗口增大，更多的^{10}Be粒子进入探测器，提高了高能端测量效率。

(4) 降低测量^{10}Be的本底水平。除了同量异位素^{10}B本底之外，^{7}Be、^{9}Be、^{10}Be等都可能叠加到^{10}Be的谱上形成本底干扰。^{10}Be测量中本底的因素如下：

① 同量异位素本底^{10}B。同量异位素^{10}B能形成负离子与^{10}Be离子一起加速并进入探测器，须在制样和加速器质谱仪分析过程中予以清除。一般剥离后选用三价Be^{3+}离子，B^{3+}离子干扰使探测到的同位素原子数比值$R_{Be(10/9)}$最小为10^{-14}量级。如果剥离后选用二价Be^{2+}离子，本底计数会更大；如采取二次剥离后测量Be^{3+}离子的方法，则将B^{3+}离子干扰抑制了约500倍。

② 同位素^{7}Be本底。5 MV - AMS分析^{10}Be时，高能$^{10}B^{3+}$离子与探测器前Mylar箔窗中的氢原子会发生强的核反应$H(^{10}B, ^{7}Be)^{4}He$形成^{7}Be，但在端电压小于3 MV的情况下，三价硼离子的能量低于$H(^{10}B, ^{7}Be)^{4}He$的反应阈。

③ 同位素^{9}Be本底。可能来自与探测器前或吸收器前的薄箔的核反应。若$^{9}BeOH^{-}$离子随质量数为26的$^{10}Be^{16}O^{-}$离子一起注入加速器，在高能加速管内发生电荷交换，形成连续谱，其中的^{9}Be进入探测器后发生散射而有可能落在^{10}Be谱上。在选用三价Be^{3+}离子时，与$^{10}Be^{3+}$离子磁刚度相等的^{9}Be离子在高能加速管内相继发生电荷交换$^{9}BeO^{-} \rightarrow {}^{9}Be^{4+} \rightarrow {}^{9}Be^{3+}$。为防止这一本底机制，应在高能加速器质谱仪中选用四价离子。于是散射到加速器内的BeH离子在剥离器处形成$^{9}Be^{4+}$离子，它们与$^{10}Be^{4+}$离子同时注入，并在高能分析器中发生小角度散射。

④ 污染本底^{10}Be。过去制样中用^{7}Be作为示踪剂，用来制造^{7}Be的^{7}Li中的污染与质子或中子核反应会形成^{10}Be，也可从矿石或土壤污染、^{9}Be的就地分裂反应或俘获中子反应，或上述机制中某些组合所形成。在商购的铝中也发现每克有$(4\sim10)\times10^{7}$个原子的^{10}Be。

⑤ 分子碎片本底H^{-}、Li^{-}和$^{12}C^{4+}$。H^{-}、Li^{-}来自^{10}Be与薄箔中的污染碳和氧的核反应。质量数为25的$^{12}C^{13}C^{-}$离子与稳定同位素离子$^{9}Be^{16}O$一起注入加速器后，分解为$^{12}C^{4+}$而干扰$^{9}Be^{3+}$离子，$^{12}C^{4+}/^{9}Be^{3+}$的离子数之比约为0.01。

我们不考虑离子源的交叉污染问题。

图 2-11 为^{10}Be(10^{-11} 标样)的 ΔE_1-E_T 二维谱图。

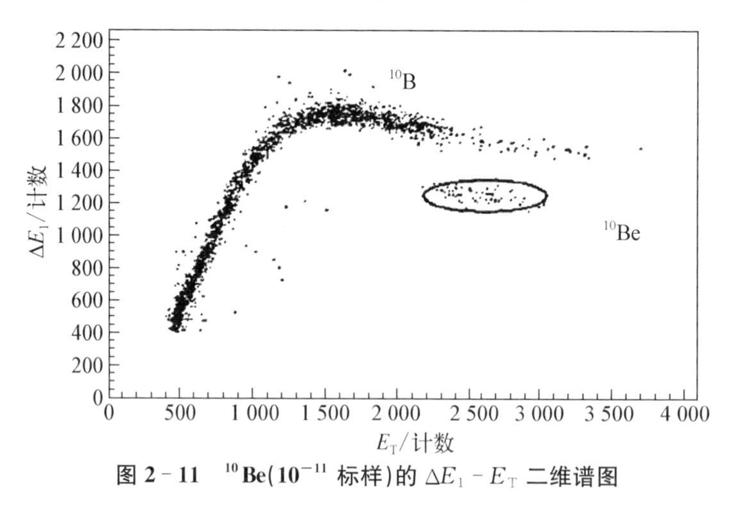

图 2-11　^{10}Be(10^{-11} 标样)的 ΔE_1-E_T 二维谱图

(5) 测量^{10}Be的精度。将同一样品分成 n 份,每个样品座的样品循环转动,共测 T 次,故每个样品座的样品在 T 次循环中共测得 T 个值(X_1, X_2, …, X_T)。每个测量值 X_i 中又包含 S 次交替测量,X_i 是 S 次交替测量的平均结果($i=1$, …, T)。每次交替测量得到的比值(如 $R_{Be(10/9)}$)存入一个数据块。

故每个样品座的样品在 T 次循环中共有 $T\cdot S$ 次交替测量,并测得$T\cdot S$ 个数据块。求得每个样品座的样品在 T 次循环中测得的 T 个 X_i 值的算术平均值

$$\overline{X}=\frac{1}{T}\sum_{i=1}^{T}X_i \tag{2-3}$$

和该算术平均值的标准偏差

$$\delta=\sqrt{\frac{\sum_{i=1}^{T}(X_i-X)^2}{T(T-1)}} \tag{2-4}$$

所以,N 个样品座的样品共有 N 个测量值和相应的标准偏差 δ_j($j=1, 2, \cdots, N$)。

若各个样品座样品的 δ_j 相差较大,则要求加权平均值。由于加速器质谱仪设备性能较好,各个样品座样品的 δ_j 相差不会太大,所以我们不考虑权重,令求得 N 个样品座样品测量值的算术平均值为

$$\bar{Y}=\frac{1}{N}\sum_{i=1}^{N}\bar{X}_j \quad (j=1,\ 2,\ \cdots,\ N) \tag{2-5}$$

各个样品测量值相对于该算术平均值的标准偏差σ为

$$\sigma=\sqrt{\frac{\sum_{i=1}^{N}(X_j-Y)^2}{N-1}} \quad (j=1,\ 2,\ \cdots,\ N) \tag{2-6}$$

它们的相对标准偏差为

$$\sigma=\frac{1}{Y}\sqrt{\frac{\sum_{i=1}^{N}(X_j-Y)^2}{N-1}} \quad (j=1,\ 2,\ \cdots,\ N) \tag{2-7}$$

这表示加速器质谱仪测量相同样品的不确定性。HVEE 和 NEC 公司的产品都采用了这一测量精度的方法。

2.5　本底

加速器质谱仪测量本底包括仪器本底和制样本底。束流强度和传输效率提高到一定程度后，仪器本底和制样本底将是影响加速器质谱仪测量丰度灵敏度的主要因素。

2.5.1　本底的定义及种类

一台加速器质谱仪装置在有限延长时间内，通过测量空白样品在待测核素 M 的位置上得到的原子计数 A_b 与稳定同位素束流强度的原子数 A_0 之比 A_b/A_0 称为仪器本底；通过测量经过制样流程后的空白样品在待测核素 M 的位置上得到的原子计数 A_{bp} 与稳定同位素束流强度的原子数 A_0 之比 A_{bp}/A_0，称为制样本底。有限延长时间是相对于确定丰度灵敏度的有限测量时间而制订的。由于本底水平必须低于仪器的测量灵敏度值，在有限时间内(1 000 s)是测量不到本底计数的，因此，必须在有限延长时间内测量。我们定义 3 600 s 或者多次测量 1 000 s 的平均值为有效延长时间。

本底的种类主要有分子本底、同量异位素本底、相邻同位素本底、分子碎片本底、电荷交换及散射产生的本底和样品本底(样品中含有的待测核素)等。

2.5.2 仪器本底

仪器本底是在加速器质谱仪测量空白样品过程中产生的不属于待测核素的其他种类离子所造成的本底。仪器本底主要包括同量异位素本底、分子本底、相邻同位素本底、分子碎片本底及电荷交换本底等。这些本底高低与加速器质谱仪装置的大小、仪器的真空度、测量参数的选择和测量方法(见第 3 章)等紧密相关。下面进一步分析本底的产生过程。

1) 同量异位素本底

样品通过离子源引出形成待测束流是产生同量异位素本底[37]与相邻同位素本底的主要因素。同量异位素本底指与待测核素质量数相同而原子序数不同的各种化学元素的核素形成的本底,如测量^{10}Be 时的同量异位素本底是^{10}B;测量^{41}Ca 时的同量异位素本底是^{41}K。对于同量异位素的排除主要是采用重离子探测器。重离子探测器是根据高能(MeV)带电粒子在介质中穿行时,具有不同核电荷离子的能量损失速率是不同的来进行同量异位素的鉴别。根据离子能量的高低、质量数的大小,有多种不同类型的重离子探测器用于加速器质谱仪测量。除了使用重离子探测器外,通过在离子源引出分子离子,高能量的串列加速器对离子全部剥离、充气磁铁、激发入射粒子 X 射线等技术也可以用来排除同量异位素本底。

排除同量异位素本底的干扰是加速器质谱仪测量中最为关键和最为困难的技术(见第 3 章),加速器质谱仪小型化的核心技术就是如何排除同量异位素的干扰。

2) 相邻同位素本底

相邻同位素本底指与待测核素质量数最接近的同位素形成的本底。相邻同位素本底主要是针对重核素(质量数 M 大于 100)的测量,由于重核素相邻同位素与待测核素的质量差别相对小$\left(\frac{\Delta M}{M}\right)$,加速器质谱仪的静电分析器和磁分析器都难以彻底把它们排除干净。如对于锕系元素^{236}U 的测量,虽然不存在同量异位素的干扰,但是其相邻同位素^{238}U 和^{235}U 都会在^{236}U 的位置上产生干扰;再如测量^{129}I 会存在稳定同位素^{127}I 的干扰。

重核素相邻同位素的干扰的产生主要有四个方面:一是离子源和加速器的剥离器会产生能量离散,导致相邻同位素具有与待测核素相同的电刚度和磁刚度;二是加速器质谱仪系统的真空度,系统内的残余气体会导致离子能量离散；三是系统内部的散射，如果束流在传输过程中偏离中心线，就会与仪器内壁或边缘发生碰撞，导致散射本底的出现；四是加速器质谱仪系统的设计，主要是静电分析器和磁分析器等分析器的设计。通常静电分析器的能量分辨率和磁分析器的动量分辨率要尽可能地高。另外，在加速器质谱仪系统的低能端，在前加速后（在注入磁铁前）要先放上一个静电分析器，用以排除高能量和低能量离子的拖尾。

3）电荷交换本底

电荷交换本底是基于串列加速器质谱仪的一种特有本底，只有在串列加速器上才会产生这种本底。电荷交换本底是离子经过电子剥离后，在串列加速器的第二级正离子加速过程中，比待测核素高一个电荷态的同位素离子与加速器中的残余气体（气体来自气体剥离器）或仪器内壁碰撞而得到一个电子，从而使得与待测核素具有相同或相近的电刚度和磁刚度，就能够与待测核素离子一同被测量到。例如测量$^{36}Cl^{+8}$时，选用的电荷态是+8。其稳定同位素$^{35}Cl^{+9}$经过与残余气体或仪器内壁碰撞得到一个电子后变成$^{35}Cl^{+8}$。这时由于它的能量有所提高（在+9电荷态时，得到较高能量），可能与$^{36}Cl^{+8}$具有非常接近的磁刚度$\left(\frac{ME}{q^2}\right)$和电刚度$\left(\frac{E}{q}\right)$，就能够与$^{36}Cl$离子一同进入探测器。这类本底一般在$10^{-16}$～$10^{-15}$范围内。

4）分子及分子碎片本底

分子及分子碎片本底是与待测核素质量数相同的分子或分子碎片形成的本底。加速器质谱仪测量对分子及分子碎片本底的排除是由加速器中部的一个剥离器（薄膜或气体）通过库仑力的作用将穿过的分子及分子碎片瓦解，从而排除本底干扰。

表2-2给出了国际上加速器质谱仪测量的最低本底水平（包括仪器本底和制样本底）。这些数值是通过测量空白样品给出的，空白样品的制备采用最低含量材料。

表2-2　加速器质谱仪测量的最低本底水平

核素	样品形式	引出束流		最低本底水平	探测器	代表实验室
		引出形式	束流大小/nA			
^{2}H	气体	H^+	70	1×10^{-14}	半导体	CIAE
^{3}H	气体	H^+	50	4×10^{-14}	半导体	CNL

（续表）

核素	样品形式	引出束流		最低本底水平	探测器	代表实验室
		引出形式	束流大小/nA			
^{3}He	气体	He^{-}	20	9×10^{-11}	半导体	CIAE
^{10}Be	BeO	BeO^{-}	1 000	3×10^{-15}	半导体	CSNSM
^{14}C	C	C^{-}	40 000	5×10^{-15}	电离室	UZH
^{26}Al	Al_2O_3	Al^{-}	3 000	3×10^{-15}	电离室	PSU
^{32}Si	SiO_2	Si^{-}	100	6×10^{-14}	电离室	NSRL
^{36}Cl	AgCl	Cl^{-}	15 000	1×10^{-15}	电离室	ANU
^{41}Ca	CaH_2	CaH_3^{-}	5 000	6×10^{-16}	电离室	PSU
^{53}Mn	MnF_2	MnF^{-}	1 000	7×10^{-15}	充气磁铁+ΔE	TUM
^{59}Ni	Ni	Ni^{-}	500	5×10^{-13}	磁铁+ΔE	ANU
^{60}Fe	Fe	Fe^{-}	700	2×10^{-16}	充气磁铁+ΔE	TUM
^{79}Se	Ag_2SeO_3	SeO_2^{-}	300	约 10^{-12}	电离室	CIAE
^{126}Sn	SnF_2	SnF_3^{-}	400	1.9×10^{-10}	电离室	CIAE
^{129}I	AgI	I^{-}	5 000	3×10^{-14}	TOF+半导体	HU
^{182}Hf	HfF_4	HfF_5^{-}	80	2×10^{-12}	TOF+ΔE	VERA
^{236}U	U_3O_8	UO^{-}	80	6×10^{-12}	TOF	VERA

2.5.3 制样本底

在样品制备(尤其是本底样品制备)过程中，实验室环境、试剂、容器以及靶锥材料中存在待测量的核素，它们非常容易给本底样品以及含量很低的样品带来污染，其是产生样品本底(样品中含有的待测核素)的主要因素。一般通过在制样流程中尽量减少样品之外的核素引进加以抑制。

制样本底来源于样品制备过程中载体、试剂、器具、操作及真空条件等诸多方面[38-41]。对于不同核素，其分类和所占权重各不相同，不能一概而论。以下以^{14}C测量为例，探讨制样本底形成的种类及控制技术。

加速器质谱仪^{14}C的制样本底包括现代碳和死碳，由于自然界中碳的含量非常高,因此对于加速器质谱仪测量而言,^{14}C 测量受制样过程的影响比较大。实际上 ^{14}C 样品制备过程中引入的本底主要来自玻璃等材料的吸附,化学试剂的吸附以及以化合物形式存在的死碳,存储过程中石墨的吸附以及压靶操作中引入的粉尘颗粒和样品交叉污染。Verkouteren 等[42]认为在(2.2±0.5)μg 总现代碳本底中由石英管引入的碳本底量为(0.36±0.07)μg,500 mg CuO 试剂引入的碳本底量为(0.44±0.13)μg。同样,Ertunc 等[43-45]均认为试剂(CuO、Fe、Zn)和玻璃管路吸附是碳本底的主要来源。研究表明采用橡胶盖密封的玻璃管进行酸解制取 CO_2 的过程中,由于磷酸和橡胶反应会引入死碳本底,导致年龄略微偏老[46]。Paul 等[47]比较了不同保存环境和时间对石墨靶的影响,其结果表明压靶后的石墨比未压靶的石墨更容易受到碳本底影响,碳本底的影响不仅存在于石墨靶表面,还能深入石墨靶内部。Steinhof 等[41]认为随着保存时间的延长现代碳本底以 15～40 ng 每月的速度递增。

基于以上碳污染源的分析,对进一步降低碳本底的方法归纳总结为以下两种。

(1) 从污染源加以控制,降低碳本底的引入量。针对来源于玻璃管以及实验工具的碳本底,采用的主流方法如下:900℃灼烧石英反应管,550℃灼烧耐热玻璃管以及所用的实验工具,利用真空加热带在 120℃时给真空系统加热,使得系统的残余气体加速释放,延长抽真空时间,采用无油真空泵组,缩小管路体积等。针对来源于试剂的碳本底,采取的主流方法如下:铁粉真空高温氧化还原活化,锌粉真空 450℃灼烧,CuO、银丝等在空气氛围中高温灼烧等。针对来源于石墨靶存储和压靶过程中的碳本底,采取诸如惰性气体氛围保存和真空封存,电子干燥箱等保存,测试过程中预剥蚀等方法。

(2) 在上述控制本底来源的同时,对测试结果通过数学模型加以校正。通过质量守恒计算,我们认为对于已建立的特定石墨制靶真空系统和实验方法,其引入的系统碳本底是恒定的。因此,其校正公式定义为

$$\frac{F}{F_{\mathrm{std}}}=\frac{F_{\mathrm{m_s}}-F_{\mathrm{m_b}}}{F_{\mathrm{m_{OXI}}}-F_{\mathrm{m_b}}} \tag{2-8}$$

式中,F_{std} 为标准物质推荐值;$F_{\mathrm{m_s}}$、$F_{\mathrm{m_b}}$、$F_{\mathrm{m_{OXI}}}$ 分别为未知样品、本底样品和标准样品的测试值。

除加速器质谱仪测量 ^{14}C 以外,在测量一些中重核素的时候,制样过程中加入的载体是引入制样本底的主要因素。针对这种情况,近年来发展起来的无载体样品分析技术,不仅简化了样品制备流程,而且在很大程度上避免了载

体加入过程中对样品的污染，有效地提高了测量灵敏度。如 Maden 等发明了一种方法将小量的无载体铍(100 ng)沉积在洁净的基体上，然后被聚焦非常好的铯束(SIMS 离子源)溅射，样品中原始的同位素原子数比值 $R_{Be(10/9)}$ 能够直接测量，其优点之一是使用这种方法测量的同位素原子数比值 $R_{Be(10/9)}$ 比加载体要低 3～5 个数量级。另外，对于^{129}I、^{236}U 等核素的测量，同样无载体的样品制备方法近年来也已发展起来。

综上所述，样品需在超净间中采用科学的方式制备，降低环境、试剂、容器以及靶锥材料中存在的干扰元素，必要时还需要数学模型加以校正。

图 2-12 所示是英国格拉斯哥大学加速器质谱仪实验室测量^{41}Ca 的实验谱，样品是经过制样流程的标准样品的本底情况。测量样品的化学形态是 CaF_2，离子源引出 CaF_3 负离子。测量采用端电压为 5 MV 的 NEC 公司生产的加速器质谱仪装置，高能端选择$^{41}Ca^{5+}$ 电荷态。从实验谱中我们看到谱是很复杂的，本底主要有同量异位素^{41}K、相邻同位素^{42}Ca 以及众多的分子碎片本底。可以发现，这些分子碎片的质核比$\left(\frac{M}{q}\right)$与$^{41}Ca^{5+}$ 相同或者非常接近$\left(\frac{M}{q}=\frac{41}{5}=8.2\right)$。还可以发现真正会影响到^{41}Ca 测量灵敏度的主要本底有同

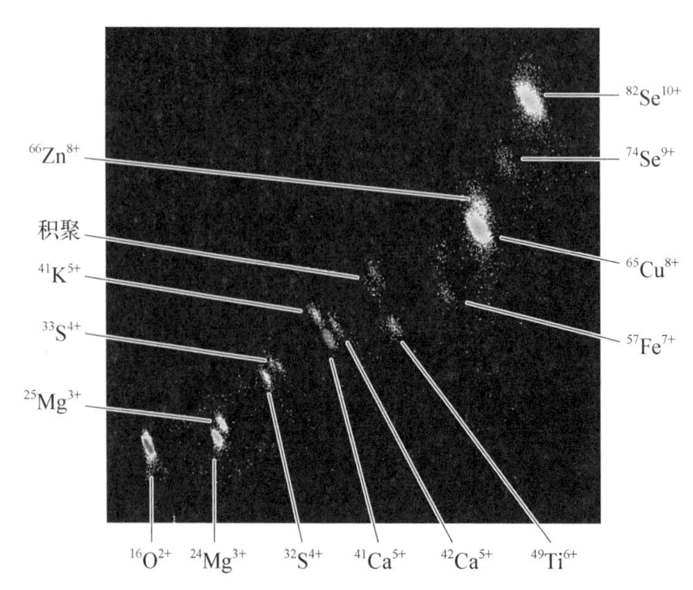

图 2-12　^{41}Ca 标准样品测量谱情况(英国格拉斯哥大学加速器质谱仪实验室)

量异位素^{41}K离子和相邻同位素^{42}Ca离子。因为,这台仪器测量^{41}Ca的本底水平是1×10^{-14}。

2.6 加速器质谱仪新技术

本节主要介绍加速器质谱仪仪器技术的最新进展。概括起来有三个发展方向：一是继续小型化发展;二是向更高丰度灵敏度($10^{-16}\sim10^{-17}$)的方向发展;三是新型的加速器质谱仪仪器技术。新型加速器质谱仪技术是在保持加速器质谱仪灵敏度的前提下取消了加速器,向传统 MS 方向发展。启先核科技有限公司是与中国原子能科学研究院合作的国际上第四家加速器质谱仪仪器制造公司,并且将在小型化和更高灵敏度的加速器质谱仪仪器技术上发挥重要作用。作为当前加速器质谱仪仪器技术向更高灵敏度发展的一个实例,本节将重点介绍一种新型的加速器质谱仪,即基于多电荷态电子回旋共振离子源(ECR)的加速器质谱仪(ECR - AMS)。

2.6.1 小型化技术

由于加速器质谱仪仪器属于大型仪器,它的价格昂贵、操作复杂以及运行维护成本高等问题,难以有更多的用户拥有它。小型化技术是当前和未来加速器质谱仪仪器发展的主要方向之一。

1) 250～150 kV 的单级静电加速器

21 世纪初,美国的 NEC 公司研发了 250 kV 单级(single stage)静电加速器的加速器质谱仪(SS - AMS)[9]以来,国际上有 6 个实验室安装了这种 SS - AMS 装置。第一台安装在瑞典的 Lund 大学(见图 2 - 13)。SS - AMS 具有结构相对简单、运行和维护都方便、性价比高等特点。SS - AMS 存在的主要问题是：它是单级加速器,其离子能量仅为相同端电压串列加速器质谱仪离子能量的一半左右,例如对于^{14}C测量,$^{14}C^{+}$离子能量仅有 250 keV,散射本底相对会多一些。如果同样端电压下,串列加速器质谱仪的离子能量为 500 keV。这样,由于能量高仪器本底会少一点(主要是散射本底会少),传输效率会高一点。

实际上,对于^{14}C测量,主要问题是制样产生的本底。一般情况下制样产生的本底在3×10^{-15}左右。而 250 kV 的 SS - AMS 的仪器本底可以好于2.5×10^{-15},完全能够满足测量需求。有许多领域的研究,如环境、考古、核设

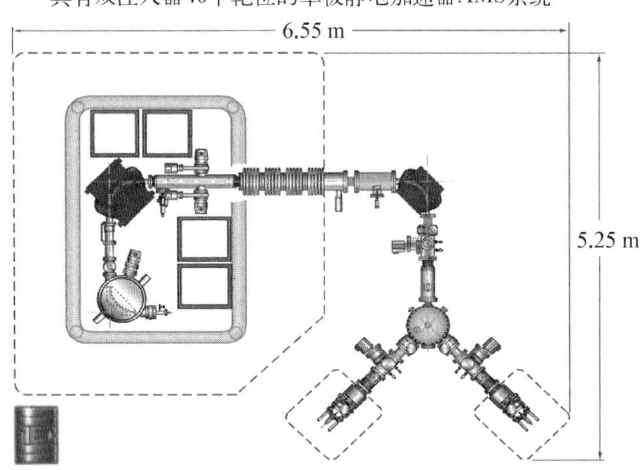

图 2－13　安装在瑞典 Lund 大学的 SS－AMS 装置

施监测等并不需要很高的丰度灵敏度和很低的仪器本底。因此从实际应用出发，中国原子能科学研究院加速器质谱仪团队先后研制了两台更小的 SS－AMS 装置。一台是用于环境和考古的^{14}C 200 kV SS－AMS 装置[48]，如图 2－14 所示。另一台是用于生物医学和环境的^{14}C 150 kV SS－AMS 装置，如图 2－15 所示。

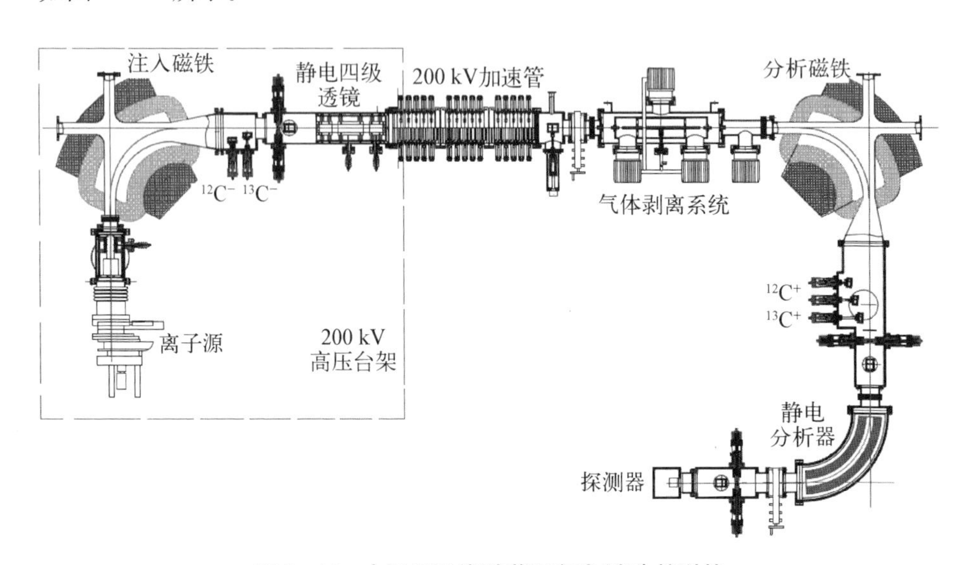

图 2－14　中国原子能科学研究院/启先核科技有限公司的 200 kV SS－AMS 结构

图 2－15　中国原子能科学研究院/启先核科技有限公司的 150 kV SS－AMS 装置

2）用于^{14}C测量的 2×200 kV 串列加速器质谱仪系统

图 2－16 是瑞士 Ion-plus 公司生产的 2×200 kV 加速器质谱仪系统装置图。该系统是目前最小的基于 200 kV 串列加速器的加速器质谱仪，专门用于^{14}C的测量。该系统是由瑞士 ETH 研究所的 M. Suter 教授等在 2015 年研发出来的。

图 2－16　Ion-plus 公司生产的 2×200 kV 加速器质谱仪系统装置

该系统有两个技术特点：一是 2×200 kV 的串列加速器采用真空绝缘和高压电极加速的方式，不同于目前的气体绝缘和加速管加速的方式。二是加速器体积小，整体设计紧凑。整个系统的占地面积仅有 3.4 m×2.6 m。该仪器的本底水平可以达到 1×10^{-15} 左右。

3）用于重核素测量的 2×350 kV 串列加速器质谱仪系统

2004 年，澳大利亚国立大学的 Fifilde 教授等[49]利用瑞士 PSI 加速器质谱仪实验室的 0.5 MV 串列加速器质谱仪系统，探索了 ^{240}Pu、^{242}Pu、^{244}Pu 等钚同位素在低能量下的测量方法。研究结果表明，在 0.3 MV 的端电压下加速器质谱仪对于重核素测量具有两个方面的优势。一方面是剥离效率与传输效率高，在+3 电荷态时传输效率达到 15%，其中采用氮气剥离时，对于 3^+ 和 1^+ 电荷态（0.3 MV 端电压）的剥离效率分别达到 25%和 28%。另一方面由于效率高，测量灵敏度高于大型加速器质谱仪装置，对于 ^{240}Pu、^{242}Pu、^{244}Pu 测量的最低探测限为 10^6 原子，相当于同位素丰度灵敏度为 $10^{-13}\sim10^{-14}$（大型加速器质谱仪针对钚同位素灵敏度为 $10^{-11}\sim10^{-13}$）。应该指出的是，这台加速器质谱仪并不是专为重核素测量所设计的，低能端的质量分辨是通过减小缝隙等实现重核素分辨与注入的，因此该系统对于重核素的传输效率并不是很好。基于此项研究以及最近几年国际上的研究现状，姜山等[50]在 2011 年提出用于长寿命重核素高灵敏测量的小型加速器质谱仪系统，即基于 0.35 MV 串列加速器的加速器质谱仪系统。

为什么选择 0.35 MV 的端电压？根据计算，端电压在 0.3～0.5 MV 范围内都能够得到很好的重核素离子剥离效率和传输效率。如果选择 0.4 MV 或 0.5 MV 的端电压，存在加速管容易在大气下打火的问题，需要用钢桶充上绝缘气体才能够解决打火问题。如选择 0.3 MV 的端电压，对于重核素的传输来说这是能量的下限；低于 0.3 MV 时，正电荷的剥离效率会下降（0 电荷态开始出现），同时散射本底等问题也会出现。综合比较存在的问题，选定 0.35 MV 的端电压最为理想。

2018 年国际上首次成功研制出 2×0.35 MV 小型重核素加速器质谱仪系统。图 2-17 和图 2-18 分别是 2×0.35 MV 小型重核素加速器质谱仪的结构简图和系统装置图。

该装置测量 ^{236}U、$^{240/239}Pu$ 和 ^{237}Np 等重核素的最低探测限能够达到 $10^5\sim10^6$ 个原子。

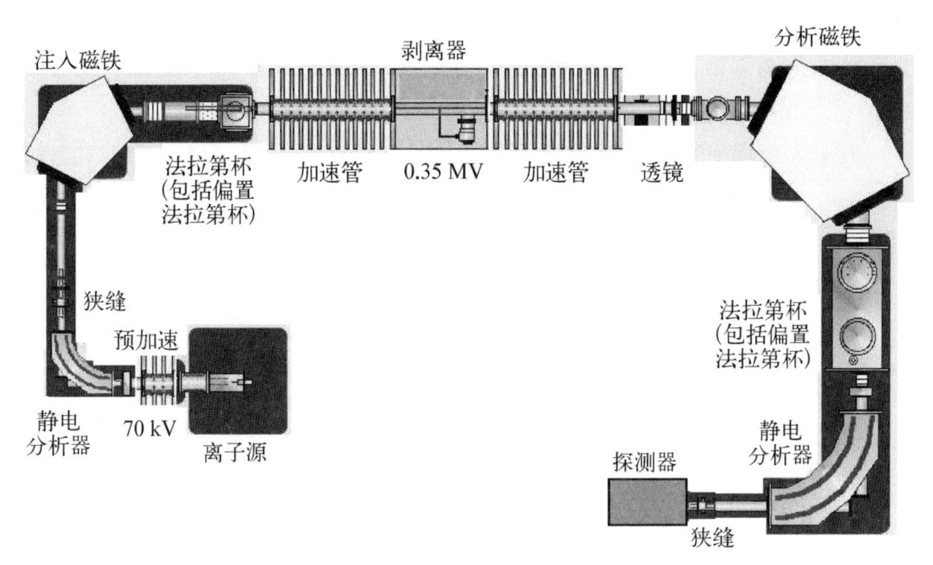

图 2－17　中国原子能科学研究院/启先核科技有限公司研制的小型重核素 2×0. 35 MV 加速器质谱仪结构简图

图 2－18　中国原子能科学研究院/启先核科技有限公司研制的小型重核素 2×0. 35 MV 加速器质谱仪系统装置

2.6.2　更高灵敏度的仪器技术

随着加速器质谱仪应用研究的不断深入，目前加速器质谱仪 10^{-15} 的丰度灵敏度已显得不够用。例如对于 ^{10}Be 的应用研究需要测定更老或更年轻的年代时，需要的丰度灵敏度在 $10^{-16}\sim10^{-17}$ 范围内才能够得到有效的计数。

再如^{14}C的考古定年需要测定5万～8万年甚至更长的年龄，目前10^{-15}的丰度灵敏度只能够给出5万年以内的年龄数据，这同样需要将丰度灵敏度提高到10^{-16}～10^{-17}范围。

为了实现提升加速器质谱仪丰度灵敏度10～100倍的目标，姜山和欧阳应根于2018年提出了基于多电荷态ECR离子源的加速器质谱仪，即ECR-AMS，并申请了国际三方发明专利（美国、欧洲和日本）[51]。

2.6.2.1　ECR-AMS结构

图2-19是ECR-AMS的装置结构示意图，此装置的总体结构包括以下几个主要系统。

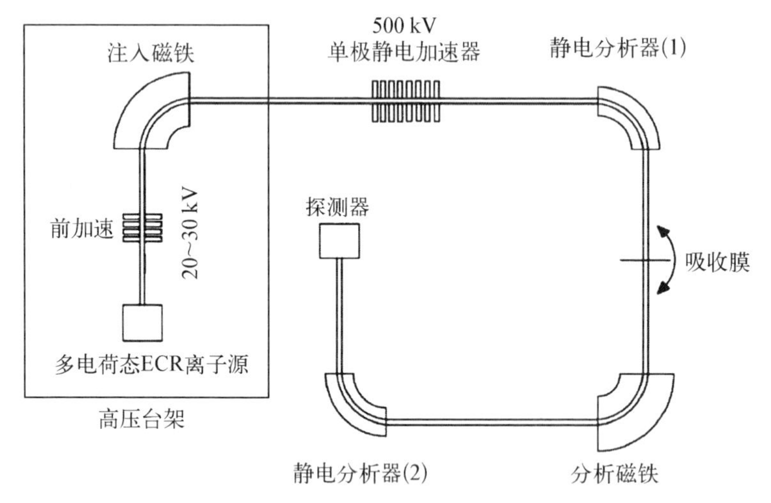

图2-19　ECR-AMS装置结构示意图

(1) 离子源与注入系统。该系统包括多电荷态ECR离子源、一段预加速段和一个磁分析器。

(2) 单极静电加速器系统。单极静电加速器是加速器质谱仪的核心系统，以保证待测核素有足够高的能量，以有效开展同量异位素的粒子鉴别。

(3) 高能分析系统。该系统包括高能量分辨的静电分析器、ΔE能量吸收膜、高动量分辨的磁分析器和第二个高能量分辨的静电分析器。

(4) 离子探测与数据获取系统。系统包括气体电离室、飞行时间（TOF）探测器、电子学部件和计算机数据获取与数据分析部件。

(5) 自动控制系统。系统通过传感器和控制软件实现对上述各个系统工作的自动控制。

ECR－AMS与传统加速器质谱仪相比，在结构上有如下四点不同：

一是离子源不同。加速器质谱仪采用负离子溅射离子源，ECR－AMS采用多电荷态的正离子源，即多电荷态的ECR离子源。ECR离子源的束流强度比溅射负离子高出10～100倍。

二是加速器不同。加速器质谱仪采用串列静电加速器，具有电子剥离系统，导致束流传输效率降低。ECR－AMS采用单极静电加速器，没有电子剥离系统，传输效率明显提高。ECR－AMS束流传输效率比加速器质谱仪高出2～10倍。

三是系统复杂程度不同。ECR－AMS在两方面比加速器质谱仪简单，第一是加速器简单，用单极静电加速器代替了串列静电加速器；第二是取消了加速器质谱仪上用的电子剥离器系统。

四是仪器大小不同。由于ECR－AMS的加速和分析都是针对多电荷态离子，因此所用的磁分析器和静电分析器等的结构尺寸都明显缩小（磁铁和静电分析器的偏转半径与质核比$\frac{M}{q}$成正比），与相同加速电压的加速器质谱仪相比，ECR－AMS的占地面积能够缩小到$\frac{1}{3}$～$\frac{1}{2}$。

2.6.2.2　ECR－AMS的测量过程

ECR－AMS是气体进样，装置的工作过程如下：将气体样品或者固体/液体样品转化成气体样品后，首先进行物理、化学分离与纯化（一般样品量为0.1～1.0 mg数量级）；然后将气体通过石英微管送到ECR离子源中，气体样品经过离子源电离成具有多电荷态的正离子，并由离子源的出口引出；被引出的多电荷态离子束流先要被前端加速段进行前加速，然后离子束流经过注入磁铁选定待测离子（选定质核比$\frac{M}{q}$），并注入加速器进行加速，从而得到较高的粒子能量（能量$E=qV$，q为离子电荷态，V为加速器的加速电压）；经过高能端静电分析进行能量$\frac{E}{q}$的选择后，待测离子穿过ΔE能量吸收膜（为了排除同量异位素）；穿过吸收膜后再次经过动量$\frac{ME}{q^2}$和能量$\frac{E}{q}$的分析以确定所要测定的离子，并排除部分同量异位素和具有相同核质比核素等干扰的离子；最后待测离子进入探测器系统进行粒子鉴别，进一步排除同量异位素等干扰离子，并记录所测量的核素。

2.6.2.3 ECR-AMS能够提高丰度灵敏度10～100倍的依据

目前的加速器质谱仪灵敏度为什么还不够高？要回答这个问题，我们首先要知道有哪些因素影响了加速器质谱仪的丰度灵敏度(详见第2.4节)。影响丰度灵敏度的因素主要有三个：一是束流强度；二是束流传输效率；三是本底水平(包括仪器本底和制样本底)。分析影响加速器质谱仪灵敏度的因素，找到存在的问题后就能够找到提高灵敏度的办法。

1) 传统加速器质谱仪存在的具体问题

在影响测量丰度灵敏度的三个方面，加速器质谱仪都存在以下问题：

(1) 采用负离子源束流强度不够高。目前采用的溅射负离子源，其束流强度一般在10^0～10^1 μA范围内。如果采用ECR离子源，束流强度可以在10^2～10^3 μA范围，能够提高10～100倍。

(2) 采用串列加速器传输效率不高。因为在串列加速器的两次加速之间有一个电子剥离器，可使负离子转换为正离子，其转换效率为10%～50%。如果不采用电子剥离器，束流传输效率能够超过90%。

(3) 仪器的本底不会太低。加速器质谱仪仪器存在固有本底，主要来源于离子源和串列加速器对离子加速过程中的电荷(电子)交换。如在离子源方面，测量^{10}Be和^{36}Cl时，其同量异位素^{10}B和^{36}S就主要来源于离子源的样品靶锥材料和离子源环境。在串列加速器方面，加速过程中会产生电荷交换本底(见2.5.2节)。

另外制样本底也不会太低。我们知道，加速器质谱仪采用固体进样，样品需要制备。在制样过程中必然会受到环境、试剂和制样设备等的污染。如测量^{14}C的样品由CO_2制备成石墨，制样过程受到环境和制样设备中现代^{14}C的污染，导致测量^{14}C/^{12}C的丰度灵敏度在3×10^{-15}左右。

2) ECR-AMS的物理特点

多电荷态ECR-AMS的特点主要体现在ECR离子源上，该离子源具有束流强和引出多电荷态时无分子本底干扰等优点。另外，多电荷态离子得到的能量高，一方面有利于排除同量异位素的干扰，另一方面质核比$\left(\frac{M}{q}\right)$低，可使ECR-AMS系统小型化。具体特点如下：

(1) 多电荷态的ECR离子源束流强。ECR离子源的束流强度比溅射负离子高出10～100倍。

(2) 采用的单极静电加速器没有电子剥离系统，传输效率明显提高。

ECR－AMS束流传输效率比加速器质谱仪高出2～10倍。

(3) 多电荷态(电荷态大于3＋)的ECR离子源除了无分子本底干扰外，还具有压低同量异位素本底的能力，一般可以压低几倍到百倍。

(4) 能够降低仪器固有本底。多电荷态离子经过加速后，能够得到较高的离子能量，有利于压低同量异位素本底。另外，采用单级静电加速器，能够避免串列加速器上存在的电荷交换本底等。

(5) 能够降低制样本底。ECR离子源采用气体进样，最大限度减少了制样本底和溅射负离子源本底等。

与加速器质谱仪相比，ECR－AMS在束流强度和束流传输效率方面共计能够提高10倍以上。如果在仪器本底水平和制样本底水平上都能够降低至$\frac{1}{10}$以下，其丰度灵敏度就能够提高10倍以上，进入10^{-16}～10^{-17}范围。

3) ECR离子源上^{10}Be的实验数据

2018年，由启先核科技有限公司、中国原子能科学研究院和中科院近代物理研究所三家合作，开展了用ECR离子源引出铍和硼的试验。试验的目的有两个：一个是得到铍稳定同位素^{9}Be的束流强度；另一个是得到在ECR离子源内能够压低干扰本底同量异位素^{10}B的能力。试验得到了非常理想的结果，该结果与传统加速器质谱仪实验结果进行的比较如表2－3所示。

表2－3　ECR离子源与加速器质谱仪的负离子源引出^{9}Be和^{10}B的实验数据比较

	加速器质谱仪	ECR－AMS
束流强度/μA	～2	～20(增加10倍)
传输效率/%	～40	～90(增加2倍以上)
离子源压低^{10}B (采用Be∶B＝1∶1)	离子源^{9}Be和^{10}B 束流强度比为1∶1	离子源^{9}Be和^{10}B 束流强度比为1∶0.01$\left(压低^{10}B至\frac{1}{100}\right)$

表中所示，ECR离子源的束流强度和束流传输效率总计比加速器质谱仪的束流强度和传输效率高出10倍以上(10×2＝20)。相对^{9}Be的束流，加速器质谱仪负离子源不具有压低^{10}B的能力，而ECR离子源具有压低^{10}B至$\frac{1}{100}$的能力。

2.6.2.4　ECR－AMS在应用上的扩展

ECR－AMS采用气体进样，由于测量丰度灵敏度的提高，其测量和应用范围都会大幅度增加。

(1) 能够开展惰性气体的测量。传统加速器质谱仪不能够实现惰性气体的测量。原因是加速器质谱仪采用负离子源，惰性气体不能够得到电子而形成负离子。

(2) 能够增加放射性核素的测量种类。针对放射性核素，传统加速器质谱仪适用于长寿命的测量。一般半衰期大于 10 天的核素(如^{7}Be等)，用加速器质谱仪测量具有明显优势。而对于中、短寿命的核素采用直接放射性测量方法具有优势。ECR - AMS 由于灵敏度能够提高 10～100 倍，因此对于中、长寿命的核素测量都有优势，即对于半衰期大于 1 天(甚至 1 个小时)的核素，都具有明显优势。

(3) 能够开展更深入和广泛的科学研究。最为重要的有三点：第一能够实现^{41}Ca的考古定年；第二能够将^{14}C定年的范围从目前的 1 万～5 万年提高到 1 万～8 万年甚至更宽的范围；第三能够显著提高^{3}H、^{10}Be、^{26}Al、^{36}Cl、^{85}Kr等核素应用范围的广度和深度。

(4) 系统更加紧凑简单。占地面积比同等加速电压的串列式加速器质谱仪要小至$\frac{1}{3}\sim\frac{1}{2}$。

(5) 能够扩大应用范围。由于气体进样和小型化，该仪器可以用在现场开展在线测量或快速检验，这样就可以作为超高灵敏监测/检测的仪器广泛应用于环境、食品、医疗、核安全设施等领域。

从仪器发展的角度看，每一种新的仪器也存在新的问题。ECR - AMS 主要问题是：由于离子源引出多电荷态，所以在传输过程中存在相同质核比的离子干扰。例如：测量$^{10}Be^{4+}$，存在$^{15}Ne^{6+}$、$^{20}Na^{8+}$等干扰，因为它们具有与$^{10}Be^{4+}$相同的质核比$\left(\frac{10}{4}=2.5\right)$。在测量中通过两个方法就能够把它们排除掉：① 在高能端离子穿过吸收膜后选择$^{10}Be^{3+}$，电荷态从 4+变为 3+，质核比变成了 $\frac{10}{3}=3.33$。这时，原来具有相同质核比的离子绝大部分将被排除(质核比变化和能量变化)。② 极其少量(低于 10^{-13})的离子如$^{20}Na^{6+}$可能进入探测器。由于$^{20}Na^{6+}$和$^{10}Be^{3+}$在能量上存在很大差异(约 1 倍)，探测器很容易把它们完全区分开，能够压低至$\frac{1}{1\,000}$以下。

关于ECR-AMS系统，启先核科技有限公司、中国原子能科学研究院、中科院近代物理研究所和中科院青藏高原研究所等单位正在合作研制之中，预计能够在2021年前后开始测试并应用。

2.6.3　新型仪器技术

关于新型加速器质谱仪技术，目前有两个非常有意义的系统正在研制和发展中。一个是基于正离子(positive ion)源的MS系统，即PIMS系统。另一个是基于多电荷态ECR的MS系统，即ECR-MS系统。这两种仪器技术的共同特点是都取消了加速器，只有20～30 kV的加速段，仪器向传统的MS回归，但仍然保留了加速器质谱仪的测量指标和性能。可以称之为无加速器的加速器质谱仪系统(A-less AMS)。

1) PIMS系统[52]

PIMS是由英国格拉斯哥大学的Freaman教授联合美国NEC公司和法国的Pantenik研究所于2016年推出的^{14}C专用测量系统。系统结构如图2-20所示。这种系统也是采用CO_2进样，利用单电荷态ECR源将CO_2电离成C^+离子，然后将离子加速到30 keV或60 keV后，穿过异丁烷气体将C^+离子转换C^-离子，同时将分子离子瓦解，最后再利用磁分析器和静电分析器排除干扰后，利用面垒型半导体探测器对^{14}C进行测定。PIMS不需要加速器，这

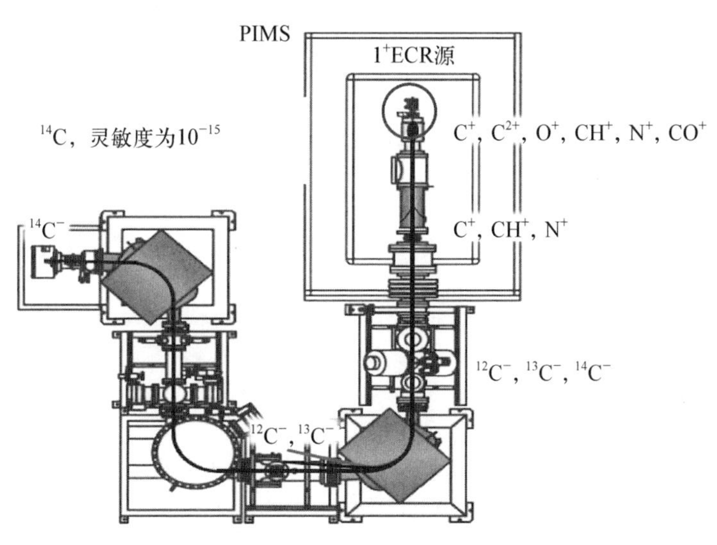

图2-20　PIMS系统结构简图

使设备更加小型化。其测量上的主要优点是采用气体进样，不需要石墨化样品制备。不足之处是有两个新的问题：一是 30 kV 的 $^{14}C^{+}$ 离子难以很好地排除分子离子的干扰；二是离子电荷转换（正离子转变为负离子）穿过气体时，负离子的转换效率比较低。这两个问题的存在，使得 PIMS 的丰度灵敏度限制在 10^{-15} 的水平。

2）ECR－MS 系统[53]

ECR－MS 是基于多电荷态电子回旋共振离子源的一种同位素质谱仪。ECR－MS 系统的结构与磁质谱仪基本相同，只是将离子源换成了 ECR 离子源。由于多电荷态 ECR 离子源具有束流强、离子能量离散小、没有分子离子干扰和具有压低同量异位素干扰等优点，ECR－MS 测量同位素的丰度灵敏度能够达到 10^{-8}～10^{-15} 范围，大大提高了同位素 MS 测量的丰度灵敏度。适合于铀、钚和锕系等重元素的同位素测量，也适合于一些轻核素如氢、氦、锂、铍、硼、碳、氮和氧等元素同位素的高精度测量。ECR－MS 同时也可作为无机质谱仪，开展元素测量，ECR 源可以与四极杆、飞行时间等分析器相连接。

从质谱仪的整体意义上来说，ECR－MS 把加速器质谱仪和传统同位素 MS 结合在了一起。虽然 ECR－MS 去掉了加速器质谱仪上的加速器，但是对于那些无同量异位素干扰的待测核素，仍然部分保留了加速器质谱仪测量的高灵敏度指标和 MS 测量的高精度指标。对于 ^{10}Be、^{14}C、^{36}Cl 和 ^{41}Ca 等存在同量异位素核素的测量，只需要增加一个加速段把离子能量提高，再利用吸收膜和气体电离室等粒子鉴别手段就能够把测量丰度灵敏度提高到好于 10^{-15}。

ECR－MS 系统是 2018 年由我国启先核科技有限公司提出，已经申报了国际三方发明专利。启先核科技有限公司正在与有关单位合作开展 ECR－MS 样机的研制，不久即可面世。

参考文献

[1] Bennett C L, Beuken R P, Clover M R, et al. Radiocarbon dating using electrostatic accelerators: Negative ions provide the key[J]. Science, 1977, 198: 508－510.

[2] Nelson D E, Korteling R G, Stott W R. Carbon－14: Direct detection at natural concentrations[J]. Science, 1977, 198: 507－508.

[3] Alvarez L W, Cornog R. He^{3} in helium[J]. Physical Review, 1939, 56: 379.

[4] Stephenson E J, Masta T S, Mullera R A. Radiocarbon dating with a cyclotron[J]. Science, 1977, 196: 489－494.

[5] Jiang S, He M, Jiang S S, et al. Development of AMS measurements and

applications at the CIAE[J]. Nuclear Instruments and Methods in Physics Research Section B, 2000, 172(1-4): 87-90.

[6] Tian Y M, Yu J X, Liu Z Y, et al. Progress report on the HI-13 Tandem Accelerator[J]. Nuclear Instruments and Methods in Physics Research Section A, 1986, 244: 39-47.

[7] Jones G A, McNichol A P, von Reden K F, et al. The national ocean sciences AMS facility at Woods Hole Oceanographic Institution[J]. Nuclear Instruments and Methods in Physics Research Section B, 1990, 52: 278-284.

[8] Garner R C, Long D. Pushing the accelerator-speeding up drug research with accelerator mass spectrometry[J]. Nuclear Instruments and Methods in Physics Research Section B, 2000, 172(1-4): 892-898.

[9] Schroeder J B, Hauser T M, Klody G M. Initial results with low energy single stage AMS[Z]. Norton Radiocarbon, 2004, 46: 1-47.

[10] Synal H A, Döbelia M, Jacobb S, et al. Radiocarbon AMS towards its low-energy limits[J]. Nuclear Instruments and Methods in Physics Research Section B, 2004, 339: 223-224.

[11] Purser K H. Ultra-sensitive spectrometer for making mass and elemental analyses [P]. USA: Patent number: 4037100, 1976.

[12] Zhao X L, Litherland A E, Eliades J, et al. Studies of sputtered anions I: Survey of MFn^-[J]. Nuclear Instruments and Methods in Physics Research Section B, 2009, 268: 807-811.

[13] Middleton R. A review of ion sources for accelerator mass spectrometry[J]. Nuclear Instruments and Methods in Physics Research Section B, 1984, 5: 193-199.

[14] Skipper P L, Hughey B J, Liberman R G, et al. Bringing AMS into the bioanalytical chemistry lab[J]. Nuclear Instruments and Methods in Physics Research Section B, 2004, 223-224: 740-744.

[15] Roberts M L, Schneider R J, von Reden K F, et al. Progress on gas-accepting ion source for continuous-flow accelerator mass spectrometry[J]. Nuclear Instruments and Methods in Physics Research Section B, 2007, 259: 83-87.

[16] Hotchkis M, Wei T. Radiocarbon detection by ion charge exchange mass spectrometry[J]. Nuclear Instruments and Methods in Physics Research Section B, 2007, 259: 158-164.

[17] Anbar M. Mass spectrometric determination of carbon 14[P]. USA: Patent number: 3885155, 1975.

[18] Raisbeck G, Yioux F, Peghaire A, et al. Instability of KH_3 and potential implications for detection of ^{41}Ca with a tandem electrostatic accelerator[C]. Proceedings of the Second International Conference on AMS, USA: Argonne, 1981: 426-430.

[19] Vockenhuber C, Bergmaier A, Faestermannn T, et al. Development of isobar separation for ^{182}Hf AMS measurements of astrophysical interest[J]. Nuclear

Instruments and Methods in Physics Research Section B，2007，259：250－255.
[20] Eliades J，Litherland A E，Kieser W E，et al. Cl/S isobar separation using an on-line reaction cell for ^{36}Cl measurement at low energies[J]. Nuclear Instruments and Methods in Physics Research Section B，2009，268：839－842.
[21] Kieser W E，Eliades J，Litherland A E，et al. The low-energy isobar separator for anions：Progress report[J]. Radiocarbon，2010，52：236－242.
[22] Eliades J，Zhao X L，Litherland A E，et al. On-line ion chemistry for the AMS analysis of ^{90}Sr and $^{135,137}Cs$[J]. Nuclear Instruments and Methods in Physics Research Section B，2013，294：361－363.
[23] Maden C，Dobeli M，Kubik P W，et al. Measurement of carrier-free ^{10}Be samples with AMS：the method and its potential[J]. Nuclear Instruments and Methods in Physics Research Section B，2004，223－224：247－252.
[24] Hou X，Zhou W，Chen N，et al. Separation of microgram carrier free iodine from geological and environmental samples for AMS determination of ultra low level ^{129}I [C]//Proceedings of AMS－12 Conference. New Zealand：Wellington，2011.
[25] Berkovits D，Boaretto E，Hollos G，et al. Selective suppression of negative ions by lasers[J]. Nuclear Instruments and Methods in Physics Research Section A，1989，281：663－666.
[26] Alton G D，Zhang Y. An experimental apparatus proposed for efficient removal of isobaric contaminants in negative ion beams[J]. Nuclear Instruments and Methods in Physics Research Section B，2008，266：4020－4026.
[27] Daniel R，Mores M，Kitchen R，et al. Development of a commercial laser-induced combustion interface to a CO_2 ion source for AMS[C]. Proceedings of AMS－12 Conference，New Zealand：Wellington，2011.
[28] Pardo R，Kondev F，Kondrashev S，et al. Laser ablation accelerator mass spectrometry of actinides with an ECRIS and linear acceleration[C]. Proceedings of AMS－12 Conference，New Zealand：Wellington，2011.
[29] Wacker L，Münsterer C，Hattendorf B，et al. Direct coupling of a laser ablation cell to an AMS[J]. Nuclear Instruments and Methods in Physics Research Section B，2013，294：287－290.
[30] 赵墨田. 低丰度同位素质谱分析法[J]. 质谱学报，1994，15(1)：8－15.
[31] 李柏，章佩群，陈春英，等. 加速器质谱法测定环境和生物样品中的^{129}I[J]. 分析化学，2005，33(7)：904－908.
[32] 窦亮，何明，董克君，等. 加速器质谱测量岩石样品中^{41}Ca的初步研究[J]. 原子能科学技术，2013，47(12)：2322－2326.
[33] 刘林，周卫健，宋少华，等. 基于加速器质谱的新型双用注入系统设计[J]. 核技术，2006，29(12)：903－908.
[34] 周卫健，卢雪峰，武振坤，等. 西安加速器质谱中心多核素分析的加速器质谱仪[J]. 核技术，2007，30(8)：702－708.
[35] Naveed A，付东坡，朱正，等. AMS－^{10}Be测量本底研究和改进[J]. 原子能科学技术，

2008,42: 246 - 250.

[36] 付东坡,Naveed A,奚娴婷,等.用于高灵敏度 AMS - ^{10}Be 测量的气体探测器[J].原子能科学技术,2012,46(2): 243 - 247.

[37] 姜山,董克君,何明,等.超灵敏加速器质谱技术进展及应用[J].岩矿测试,2012,31(1): 7 - 23.

[38] Vogel J S, Nelson D, Southon J R. ^{14}C background levels in an accelerator mass spectrometry system[J]. Radiocarbon, 1987, 29(3): 323 - 333.

[39] Aertsbijma A T, Meijer H A J, Vanderplicht J. AMS sample handling in Groningen [J]. Nuclear Instruments and Methods in Physics Research Section B, 1997, 123 (1 - 4): 221 - 225.

[40] Gillespie R, Hedges R E M. Laboratory contamination in radiocarbon accelerator mass spectrometry [J]. Nuclear Instruments and Methods in Physics Research Section B, 1984, 5(2): 294 - 296.

[41] Steinhof A, Altenburg M, Machts H. Sample preparation at the Jena ^{14}C laboratory [J]. Radiocarbon, 2017, 59(3): 815 - 830.

[42] Verkouteren R M, Klouda G A, Currie L A, et al. Preparation of microgram samples on iron wool for radiocarbon analysis via accelerator mass spectrometry: A closed-system approach[J]. Nuclear Instruments and Methods in Physics Research Section B, 1987, 29(1 - 2): 41 - 44.

[43] Ertunc T, Xu S, Bryant C L, et al. Investigation into background levels of small organic samples at the NERC Radiocarbon Laboratory[J]. Radiocarbon, 2007, 49 (2): 271 - 280.

[44] Kim S - H, Kelly P B, Clifford A J. Accelerator mass spectrometry targets of submilligram carbonaceous samples using the high-throughput Zn reduction method [J]. Analytical Chemistry, 2009, 81(14): 5949 - 5954.

[45] Santos G M, Mazon M, Southon J R, et al. Evaluation of iron and cobalt powders as catalysts for ^{14}C - AMS target preparation[J]. Nuclear Instruments and Methods in Physics Research Section B, 2007, 259(1): 308 - 315.

[46] Yokoyama Y, Miyairi Y, Matsuzaki H, et al. Relation between acid dissolution time in the vacuum test tube and time required for graphitization for AMS target preparation[J]. Nuclear Instruments and Methods in Physics Research Section B, 2007, 259(1): 330 - 334.

[47] Paul D, Been H A, Aertsbijma A T, et al. Contamination on AMS sample targets by modern carbon is inevitable[J]. Radiocarbon, 2016, 58(2): 407 - 418.

[48] He M, Bao Y, Pang Y, et al. A home-made ^{14}C - AMS system at CIAE[J]. Nuclear Instruments and Methods in Physics Research Section B: Beam Interactions with Materials and Atoms, 2019, 438: 214 - 217.

[49] Fifield L K, Synal H-A, Suter M. Accerlerator mass spectrometry of plutonium at 300 kV[J]. Nuclear Instruments and Methods in Physics Research Section B, 2004, 223 - 224: 802 - 806.

[50] Jiang S, He M, Dong K, et al. The limitations of AMS measurement for heavy nuclides[C]. Invited Talk at the 5th East Asia AMS Symposium, Korea, 2013.
[51] 姜山. 一台基于多电荷态离子源的加速器质谱仪：国际,201810201635. 6[P]. 2018-03-12(受理 TCP/CN2019/077683).
[52] Freeman S P H T, Shanks R P, Donzel X, et al. Radiocarbon positive-ion mass spectrometry[J]. Nuclear Instruments and Methods in Physics Research Section B: Beam Interactions with Materials and Atoms, 2015, 361: 229-232.
[53] 姜山. 一种新型同位素质谱仪[C]. 中国质谱学术大会,广州,2018.

第 3 章
加速器质谱分析方法

第 2 章提到加速器质谱仪属于一种同位素质谱仪，它之所以具有超高的测量灵敏度和准确度，是因为其在方法学上有三个主要特点：第一，在总体测量方法上，采用针对标准样品的相对测量方法；第二，在准确定量测量上，采用同位素丰度比值的测量方式，与传统同位素 MS 不同的是，加速器质谱仪采用同位素的快速交替测量；第三，在具体核素测量上，针对不同核素采用不同测量手段，用来排除同量异位素本底、同位素本底及分子本底等干扰。

3.1 加速器质谱仪测量

加速器质谱仪测量是基于加速器质谱仪系统和分析方法，将待测核素进行准确定量的过程。通过将待测核素在加速器质谱仪系统的高效引出与高效传输、待测核素与其稳定同位素比值的测定、标准样品的整个加速器质谱仪系统效率修正等过程最终实现待测核素的准确测定。

3.1.1 加速器质谱仪系统的传输、测量与定量过程

在加速器质谱仪测量中，由于待测核素的含量非常低，无法直接利用待测核素进行加速器质谱仪系统的传输调节。为此通常需要利用其稳定同位素对待测核素进行模拟传输。因此，实现待测核素的加速器质谱仪系统传输主要包括以下过程。

(1) 稳定同位素传输。利用待测核素的稳定同位素对整个加速器质谱仪系统进行传输，即从离子源引出待测核素的稳定同位素，利用加速器质谱仪各个部分的法拉第筒测量稳定同位素的束流强度，并依次调节加速器质谱仪各个部分束流传输系统，使得稳定同位素在整个加速器质谱仪系统的传输效率

达到最大。

(2) 待测核素的模拟传输。利用稳定同位素模拟待测核素进行传输，即利用稳定同位素模拟待测核素的磁刚度 $\left(\frac{ME}{q^2}\right)$ 和电刚度 $\left(\frac{E}{q}\right)$，依次调节加速器质谱仪系统各个部分的束流传输系统，使得传输效率达到最佳。

(3) 利用标准样品对系统进行最终优化传输。即在完成对待测核素的模拟传输后，利用标准样品将被测核素传输到探测器，微调加速器质谱仪系统的传输参数使得待测核素的计数率达到最大，从而使整个加速器质谱仪系统达到待测核素的最佳传输。在完成了加速器质谱仪系统的优化传输之后，即可开展待测核素含量的测量。

加速器质谱仪一般测量待测核素与其稳定同位素的比值。为了避免离子传输、电荷剥离等过程造成的系统误差，实现加速器质谱仪的高精度测定，通常采用快交替注入方式，即在注入磁铁处采用交替注入的方式让待测核素与其稳定同位素交替通过注入磁铁进而进入加速器，在经过加速、电荷剥离等过程后利用高能分析磁铁根据其磁刚度不同将待测核素和其稳定同位素分离开，然后利用加速器质谱仪终端的探测器对待测核素进行测量，而其稳定同位素的束流则利用高能分析磁铁像点附近的偏置法拉第筒进行测量，由此实现交替测量。

由于在加速器质谱仪系统的传输和探测过程中待测核素和其稳定同位素之间存在着传输效率和探测效率的差异，从而无法准确测定待测核素的含量。为了实现待测核素的精确测量，加速器质谱仪测量时需要采用标准样品进行加速器质谱仪系统的效率修正。所谓标准样品就是待测核素与其稳定同位素比值精确已知的样品。因此加速器质谱仪测量过程需要交替测定标准样品和待测样品，即分别测定未知样品中待测核素的计数率(N_x)与其稳定同位素的束流强度(I_x)以及标准样品中待测核素的计数率(N_s)与其稳定同位素的束流强度(I_s)，再结合标准样品中待测核素与其稳定同位素的标称值(R_s)，利用下面公式即可得到未知样品中待测核素的含量(R_x)。通常情况下为了提高测量精度，要对标准样品和未知样品重复进行 6～10 次测定，通过多次重复测定的平均值即可实现未知样品中待测核素丰度的测定。

$$R_x = R_s \frac{N_x I_s}{N_s I_x} \tag{3-1}$$

3.1.2 标准样品和空白样品

在加速器质谱仪测量中，标准样品和空白样品是不可或缺的两种样品。标准样品是用于对测量过程的效率进行修正从而实现未知样品含量的精确定量，空白样品则是检验加速器质谱仪系统的测量灵敏度和本底水平。

标准样品是指待测核素与其稳定同位素比值精确已知的样品。加速器质谱仪测量的标准样品同位素比值一般为 $10^{-15} \sim 10^{-10}$。标准样品一般是利用放射性活度测度方法得到放射性核素的含量，或者利用热电离质谱(TIMS)测量得到放射性核素的含量，然后加入含量精确已知的稳定同位素通过逐步稀释方式得到一系列同位素比值精确已知的样品[1-2]。一般来讲，标准样品需通过不同实验室进行盲测，经过数据评价后最终确定标准样品的丰度，然后供各个实验室分析测量使用。

空白样品是指样品中只有待测核素的稳定同位素而没有待测核素的样品。一般来讲，样品中待测核素与其稳定同位素的比值低于 10^{-15} 即可认为该样品为空白样品。空白样品主要是用来检验加速器质谱仪系统的测量本底，有时也用于检测样品之间的交叉污染。

3.2 粒子探测器及鉴别方法

在加速器质谱仪测量中，待测核素含量极低，需要利用可实现单个粒子测量的探测器对待测核素进行测定，同时为了排除各种干扰本底，需要利用探测器的粒子鉴别技术以实现待测核素和干扰粒子的鉴别。离子探测与鉴别主要通过测量离子的总能量、质量、能量损失率等参数实现。在加速器质谱仪测量中需要根据具体测量核素采用不同种类的探测器和独特的鉴别方法。下面对加速器质谱仪测量中常用的探测器和粒子鉴别技术进行论述。

3.2.1 能量损失法

能量损失法($\Delta E - E$ 法)是加速器质谱仪测量中应用最为广泛的粒子鉴别技术。此种技术是实现同量异位素最为有效的粒子鉴别方法。它的基本原理基于 Bethe-Bloch 公式。在非相对论情况下，入射粒子在介质中能量损失率为

$$-\frac{\mathrm{d}E}{\mathrm{d}x}=B\left(\frac{Z_{\mathrm{e}}^{2}M}{E}\right)\ln\left(\frac{bE}{M}\right) \tag{3-2}$$

式中，$-\frac{\mathrm{d}E}{\mathrm{d}x}$ 是能量损失率；M、E 分别是入射粒子的质量、能量；Z_{e} 是入射粒子的有效电荷，它与入射粒子的原子序数 Z 密切相关；B、b 是只与阻止介质有关而与入射粒子种类和能量无关的常数。

将式(3-2)简化得到：$\frac{\mathrm{d}E}{\mathrm{d}x}=\frac{kZ^{2}}{v^{2}}$，$k$ 为与阻止介质有关的常数，v 为入射离子的速度。

当穿透厚度 t 很薄时，则 $\mathrm{d}E$ 可用 ΔE 代替，$\mathrm{d}x$ 可用 t 代替，上式可写为

$$E\Delta E \propto MZ^{2}t \tag{3-3}$$

对于固定的探测器，t 为常数。于是有

$$E\Delta E \propto MZ^{2} \tag{3-4}$$

同量异位素粒子指的是粒子的质量相同但原子序数不同的粒子，由上面公式可以看出，由于同量异位素粒子的原子序数不同，它们在通过介质时的能量损失率就不同，因此利用探测器测量粒子的总能量 E 及其能量损失率 ΔE 即可实现同量异位素鉴别。

在加速器质谱仪装置中，粒子能量一般小于每核子 2 MeV，利用 $\Delta E-E$ 方法在鉴别原子序数 $Z\leqslant 30$ 的同量异位素时非常有效[3-4]，在 $Z>30$ 后由于同量异位素间的能量差异变小且粒子能量离散增大，利用 $\Delta E-E$ 法鉴别同量异位素的能力就受到一定限制。

在加速器质谱仪测量中利用能量损失 $\Delta E-E$ 方法最典型的探测器是多阳极气体电离室。

3.2.2 多阳极气体电离室

多阳极气体电离室是加速器质谱仪测量中应用最为广泛的探测器[5-6]，也是鉴别同量异位素非常有效的探测器。它鉴别同量异位素的基本原理就是基于能量损失法（$\Delta E-E$ 法）。

为了提高同量异位素的鉴别能力，通常将探测器的阳极在离子飞行方向上分成 3～4 个区域，通过离子在不同区域的能量损失率的不同实现同量异位

素的鉴别。同时为了进一步提高鉴别能力，通常将其中的一个或两个阳极对角分离，通过粒子在此阳极上的能量不同的差异实现粒子飞行路径的测定。

气体电离室的工作原理：离子穿过入射窗进入探测器后，它与探测器里的工作气体(丙烷或异丁烷等)相互作用后将探测器的工作气体电离成电子离子对，电子离子对数量与入射离子在此区域的能量损失成正比，这些电子离子对在与粒子飞行垂直方向的电场作用下分别向阳极和阴极漂移，从而在阳极和阴极感应出电压脉冲信号，而电压脉冲信号幅度与收集的电子或离子的多少成正比，由此通过探测器产生的脉冲电压幅度实现粒子在阳极和阴极的能量损失测定。多阳极气体电离室就是利用离子在探测器不同阳极区域能量损失的不同，再通过多路符合的探测方法实现同量异位素的鉴别。

图3-1为中国原子能科学研究院研制的四阳极气体电离室的结构示意简图。它主要包括阳极、阴极、栅极、入射窗以及工作气体进出口等部分。为了避免电子脉冲幅度与入射粒子的电离位置有关，在入射粒子和阳极之间安装一栅网，通常称为Frisch栅[7]。只有电子穿过栅极在栅极与阳极的空间内漂移时，在阳极上才会感应出电压脉冲。Bunemann等[8]给出了关于阳极、阴极和Frisch栅的距离对电子透射的影响以及它们之间的关系。入射窗常用厚度很薄的薄膜，此薄膜用来隔离探测器内工作气体与真空管道，保证电离室内的工作气体稳定。粒子进入电离室时，在入射窗上产生的能量歧离是影响电离室能量分辨的主要因素。所以电离室的入射窗需要尽可能地薄且均匀。目

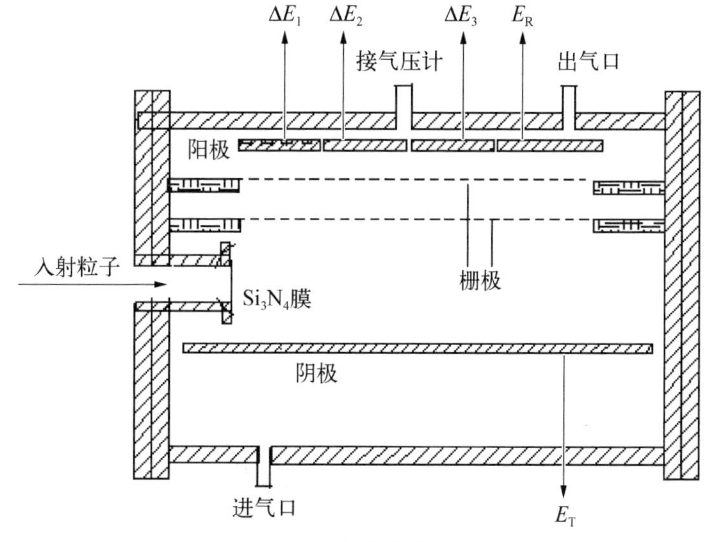

图3-1　多阳极气体电离室结构简图

前已利用厚度均匀且可以做得很薄的 Si_3N_4 膜代替以前常用的 Mylar 膜。使用 Si_3N_4 膜使得气体电离室的性能得到很大的提高。

为了提高气体电离室的同量异位素鉴别能力，通常将电离室的阳极分割成几个部分，每个阳极就收集粒子在各个阳极区域飞行时与工作气体相互作用产生的电子，提供不同位置的能量损失(ΔE)信号。而阴极则可以收集粒子与工作气体相互作用产生的阳离子，提供入射粒子总能量信号。同量异位素粒子在各个阳极上的损失能量与核电荷数有关，图 3-2 是同量异位素粒子^{36}Cl 和^{36}S 在多阳极气体电离室能量损失率与射程的模拟计算结果，图 3-3 为对应的^{36}Cl 和^{36}S 在四个阳极的能量谱，可以看出利用四个阳极能够很好地分析^{36}Cl 和^{36}S，然后再通过这四路信号进行四路信号符号就可以将^{36}Cl 和^{36}S 完全分离，如图 3-4 所示(图中 E_R 代表剩余能量，E_T 代表总能量)，从而实现^{36}Cl 粒子的准确测定。由此可以看出，通过多阳极气体电离室实现了同量异位素的鉴别。研究者基于这种探测器，已成功进行了^{10}Be[9]、^{36}Cl[10]、^{41}Ca[11]等核素的测量。

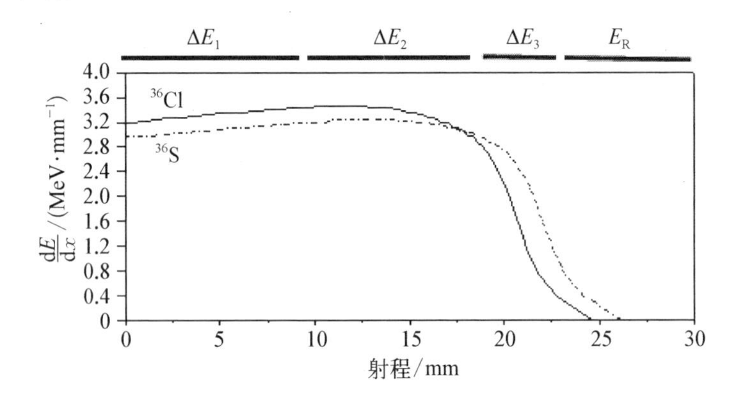

图 3-2 ^{36}Cl 和^{36}S 在多阳极气体电离室单位距离能量损失与射程的关系

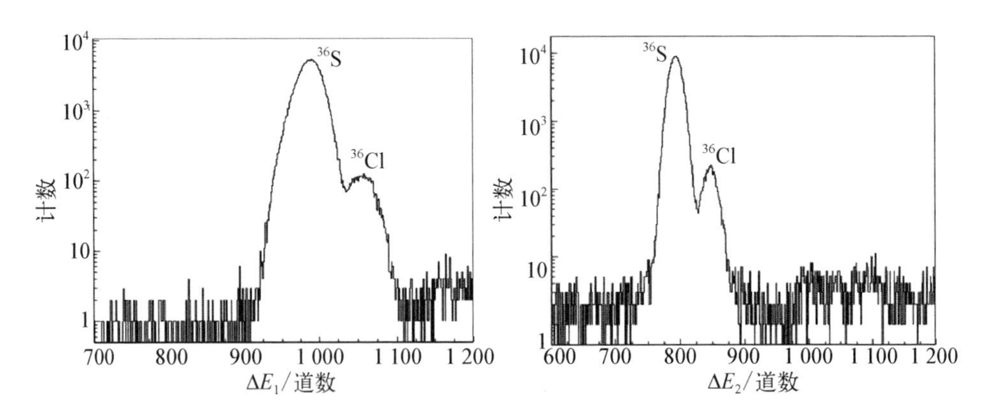

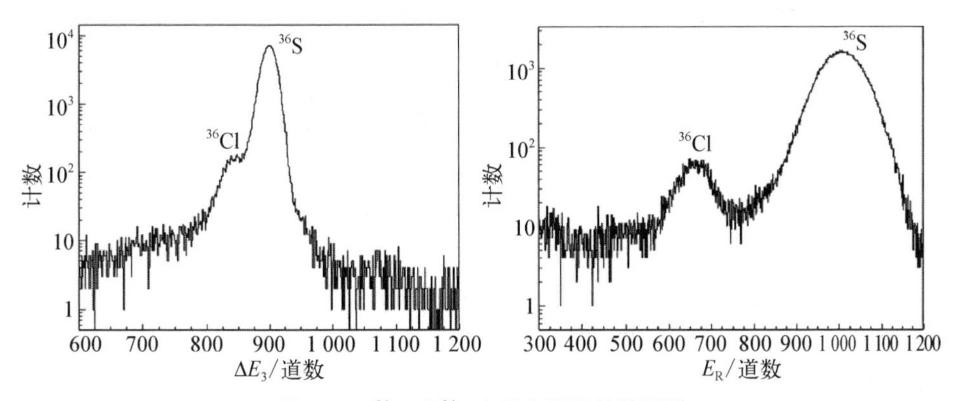

图 3-3 ^{36}Cl 和^{36}S 在四个阳极的能量谱

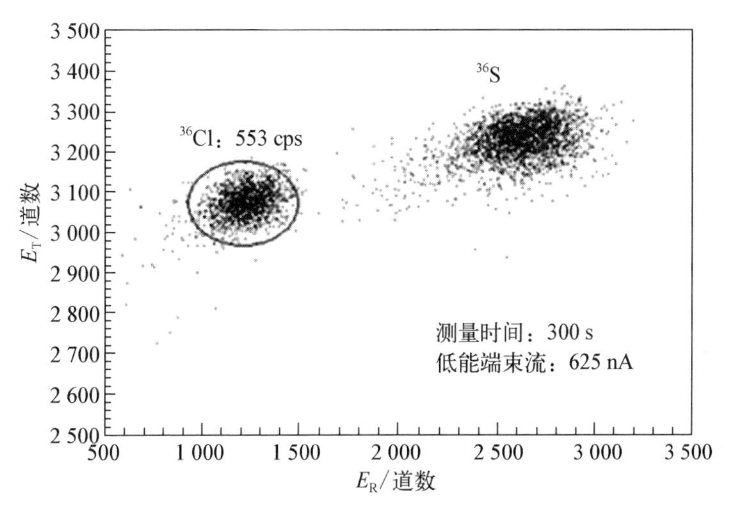

图 3-4 ^{36}Cl 测量时探测器测得的剩余能量和总能量的二维谱

注：图中 cps 指计数率。

3.2.3 布拉格探测器

布拉格(Bragg)探测器最初是由美国加利福尼亚大学的 C. R. Cruhn 等[12]提出并研制的。其基本原理是,具有一定能量的重离子进入探测器在介质中将产生一条离子径迹,这条径迹上不同位置的比电离是不同的,形成布拉格曲线形状。布拉格曲线的峰值只与粒子的核电荷数有关,随核电荷数 Z 成正比增加。对于相同核电荷数,不同能量粒子仅仅是射程长短的不同,布拉格曲线的极大值处的比电离是相同的。电离电子在与入射粒子相同方向的电场作用下穿过栅极向阳极漂移，在阳极上感应出与时间相关的电流信号。设在时间间隔 Δt 内所收集的电荷为 ΔQ，则有

$$i=\frac{\Delta Q}{\Delta t}=\frac{\Delta Q}{\Delta x}\ \frac{\Delta x}{\Delta t}=\frac{\Delta Q}{\Delta x}v_{\mathrm{D}}\propto\frac{\Delta E}{\Delta x}v_{\mathrm{D}}\tag{3-5}$$

因为在某一种气体中产生一对离子对的能量是常数，所以 $\Delta Q\propto\Delta E$。v_{D} 是电子在介质中的漂移速度，在均匀电场中为常数。先到达的是布拉格曲线末端的电离电子，因此阳极电流信号正好是布拉格曲线的反演(见图 3-5)。不同的离子在电离室中具有不同的布拉格峰值，也就是不同电流脉冲的高度，通过测量电流脉冲的幅度值，就可对同量异位素进行鉴别。

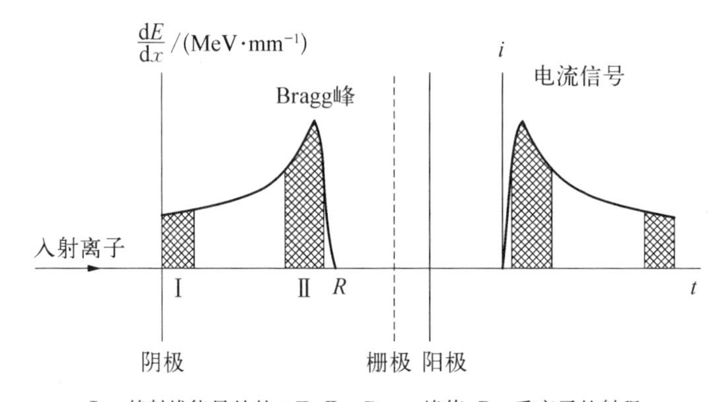

Ⅰ—某射线能量处的 ΔE；Ⅱ—Bragg 峰值；R—重离子的射程。

图 3-5　Bragg 探测原理简图

中国原子能科学研究院也设计建造了 Bragg 探测器[13-14]。其结构如图 3-6 所示。该探测器主体是一电离室，包括 3 个电极：阳极、阴极和栅极。为获得均匀的轴向电场，在栅极和阴极间设置了分压环。入射窗口用镀铝 Mylar 膜密封，

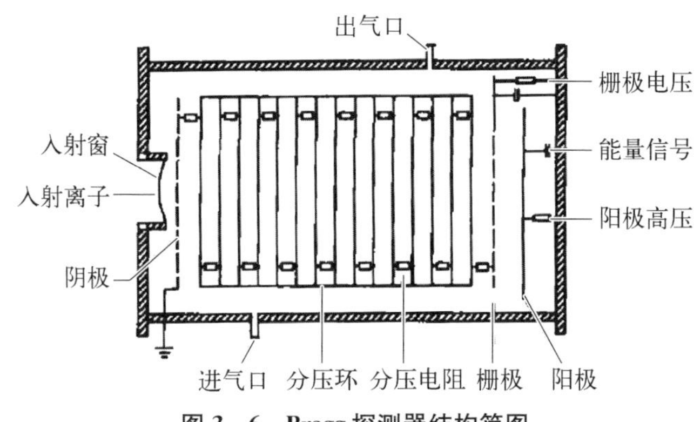

图 3-6　Bragg 探测器结构简图

入射窗兼作阴极。阳极到栅极间的场强与栅极到阴极间的场强比率一般为2.5。

布拉格探测器的优点是消除了采用电离室探测器时入射窗区域电荷无法收集的缺点，具有较好的电荷分辨。它的局限性是存在阈能，离子能量需要达到每核子1 MeV以上，入射粒子才能形成布拉格峰，对于重离子，需要粒子能量达到每核子(1.5～2)MeV才能形成布拉格峰。此外，由于布拉格探测器电子漂移时间长，工作时能接受的粒子计数率较低[<1 000个/秒(cps)]，这在一些具有很强干扰的中重核素(计数率大于1 000 cps)的加速器质谱仪测量中将很难使用。

3.2.4　充气磁谱仪法

充气磁谱仪法(GFM)是排除同量异位素本底的一种特殊方法。它的基本原理如图3-7所示。粒子在经过膜剥离后电荷态会重新分布，如果粒子在经过膜后进入处于真空的磁场区域，不同电荷态离子会按各自电荷态进行偏转；而如果在磁场区域有稀薄气体，粒子在充气介质中及失去电子和得到电子的过程中会达到一个平衡状态，此时处于得失电子平衡状态的粒子将具有一个平均电荷态，那么粒子就按其平均电荷态进行偏转，且偏转到焦平面的一个区域。离子在气体中的平均电荷态 $\bar{q}$ 可由Sayer的半经验公式表示：

$$\bar{q}=Z\left\{1-1.08\exp\left[-80.1Z^{-0.506}\left(\frac{v}{c}\right)^{0.996}\right]\right\} \tag{3-6}$$

式中，Z、v 和 c 分别是离子的核电荷数、速度和光速。

粒子在充气的磁场中的飞行轨迹与平均电荷态有关。从式(3-6)可以看出，平均电荷态与粒子的核电荷数(原子序数)有关，因此具有不同原子序数的同量异位素离子由于其平均电荷态的不同而在充气磁谱仪中具有不同的飞行

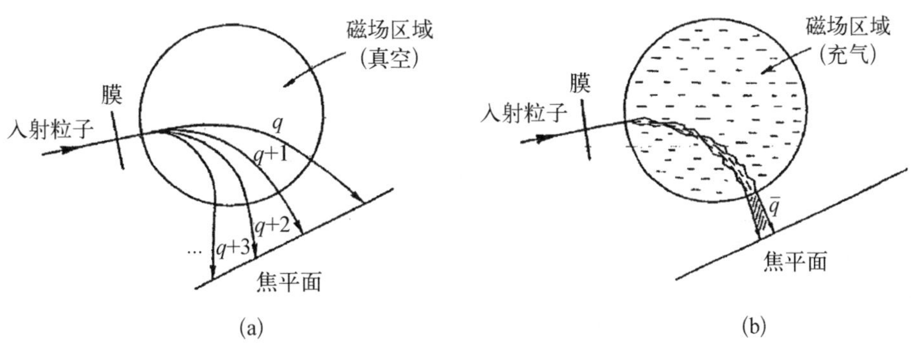

图3-7　充气磁谱仪法的基本原理

(a) 磁场区域为真空；(b) 磁场区域有稀薄气体

径迹，并在磁谱仪的焦平面处分离，从而实现同量异位素离子物理空间的分离。

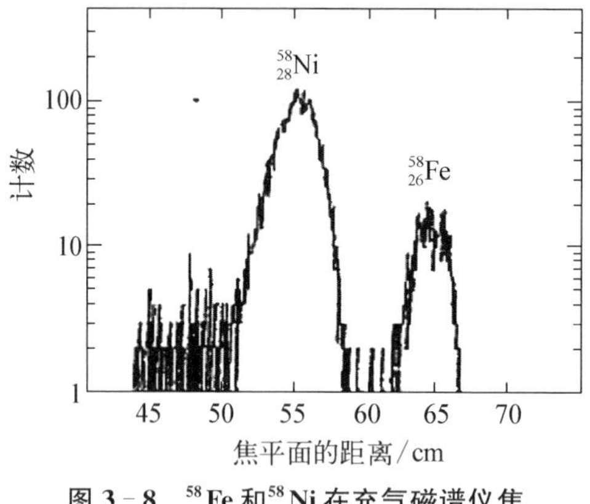

图 3-8 ^{58}Fe 和 ^{58}Ni 在充气磁谱仪焦平面的位置分布

如图 3-8 为利用充气磁谱仪法在磁谱仪的焦平面处 ^{58}Fe 和 ^{58}Ni 的位置分布，可以看出利用充气磁谱技术可实现同量异位素离子的分离。这种方法由 M. Pual 等[15]提出用于加速器质谱仪分析测量。

在充气磁谱仪中，气体的气压设置是实现同量异位素分析的关键，图 3-9 为粒子束在焦平面的宽度与充气气压的关系，气压低或气压高都会造成粒子束斑变宽，不利于同量异位素鉴别。因此在利用充气磁谱仪时需要对气体的气压进行优化。

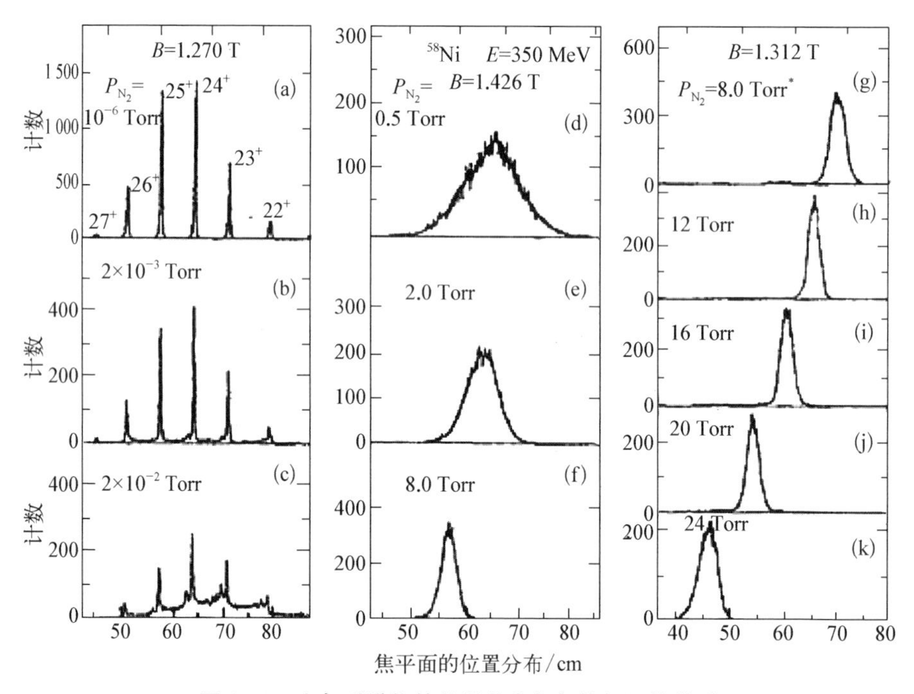

图 3-9 充气磁谱仪的位置分布与气体气压的关系

* Torr(托)，压力非法定单位。1 Torr=1 mmHg=1.333 22×10^2 Pa。

对于更重一些的核，如^{79}Se，^{92}Nb，^{93}Zr等，离子在气体中粒子的束斑比较大，而磁谱仪中的磁铁间距相对小，不能接收到全部的离子，导致GFM的磁铁焦平面处接收效率很低，鉴别效果变差。此外采用这种方法要求粒子能量较高，一般需要离子能量要大于每核子2 MeV。因此，采用充气磁谱仪法这种技术需要端电压在10 MV左右的大型串列加速器。目前国际上一些具有大型串列加速器(端电压大于10 MV)的加速器质谱仪实验室如德国慕尼黑实验室[16-18]和澳大利亚国立大学的加速器质谱仪实验室[19]都研发了充气磁谱技术，并开展了^{59}Ni、^{60}Fe等核素的测量[20]。

3.2.5　ΔE-Q3D磁谱仪法

ΔE-Q3D磁谱仪法也是排除同量异位素的独特技术方法。这种方法是中国原子能科学研究院发展的离子鉴别方法[21]。Q3D磁谱仪的结构如图3-10所示，它包括3个二极磁铁和多级聚焦透镜。它具有色散大、能量分辨高等特点。

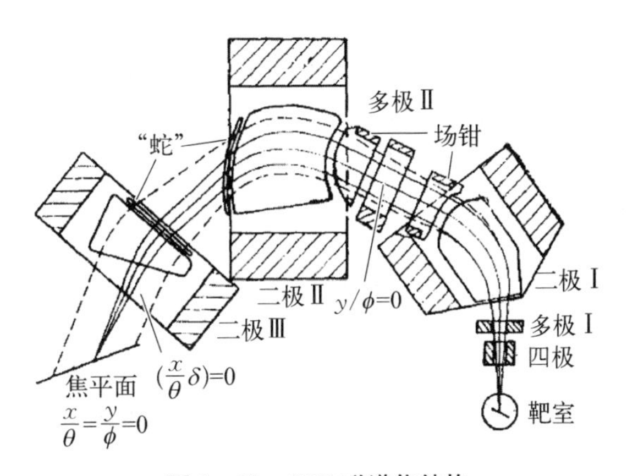

图3-10　Q3D磁谱仪结构

ΔE-Q3D技术是在Q3D磁谱仪的入口靶室处装一厚度均匀的吸收膜，当同量异位素离子穿过Q3D磁谱仪入口处的吸收膜后，将产生不同的能量损失，因而同量异位素离子就具有不同的剩余能量(见图3-11)。此时利用高动量分辨能力的Q3D磁谱仪，根据同量异位素的剩余能量不同(磁刚度不同)，将同量异位素离子在Q3D磁谱仪的焦平面处分离开，从而实现同量异位素离子的物理分离。需要注意的一点是，由于在离子穿过Q3D入口剥离膜后，粒子有多种电荷态，为了提高效率要设定Q3D的磁场选择概率最大的电荷态进

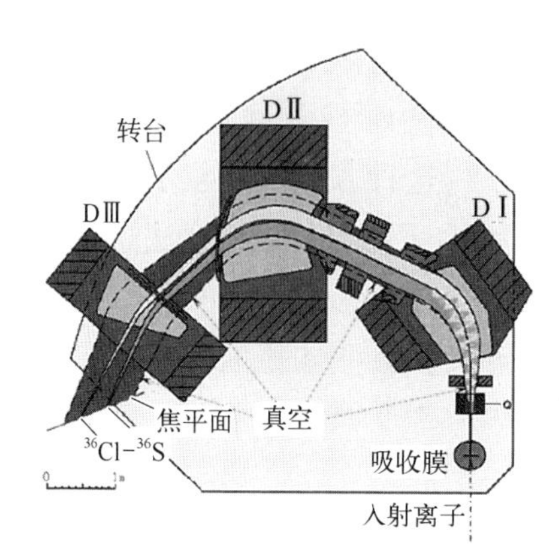

图 3-11 ΔE-Q3D 技术原理

行分析测定。此方法与充气磁谱技术类似,都是将同量异位素离子在磁谱仪的焦平面处分离。为了进一步提高分析灵敏度,在利用 Q3D 将同量异位素进行物理分离后,还需将待测核素送入多阳极气体电离室,对粒子进行进一步的分析和鉴别,从而提高了排除同量异位素的能力,有利于测量灵敏度的提高。

在 ΔE-Q3D 技术利用中,剥离膜均匀性与合适的厚度是实现同量异位素分离的重要环节。Si_3N_4 膜是目前均匀性最好的薄膜,能满足均匀性的要求。同量异位素离子穿过 Si_3N_4 膜后能量差别越大,分辨能力越高。同量异位素穿过 Si_3N_4 膜后的能量损失差(对应同量异位素在焦平面处分开的距离)与膜的厚度成正比,而离子的能量歧离(对应束斑大小)与厚度的开方根成正比,因此位置分辨因子是随着 Si_3N_4 膜厚度的增加而增加的。但考虑到焦平面探测器的有效探测面积,离子在 Q3D 磁谱仪焦平面上位置不能分散很大,即要求离子穿过 Si_3N_4 膜的厚度不能过厚,否则将导致探测效率损失严重。同时,进入气体探测器时也需要离子具有尽可能高的能量以便于利用多阳极电离室对粒子进一步鉴别。因此需要根据具体离子种类选取合适的 Si_3N_4 膜厚度。通常来讲离子在 Si_3N_4 膜中的能量损失占到入射离子总能量的$\frac{1}{3}$比较合适。

表 3-1 和图 3-12 所示为^{36}Cl-^{36}S 通过 1 μm、2 μm 和 3 μm 厚的 Si_3N_4 膜时在 Q3D 磁谱仪焦平面位置的分开距离和峰的半高宽度。Q3D 磁谱仪对同量异位素的位置分辨因子可以定义为同量异位素在 Q3D 磁谱仪焦平面上分开的距离与位置半宽的比。位置分辨因子越大,说明同量异位素在 Q3D 磁谱仪分开的距离越远,鉴别能力越强,分辨因子的理论与实验结果也显示在表 3-1 中。

表 3-1 ΔE-Q3D 测量^{36}Cl-^{36}S 的位置谱的分辨因子

粒子	能量/MeV	Si_3N_4 膜厚/μm	D/mm	W_{hf}/mm	S	
					模拟	实验
^{36}Cl-^{36}S	99.11	1	18	18	1.2	1.0
		2	56	26	1.9	2.1
		3	96	33	2.7	2.9

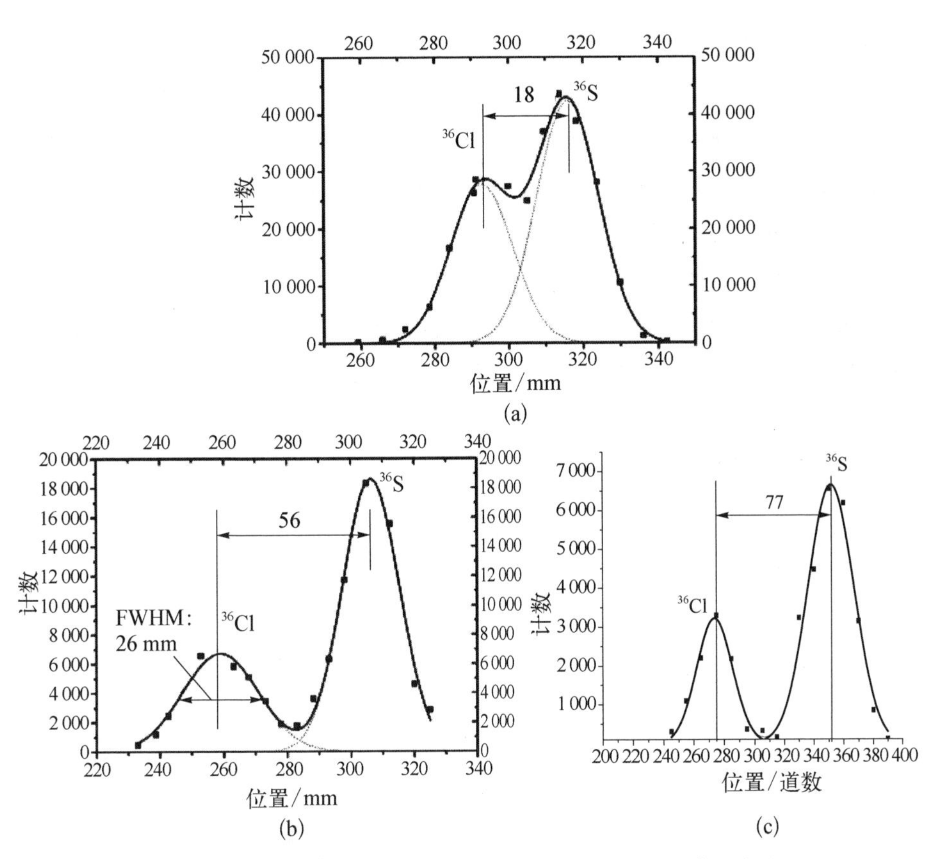

图3-12 ^{36}Cl和^{36}S在Q3D焦平面分开的距离与不同膜厚的关系

(a) 膜厚1 μm;(b) 膜厚2 μm;(c) 膜厚3 μm

需要注意的是,充气磁谱(GFM)是选择离子的平均电荷态,而ΔE-Q3D由于磁谱仪工作在真空状态,因此只能选取其中剥离效率最大的电荷态进行测量。与充气磁谱技术相比,由于Q3D具有非常好的能量分辨能力,因此具有更好的同量异位素鉴别能力。基于此种技术方法可实现原子序数小于50的核素的分辨。ΔE-Q3D方法要求的粒子能量较高,因此需要大型加速器以提高粒子的能量。

目前中国原子能科学研究院基于ΔE-Q3D方法已成功开展了对^{32}Si、^{36}Cl、^{53}Mn、^{59}Ni、^{60}Fe等核素的测定[22-25]。

3.2.6 入射粒子X射线法

带电粒子激发靶物质原子X射线方法(PIXE)是核分析中常用的技术,它先利用质子、α粒子或其他离子轰击靶材料时靶材料发射特征X射线,再利用探测器测量靶材料发射的特征 X 射线，根据不同元素特征 X 射线能量实现靶材料中元素成分分析。而入射粒子 X 射线方法(PXD)与其正好相反，它是利用入射粒子轰击特定高纯靶材料，通过测定入射粒子发射的特征 X 射线(k_α，L_α 等)来实现入射束中同量异位素的鉴别。在加速器质谱仪测量时，待测核素的同位素本底被完全排除后，只剩下待测核素与其同量异位素粒子，因此通过测定待测核素与其同量异位素粒子发射的特征 X 射线即可实现同量异位素的鉴别[26-27]。

图 3 - 13 和图 3 - 14 分别是测量^{75}Se 和^{64}Cu 时的入射粒子 X 射线谱，可以看出，利用入射粒子发射的特征 X 射线能量不同可进行离子的鉴别。需要注意的是，为了避免多普勒效应引起的 X 射线能量展宽，常将 Si(Li)探测器放置在入射粒子垂直方向上。

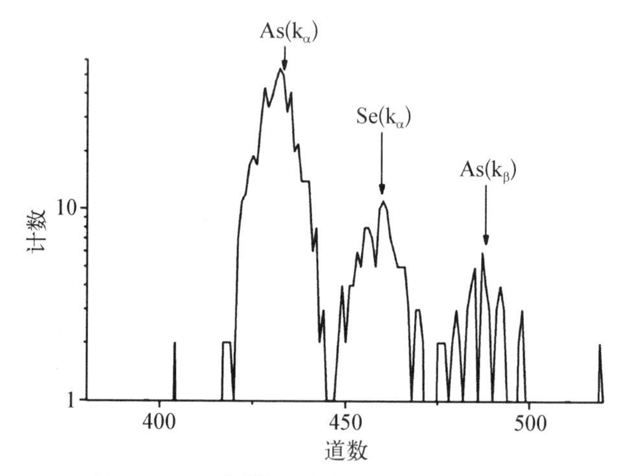

图 3 - 13　测量^{75}Se 时的入射粒子 X 射线谱

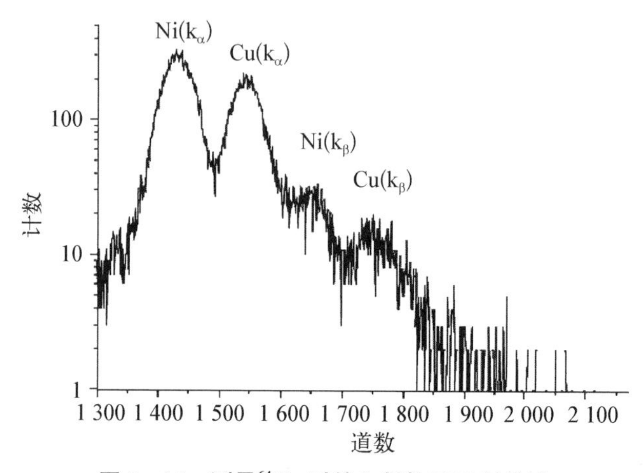

图 3 - 14　测量^{64}Cu 时的入射粒子 X 射线谱

PXD 方法发射的特征 X 射线与入射粒子的能量无关，因此这种方法的优势是可以在较低能量下（<1 兆电子伏特/核子）实现中重核素（$M\sim100$）的测量和鉴别。而如果采用 $\Delta E-E$ 技术则至少需要 2 兆电子伏特/核子的能量。因此对于中重核素的测量，在加速器质谱系统能量不能满足时可以利用 PXD 方法来开展同量异位素的鉴别。中国原子能科学研究院建立了入射粒子 X 射线方法并开展了对 ^{79}Se、^{75}Se 和 ^{64}Cu 的测量[28-29]。

由于 PXD 方法测量的是入射粒子发射的特征 X 射线，而粒子轰击靶产生 X 射线的产额很低，同时也受到探测器对 X 射线探测效率低的影响，使得这种方法的总探测效率约为 0.1%。因此这种方法在加速器质谱仪的应用中受到限制，测量灵敏度不高。总体而言，这种方法适合同位素比值高于 10^{-12} 的核素的测量。

3.2.7　飞行时间法

前面介绍的方法都是排除同量异位素干扰的粒子探测技术，而飞行时间技术则是实现同位素本底排除的技术方法。飞行时间法（TOF）主要用于同位素或质量邻近核素的鉴别。其基本原理为：能量相同但质量不同的离子在经过相同飞行距离时其飞行时间是不同的，利用它们不同的飞行时间即可实现同位素或质量不同离子的鉴别。离子的飞行时间由下面公式决定：

$$t=72d\sqrt{\frac{M}{E}} \tag{3-7}$$

式中，t 为飞行时间，单位为 ns；d 为飞行距离，单位为 m；M 为质量数；E 为离子的能量，单位为 MeV。

在 TOF 测量时，一般粒子的飞行路径和粒子能量的差异很小，可忽略不计，影响 TOF 质量分辨的主要是时间分辨能力。为了提高系统的时间分辨能力，常用上升时间很快的微通道板探测器和面垒型半导体探测器来实现起始和停止时间的测定。

图 3-15 为中国原子能科学研究院建立的 TOF 探测器构造图及电子学线路方框图。TOF 探测器的起始时间探测器采用微通道板探测器（MCP），停止时间探测器采用面垒型半导体探测器（SBD），同时 SBD 兼做能量探测器来

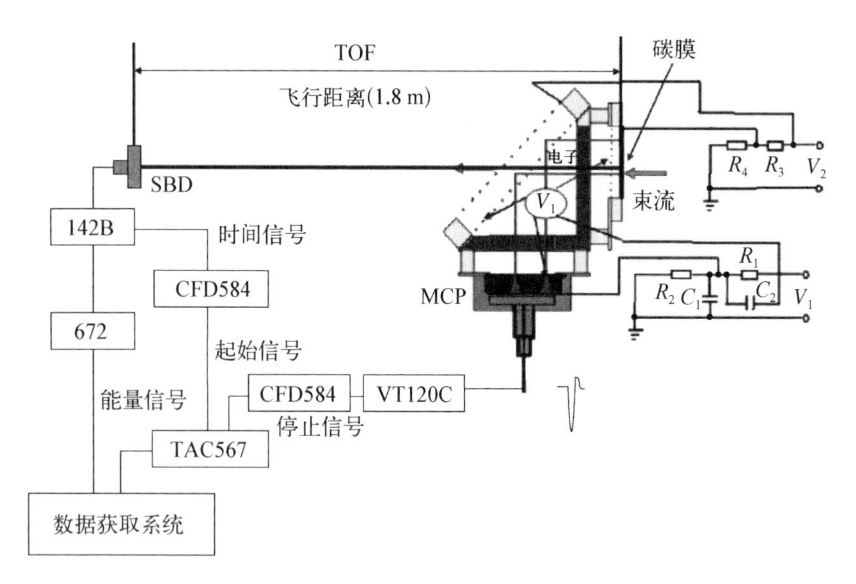

142B—前置放大器；CFD584—恒比定时甄别器；TAC567—时幅变换器；672—主放大器；VT120C—快前置放大器。

图 3-15 飞行时间探测器及电子学线路方框图

测量粒子能量。

起始时间微通道板探测器由碳膜、加速栅网和微通道板构成。当入射粒子通过碳膜时，在碳膜上打出电子束，电子束经栅网与碳膜之间的加速电场加速后入射到微通道板上，微通道板对入射电子进行倍增，最后在输出端输出一个负极性的电信号，即为起始信号。但在实际测量中为了减少偶然符合事件，常常把微通道板的输出信号经延时器延迟至停止探测器信号之后输入时幅变换器的停止信号输入端，而把停止时间探测器的输出信号输入时幅变换器的起始信号输入端。

停止时间探测器可以选择 MCP 或 SBD。一般说，脉冲上升时间越快，时间信息的精确度也就越高。采用 MCP 作为停止时间探测器可以获得更高的时间分辨。SBD 也是一种脉冲上升很快的探测器，可以用做定时探测器。SBD 作为探测器有两个主要优点：一是输出脉冲上升时间快，可达 ns 量级；二是可以对离子的能量进行测量，通过飞行时间和能量双维谱可以更好地进行离子的鉴别。人们基于此套飞行时间系统开展了^{129}I 和^{236}U 的测量[30-31]。图 3-16 为测量^{236}U 时的飞行时间谱。谱图显示，利用飞行时间可以将^{236}U、^{235}U 和^{238}U 区分开，以实现同位素的鉴别。

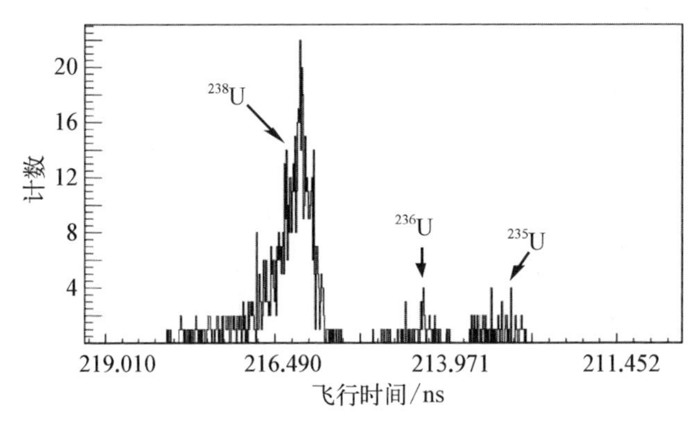

图 3-16　测量^{236}U的飞行时间谱

3.2.8　其他排除同量异位素的方法

在加速器质谱仪测量中除了前面介绍的各种常利用的粒子鉴别方法外，目前国际上也在发展一些新方法，主要是用于对同量异位素本底进行排除或压低，主要有下面三种方法。

(1) 在线反应池技术。此技术是在气体反应池中用一个射频四极场约束从离子源引出的负离子(见图3-17)，同量异位素离子通过反应池时与反应池里的气体进行电荷交换，利用它们电荷交换概率不同使得干扰粒子形成中性粒子从而排除同量异位素的干扰。如Eliades等[32]在注入器中增加一个在线化学反应池来压低^{36}S实现了3 MV加速器质谱仪装置测量^{36}Cl，Litherland等[33-35]也利用粒子在进入加速器前通过电荷交换反应排除同量异位素。

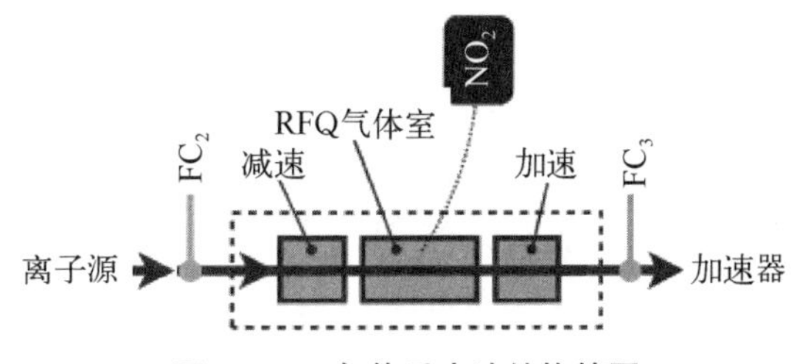

图 3-17　气体反应池结构简图

(2) 负离子引出形式的选择。此技术是利用同量异位素形成不同分子离子的强度不同来进行同量异位素的排除。此方法是在加速器质谱仪离子源中通过引出适当的分子负离子使得待测核素的引出束流强度大，而其同量异位素形成相同分子负离子的束流强度小(或不能形成)，由此可以压低同量异位素干扰。如^{41}Ca、^{79}Se等核素测量时通过引出CaF_3^-和SeO_2^-就可有效压低KF_3^-和BrO_2^-的束流[36-38]。赵晓雷等[39]系统性地研究了利用超氟化物

(MF_{k+1}^-)压低同量异位素的方法。

(3) 激光分离同量异位素方法。该方法是利用特定波长的激光与负离子作用,让干扰离子光解变成中性离子进而排除同量异位素的干扰。为了提高光解效率,采用的结构与在线反应池类似,如图 3-18 所示。首先将从离子源引出的离子通过减速电场减速,进入 RFQ 冷却器中对离子进行约束,同时通过与氦气碰撞以进一步降低其能量,然后利用特定波长的激光作用在离子冷却器上让干扰的同量异位素离子失去电子,从而排除其干扰。目前维也纳的加速器质谱仪实验室利用这种方法开展了相关研究[40]。

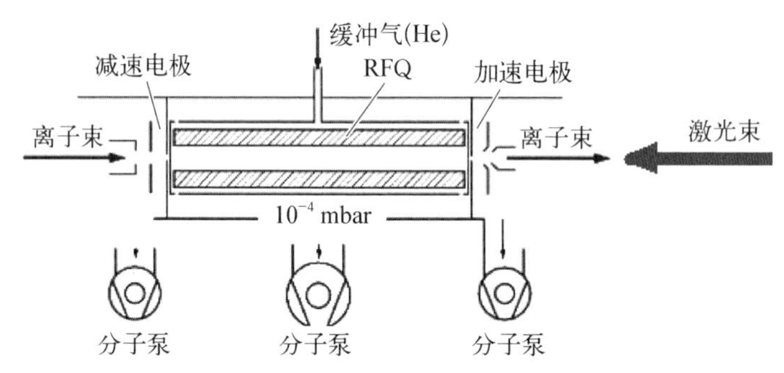

图 3-18　激光离解同量异位素方法的结构示意图

3.3　常用核素的加速器质谱仪测量方法

长寿命宇宙成因核素以及一些人造长寿命核素是加速器质谱仪测量的主要核素。加速器质谱仪测量的宇宙成因核素主要有^{10}Be、^{14}C、^{26}Al、^{36}Cl 等,人造长寿命核素主要有^{129}I、^{236}U、^{239}Pu 等。由于每种核素的特性及其不同的干扰本底,需要针对不同核素发展不同的测量方法。

3.3.1　^{10}Be 的加速器质谱仪测量方法

^{10}Be 的半衰期为 1.51 Ma,在自然界中主要由宇宙射线与大气中的^{14}N 和^{16}O 通过散裂反应产生。^{10}Be 主要应用于地质年代、极地冰心、古气候、陨石等方面的研究。对于^{10}Be 测量,最初采用端电压为 5 MV 以上的大型串列加速器[41],随后采用 3 MV 的串列加速器质谱仪系统,目前随着新技术的应用已可以利用 0.5 MV 的加速器质谱仪系统实现^{10}Be 的测量[42-43]。

在上述的加速器质谱仪测量中，要实现^{10}Be的高灵敏测量都需要解决下面两个问题：如何高效引出Be负离子和排除同量异位素^{10}B。

1）Be的高效引出方法

Be的电子亲和势仅为0.195 eV，在如此小的电子亲和势下引出Be的原子负离子难以高效实现。为了提高Be的引出效率，一般采用引出BeO^-负离子方法（样品形式为BeO和铌粉的混合物），可使BeO^-的束流强度达到10 μA，满足了高效引出的需要。除了引出BeO^-负离子提高引出效率外，也有实验室采用引出BeF^-负离子形式[44]，但引出这种形式的束流强度仅为BeO束流强度的$\frac{1}{3}$左右，同时对样品制备的要求也高。但是引出BeF^-负离子的优势是可以有效压低^{10}B的干扰。引出BeF^-负离子相对于引出BeO可将^{10}B的干扰本底压低约三个数量级，因此在一些能量较低的加速器质谱仪系统测量时引出BeF^-负离子形式有利于排除^{10}B的干扰本底。也有实验室尝试引出BeF_3^-离子的方法来排除B的干扰[45]。

表3-2列出了铍及硼的几种离子的电子亲和势数据，可以看出引出BeO可提高离子的引出效率但硼的干扰比较强，引出BeF可有效压低硼的干扰，但束流强度较弱。这需要根据不同实验条件和测量要求进行选择。

表3-2 Be和B及其分子离子的电子亲和势数据

离子种类	电子亲和势/eV	离子种类	电子亲和势/eV
Be	0.19	B	0.28
BeO	1.85	BO	2.50
BeF	0.69	BF	−1.07

2）排除同量异位素^{10}B的技术方法

排除^{10}B同量异位素干扰是^{10}Be测量时要解决的关键技术，除了用上述引出不同负离子方法压低^{10}B干扰外，利用离子探测技术也是排除同量异位素干扰的有效手段。

第一种方法是阻止吸收法结合多阳极气体电离室方法。这种方法适用于加速器端电压较高（V_t＞3 MV）的加速器质谱系统。它是利用^{10}Be和^{10}B在介质中的射程不同，即利用^{10}Be的射程大于^{10}B的特点，在探测器前面安装一个能量吸收室（包括两端的吸收膜和中部的气体），通过适当调节吸收室中部的气压就可将绝大部分^{10}B阻止在吸收室中，而^{10}Be则可穿过吸收室进入气体电离室(见图3-19)，然后再利用多阳极气体电离室对^{10}Be和^{10}B进行鉴别，由此实现^{10}B的有效排除和鉴别，实现^{10}Be的高灵敏测定。图3-20所示为^{10}Be和^{10}B在氩气中的能量损失率与射程的关系。可以看出两者的射程有较大的差别。例如对于能量为10 MeV的^{10}Be和^{10}B而言，它们在150 mbar氩气中的射程差异达到4.7 cm，因此利用阻止吸收法可以有效排除^{10}B的干扰，然后再利用多阳极电离室对^{10}Be进行进一步鉴别。中国原子能科学研究院就是基于大型加速器采用阻止吸收方法实现^{10}Be的高灵敏测定的[46]。

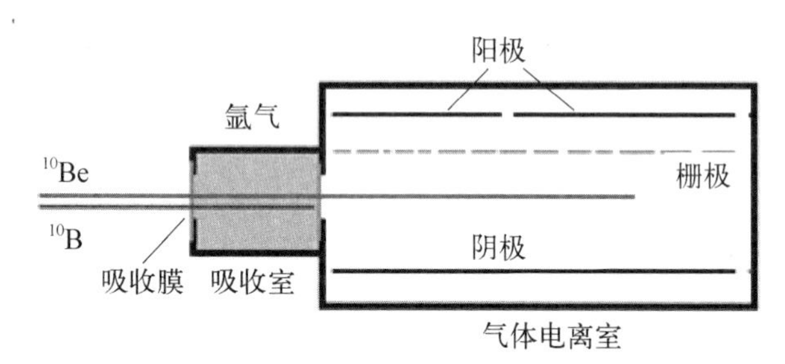

图3-19 阻止吸收法测量^{10}Be的探测器结构示意图

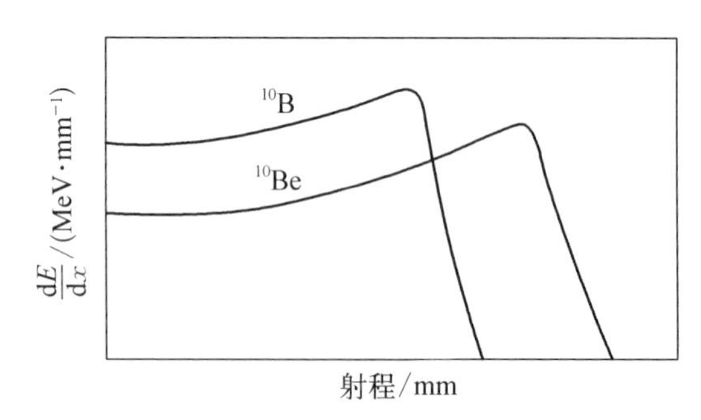

图3-20 ^{10}Be与^{10}B在氩气中的能量损失率与射程的关系示意图

此外在大型加速器测量^{10}Be时会遇到^{7}Be的干扰，这是由于在^{10}Be测量时的伴随粒子^{10}B会与探测器入射窗和探测器工作气体中的氢发生^{10}B(H,^{4}He)^{7}Be核反应，核反应产生的^{7}Be会对^{10}Be的测量产生干扰。因此在大型加速器测量^{10}Be时，要采用不含氢的吸收材料，以排除核反应产生的^{7}Be干扰。而对于低能加速器质谱仪系统(端电压小于2 MV)，核反应产生的^{7}Be可忽略。

第二种方法是薄膜吸收结合电磁分离再结合多阳极气体电离室方法。这种方法主要是为了实现低能量下^{10}Be测量而发展的新技术。它主要应用在端电压小于 1 MV 的低能量加速器质谱系统。

具体方法是在粒子经过加速并经分析磁铁分析后，在分析磁铁的像点处设置适量厚度(～100 nm)的 Si_3N_4 膜(Si_3N_4 膜均匀性非常好，可好于 0.1%)，^{10}B 和^{10}Be 在穿过 Si_3N_4 膜时能量损失不同，从而使得不同能量的^{10}B 和^{10}Be 在通过静电分析器后分离开。为了排除^{10}Be 的散射本底，往往在静电分析器后再利用分析磁铁进一步排除^{10}Be 的干扰。最后利用多阳极气体电离室对^{10}Be 和少量散射过来的^{10}B 进行分析鉴别。

这种方法在小型加速器质谱仪系统上得到成功运用，图 3－21 为 NEC 公司 0.5 MV 的加速器质谱仪用于^{10}Be 测量的系统示意图。在 90°分析磁铁的像点处设置厚度为 70 nm 的 Si_3N_4 膜，然后再利用 90°静电分析器和 45°分析磁铁将^{10}B 进行排除。由于粒子经过 Si_3N_4 膜剥离后离子的电荷态会重新分布，而分析系统只能选择一种电荷态进行分析，因此此种方法要损失系统的传输效率。

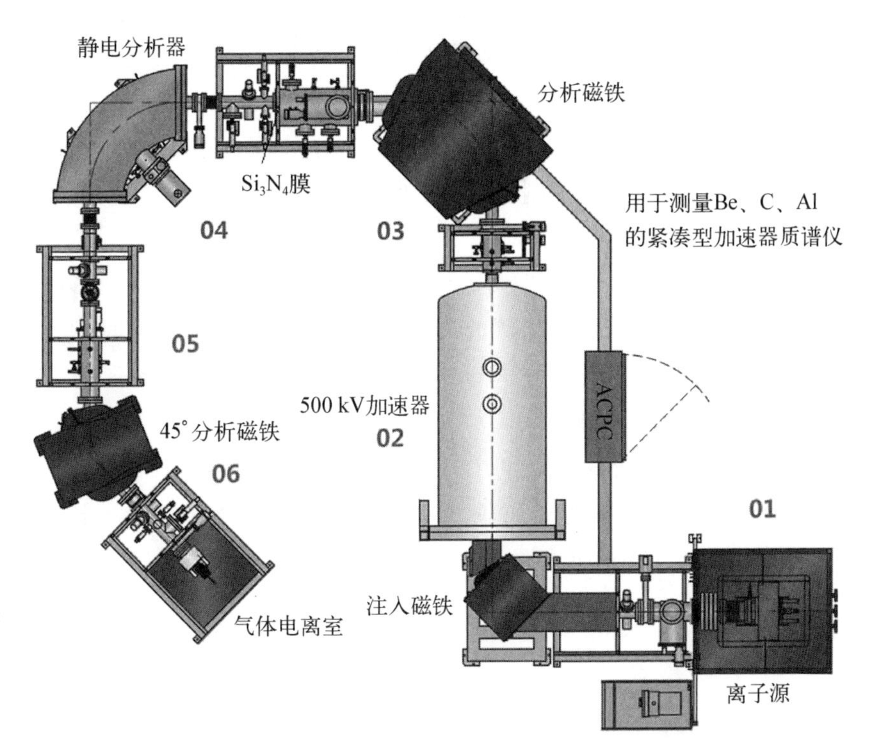

图 3－21　NEC 的 0.5 MV－AMS 系统结构示意图

此外，为了更加有效地排除^{10}B的干扰，研制了如图 3-22 所示的有特色的探测器。它的原理和阻止吸收法类似，不过它适用于更低能量的离子。在这个探测器吸收室的前后入射窗用的都是约 100 nm 厚的 Si_3N_4，通过调节合适的探测器气压就可以再将^{10}B阻止在吸收室，^{10}Be 则可以穿过吸收室进入电离室。

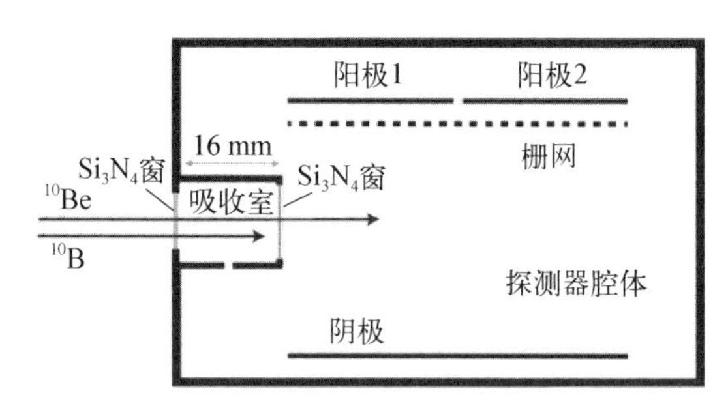

图 3-22 用于低能量^{10}Be探测的气体电离室结构图

3.3.2 ^{14}C的加速器质谱仪测量方法

^{14}C 的半衰期为 5 730 年，在自然界中主要由宇宙射线与大气中的^{14}N 发生核反应产生。它是加速器质谱仪测量最多的核素，也是应用范围最为广泛的核素。它的应用领域涵盖考古、地质、环境、生物等领域。碳的电子亲和势为 1.26 eV，在样品形式是石墨时，引出的 C^- 粒子束流可达 80 μA，因此在进行^{14}C 测量时一般需要将样品制备成石墨形式(对于样品制备技术在第 5 章有详尽的论述)。

为了提高碳的引出效率同时排除同量异位素^{14}N 的干扰(氮无法形成负离子形式)，在^{14}C 测量时采用引出碳的负离子形式，因此在^{14}C 测量时没有同量异位素干扰，干扰主要来自分子离子^{13}CH 和$^{12}CH_2$。排除分子离子的干扰是实现^{14}C 高灵敏测量的关键。

1) 分子本底排除技术

气体剥离技术是排除分子离子^{13}CH 和$^{12}CH_2$ 的有效手段。一定能量的分子离子穿过剥离气体后就会瓦解。分子本底瓦解的截面公式如下：

$$\frac{N_m}{N_0} = e^{-\sigma d} \tag{3-8}$$

式中，N_0 为原始分子离子数；N_m 为经过气体剥离后剩余的分子离子数；σ 为分子离子瓦解截面；d 为剥离气体的厚度。σ 与离子能量、离子种类和剥离气体种类相关联，剥离气体越厚，分子离子瓦解得越完全。瓦解后的分子碎片再利用分析磁铁和静电分析器将其排除。

图 3－23 为$^{13}CH^{+}$、$^{12}CH_2{}^{+}$及$^{12}CH_2{}^{++}$随剥离气体厚度的变化结果，可以看出，利用剥离气体可以将分子离子进行瓦解，从而排除^{14}C 测量时的干扰。图 3－24 为不同能量的分子离子离解截面与离子能量的关系[47]。

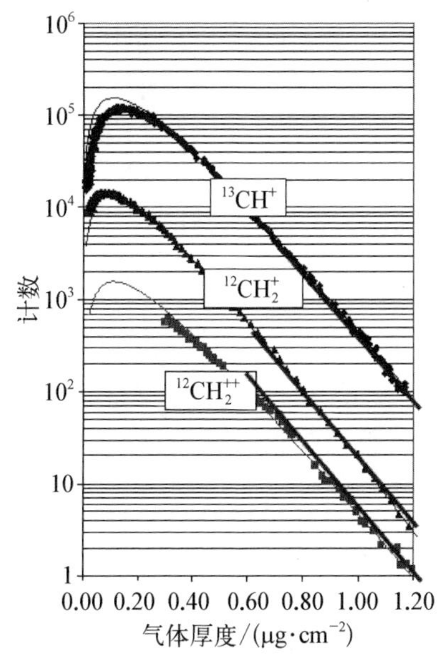

图 3－23　分子离子强度随剥离气体厚度的关系

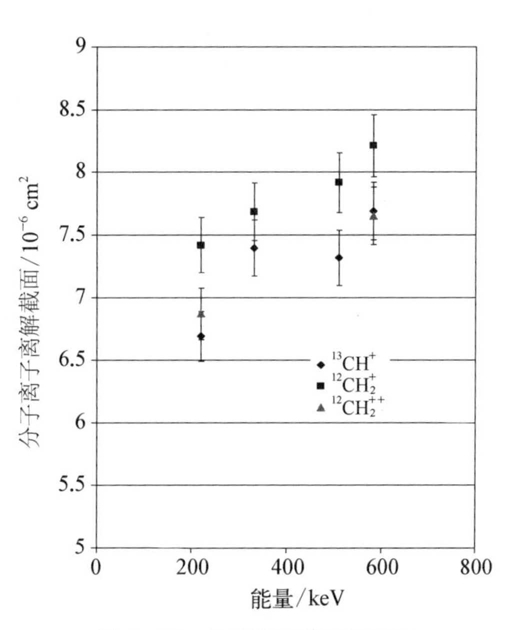

图 3－24　分子离子离解截面与离子能量的关系

2) ^{14}C 小型化测量技术

最初用于^{14}C 测量的加速器质谱仪系统是端电压为 6 MV 以上的大型加速器质谱仪系统，然后发展到利用 3 MV 的加速器质谱仪系统，接着利用 0.5 MV 的加速器质谱仪系统实现了^{14}C 的高灵敏测定。最近对^{14}C 测量的加速器质谱仪已实现了加速能量约为 250 keV 条件下^{14}C 的高灵敏测定，这其中典型的装置包括美国 NEC 公司研制的加速能量为 250 keV 的单级静电型加速器质谱仪[48]、瑞士 Ion-plus 研制的端电压为 200 kV 的小型串列加速器质谱仪系统 MICADAS[49]。图 3－25 为 MICADAS 的^{14}C 测量系统结构示意图。

中国原子能科学研究院在^{14}C 测量装置小型化方面也取得了成效，成功研制了加速能量为 200 keV 的单极静电型加速器质谱仪系统，实现了^{14}C 的高灵敏与高精度测定[50]。图 3－26 和图 3－27 分别为中国原子能科学研究院研制

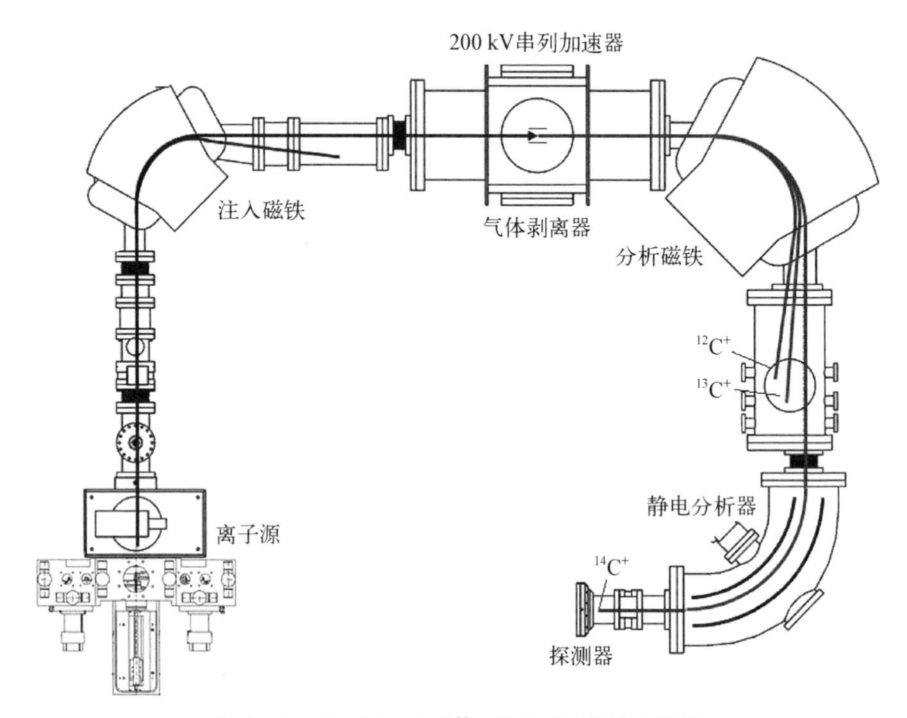

图 3－25　MICADAS 的 ^{14}C 测量系统结构示意图

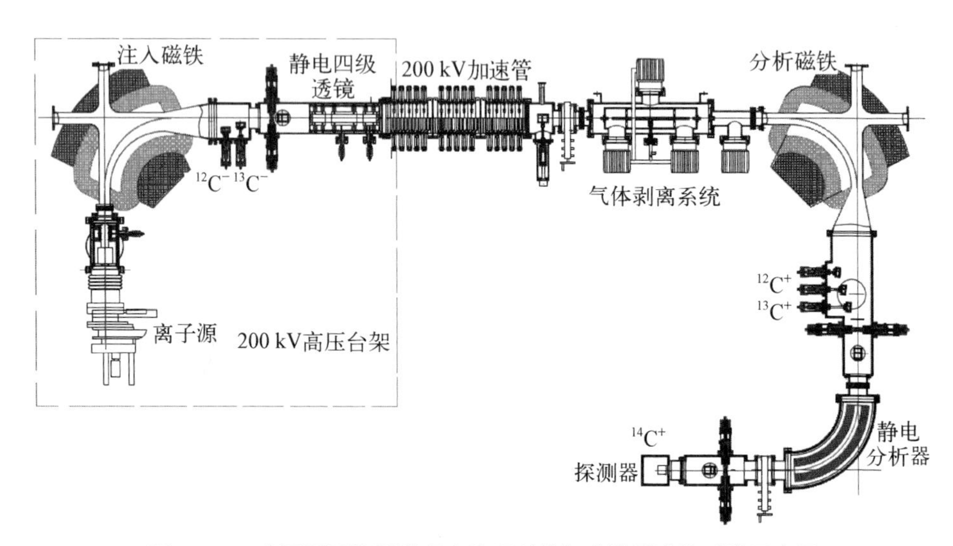

图 3－26　中国原子能科学研究院研制的加速器质谱仪系统示意图

图3-27　中国原子能科学研究院研制的加速器质谱仪系统实物照片

的单极静电型加速器质谱仪系统结构示意图和实物照片。为了降低在粒子能量较低情况下穿过剥离气体时的角度歧离和能量歧离，提高粒子的传输效率，剥离气体种类的选择至关重要。表3-3为能量为180 keV的$^{12}C^{+}$和$^{12}C^{++}$在不同剥离气体中的传输效率。可以看出利用氦气作为剥离气体时，传输效率最高，同时采用1^{+}电荷态的剥离效率也最高。因此在小型化加速器质谱仪系统中，氦气作为剥离气体可以提高整个系统的传输效率。图3-28所示为在氦气作为剥离气体的情况下分子本底随剥离气压的变化。随着气压的增高，分子本底随指数降低，在剥离气体气压达到16×10^{-3} Pa时本底达到最低值$\left(\frac{^{14}C}{^{12}C}=5\times10^{-15}\right)$。但随着剥离气体气压升高，本底水平缓慢增加。这部分的本底是由^{13}C等离子散射造成的。因此，对于小型化低能量的^{14}C测量系统，剥离气体的气压设定至关重要。

表3-3　剥离气体种类与传输效率的关系

剥离气体	传输效率/%	
	$^{12}C^{+}$	$^{12}C^{++}$
Ar	15	2.5
N_2	20	3.2
He	42	6.8

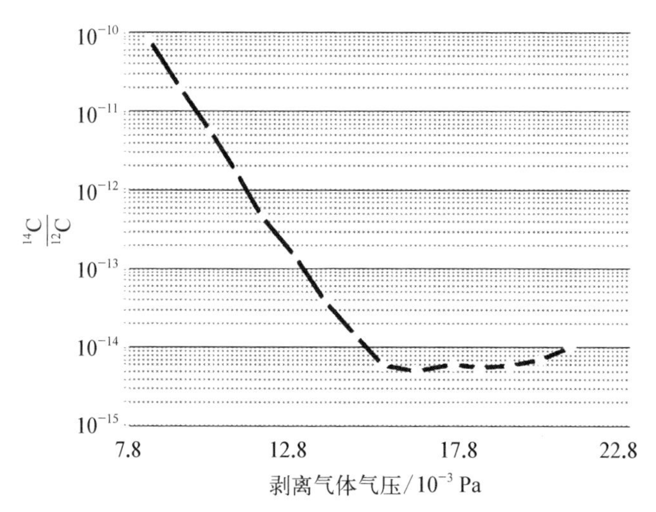

图 3 - 28 空白样品本底随剥离气体气压的变化

3) 正离子引出的^{14}C测量技术

在加速器质谱仪测量时基本采用的都是铯溅射负离子源,引出离子为负离子。对于^{14}C测量而言,为了提高碳的负离子引出效率,往往将样品制备成石墨形式。然而,将原始样品制备成石墨形式需要氧化、纯化、还原等过程,使得样品制备过程比较缓慢。为了简化样品石墨化制备过程,提高样品测量时效,国际上也研制了基于正离子源的^{14}C - AMS 系统。这种系统采用 CO_2 直接进样,省略了纯化、还原等过程。具体方法是利用微波源将 CO_2 电离成碳的正离子,然后再用气体交换技术将碳的正离子转化为碳的负离子,以此排除^{14}N 干扰,最后再利用加速器质谱仪分析系统对^{14}C 进行分析测定。

最先开始这种方法研究的是美国 WoodsHole 加速器质谱仪实验室[51-52]。图 3 - 29 为微波正离子源及其电荷交换的结构示意图。图 3 - 30 为其对应的离子束引出与电荷交换过程示意图。具体方法是利用微波源将 CO_2 电离成碳的正离子,然后让正离子通过镁蒸气将碳的正离子转换成碳的负离子(见图 3 - 30),再利用 0.5 MV 的串列加速器质谱仪系统对^{14}C 进行分析测定。这种方法成功实现了^{14}C 样品的快速测定。

此外,一个更具特色的小型正离子源^{14}C 测量系统(PIMS)由美国 NEC 公司联合英国格拉斯哥大学在 2017 年推出,系统如图 3 - 31 所示。这种系统也是采用 CO_2 进样,利用 ECR 源将 CO_2 电离成碳的正离子,然后将离子加速到约 60 keV 后利用异丁烷气体将碳的正离子转换成碳的负离子,同时将分子离子完全瓦解,最后再利用磁谱仪和静电分析器排除干扰后利用面垒型半导体探测器对^{14}C 进行测定。这种结构基本不需要加速器,使得设备更加简洁和小型化。

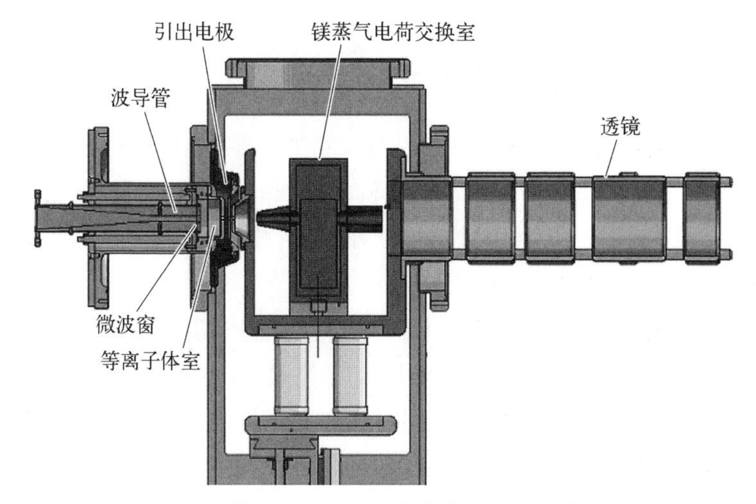

图 3-29　微波正离子源及其电荷交换的结构示意图

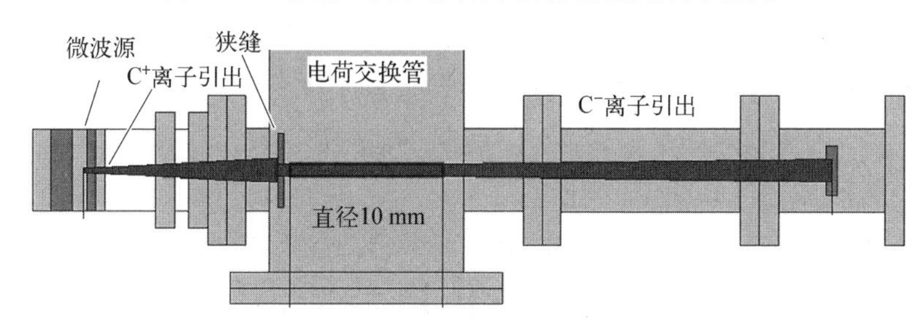

图 3-30　离子束引出与电荷交换过程示意图

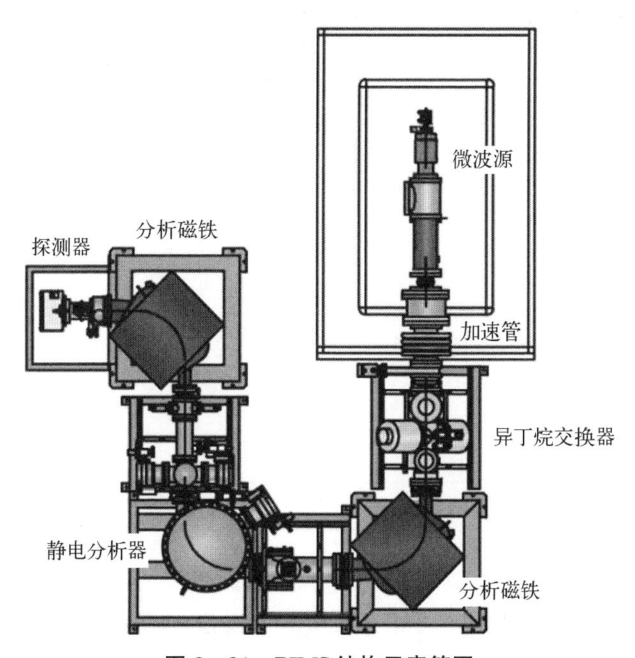

图 3-31　PIMS 结构示意简图

3.3.3 ^{26}Al的加速器质谱仪测量方法

^{26}Al的半衰期为0.72 Ma，在自然界中主要由宇宙射线与^{40}Ar以及^{28}Si通过散裂反应产生。^{26}Al主要应用于地质科学，它和^{10}Be结合可以开展埋藏与暴露年龄等方面的研究。同时^{26}Al也可以开展生物医学示踪方面的研究。

1) ^{26}Al的加速器质谱仪测量技术

铝的电子亲和势为0.44 eV，对于^{26}Al测量通常采用从离子源引出Al^-原子负离子，引出Al^-的优点是可排除同量异位素^{26}Mg的干扰(镁不能形成负离子)。由于铝的电子亲和势较小，同时在离子源性能较弱的情况下为了提高引出效率，在早期^{26}Al测量时也有采用引出AlO^-负离子形式，引出AlO^-负离子相比Al^-束流要提高10倍左右。表3-4列出了不同化学形态下铝的不同种类负离子的束流强度[53]。但引出AlO^-时由于MgO也能形成负离子，因此在这种情况下就存在着^{26}Mg干扰。为了排除^{26}Mg的干扰需要采用大型加速器(端电压约为5 MV)以提高离子能量，再采用充气磁谱技术或ΔE-Q3D方法将大部分^{26}Mg排除之后利用多阳极气体电离室对^{26}Al和^{26}Mg进行鉴别。这种方法目前用得较少，不在此论述。下面就引出原子Al^-负离子的测量技术进行介绍。

表3-4 不同化学形态下铝的不同种类负离子束流强度

靶材料	负离子种类	束流强度/nA
Al_2O_3	Al^-	147
	AlO^-	1 830
AlN	Al^-	1 000
	AlO^-	3 100
	AlN^-	7 600
$AlN+Al_2O_3$	Al^-	28
	AlO^-	360
	AlN^-	72
AlF_3	Al^-	1.3
	AlF^-	0

2) 引出^{26}Al负离子的加速器质谱仪测量技术

引出Al^-负离子是目前大部分加速器质谱仪实验室采用的方法。这种方法最大的优点是可以排除同量异位素^{26}Mg的干扰。

Al^{-}负离子高效引出是实现^{26}Al测量的关键环节。随着制样流程的不断改进和离子源技术的提高，目前可以实现铝的负离子引出束流约达0.5 μA，基本满足加速器质谱仪测量需求，在采用特殊靶材料情况下可约达1 μA（见表3-4）。

排除分子离子本底是^{26}Al测量的另一个关键因素。在离子加速经过加速器端部气体剥离后离子电荷态的选取是^{26}Al测量时需要考虑的重要因素。由于不同离子能量经气体剥离后的电荷态部分剥离概率不同，为了得到高的传输效率，需要选取不同的离子电荷态。一般来讲在端电压大于2 MV的加速器质谱仪系统常选取3^{+}以上的奇数电荷态进行测定。选取3^{+}以上的原因除了其剥离效率高之外，它也可以将分子本底排除（由于库仑斥力，3^{+}电荷态的分子离子就会完全瓦解）；选取奇数电荷态的另一个原因是可以排除^{13}C的伴随离子。如果选取偶数电荷态如$^{26}Al^{2+}$、$^{26}Al^{4+}$，此时$^{13}C^{1+}$、$^{13}C^{2+}$就与$^{26}Al^{2+}$、$^{26}Al^{4+}$具有完全一样的磁刚度和电刚度，它们就会伴随着^{26}Al进入探测器。虽然^{13}C粒子和^{26}Al能量差别两倍，但如果^{13}C计数率过高，由于叠加峰及死时间等的原因会对^{26}Al测量产生不利影响。

3) ^{26}Al的小型化加速器质谱仪测量技术

随着技术的不断改进，采用小型化（端电压小于0.5 MV）加速器质谱仪系统也能实现^{26}Al的高灵敏测量。瑞士ETH-AMS实验室研究了端电压在0.5 MV条件下^{26}Al的测量方法，测量灵敏度达到4×10^{-15}[43,54]。有的实验室甚至开展了离子能量为160 keV的单极静电加速器质谱仪的^{26}Al测量方法，测量灵敏度达到10^{-13}[55]。

对于小型化加速器质谱仪系统，在经过气体剥离后，一般选择电荷态为1^{+}或2^{+}的^{26}Al进行测量。一般情况下为了避免^{13}C的干扰，常选取电荷态为1^{+}的^{26}Al进行测量，此时具有与$^{26}Al^{+}$相同质量数的分子离子如$^{13}C^{13}C^{+}$、$^{12}C^{13}CH^{+}$、$^{25}MgH^{+}$等都可能对^{26}Al的测量产生干扰。与测量^{14}C时排除分子离子干扰本底类似，采用适当厚度的剥离气体可以将分子离子瓦解，实现^{26}Al的高灵敏测定。目前大部分的小型加速器质谱仪系统都是在经过气体剥离后采用选取1^{+}的^{26}Al进行测量。

为了提高效率也有实验室开展了选取2^{+}电荷态的^{26}Al测量方法研究。ETH的加速器质谱仪实验室开展了在引出2^{+}电荷态的条件下实现^{26}Al的测量。为了排除$^{13}C^{+}$的干扰，他们研制了带有吸收室的气体探测器（见

图 3－32)，利用$^{13}C^+$ (775 keV)和^{26}Al(1 550 keV)在吸收室的射程不同(见图 3－33)，通过适当控制吸收室气体的厚度将^{13}C 吸收，从而实现^{26}Al 的测量。

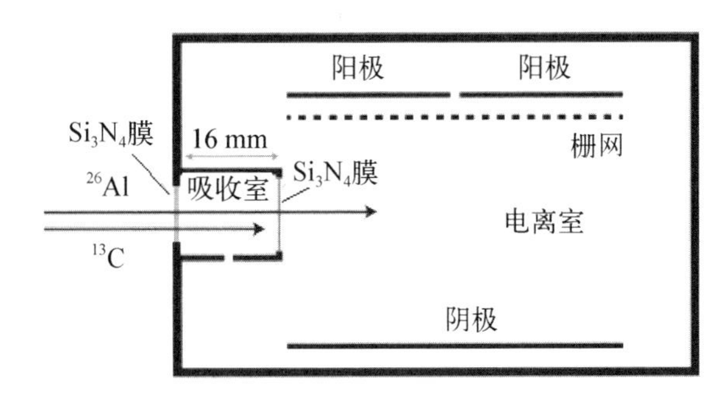

图 3－32　带有吸收室的^{26}Al探测器结构图

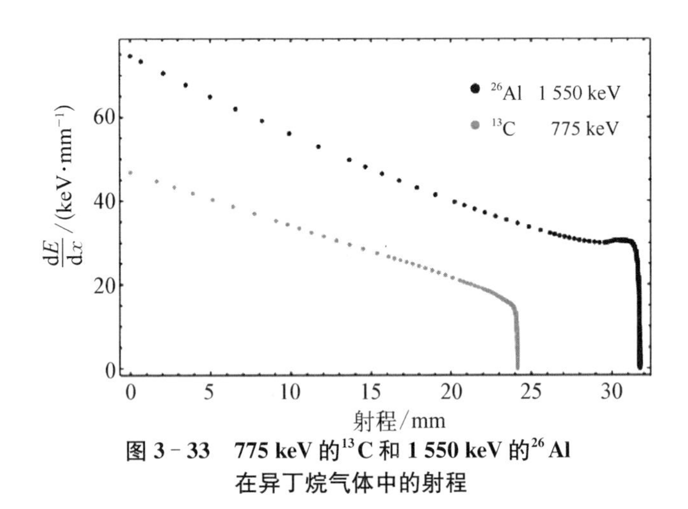

图 3－33　775 keV 的^{13}C和 1 550 keV 的^{26}Al在异丁烷气体中的射程

3.3.4　^{32}Si的加速器质谱仪测量方法

^{32}Si的半衰期约为 160 年，自然界中的^{32}Si 由初级或次级宇宙射线与空气中的氩通过散裂反应产生，反应式为$^{40}Ar(n,4p5n)^{32}Si$，$^{40}Ar(p,2\alpha p)^{32}Si$。由于其截面非常小，而且空气中的氩含量只有 1‰，所以自然界的^{32}Si 的产生率非常低，仅为 $0.72\times10^{-4}/(cm^2 \cdot s)$[56-57]。表 3－5 将$^{32}Si$ 与^{14}C 的产率进行比较，由此我们可以看到^{32}Si 的含量之少。在自然界中$^{32}Si/Si$ 的同位素丰度基本都在 10^{-14} 以下。

表3-5　^{32}Si和^{14}C产率对照表

核　素	天然产率/($cm^{-2}\cdot s^{-1}$)	每年产量	地球上平衡总量	同位素丰度/%
^{32}Si	0.72×10^{-4}	0.27 g	2 kg	$<10^{-14}$
^{14}C	2.6	9.8 kg	80 t	1.2×10^{-12}
^{14}C与^{32}Si产率之比	3.6×10^{4}	3.6×10^{4}	4×10^{4}	—

虽然^{32}Si可应用于对100～1 000年范围内的地质事件进行定年，但由于其含量极低且由于其测量灵敏度的限制难以开展广泛的应用工作。因此对于^{32}Si的测量主要是开展在核物理中的应用工作，如半衰期的测量及相关核反应截面的测量等研究。

硅的电子亲和势为1.38 eV，因此测量^{32}Si时可以引出其原子离子。加速器质谱仪测量^{32}Si时，最主要的干扰来自其同量异位素^{32}S。硫是一种非常常见的元素，在自然界含量高，电子亲和势为2.1 eV，使其非常容易形成负离子，因此在^{32}Si测量时^{32}S的干扰非常强。例如，一般情况下被测量的硅样品中^{32}S含量通常为百万分之一的量级，那么测量$R_{Si(32/28)}=10^{-15}$的样品时就会面临高于^{32}Si 9个数量级的^{32}S的干扰。如何有效排除和鉴别同量异位素^{32}S的干扰是加速器质谱仪测量^{32}Si的关键问题。为了实现^{32}S的排除，需要采用大型加速器(端电压大于6 MV)，并主要采用以下几种方法进行同量异位素的分离和鉴别。

1) 多阳极气体电离室法

此方法是利用^{32}Si和^{32}S在气体探测器介质中的能量损失不同来进行^{32}Si和^{32}S的鉴别。由于它们的原子序数相差2，因此从理论上而言利用多阳极气体探测器可以比较容易地进行鉴别。图3-34为^{32}Si和^{32}S在探测器介质中能量损失曲线，可以看出它们之间能量差异很大，很容易实现同量异位素^{32}Si和^{32}S的鉴别。

1980年Elmore等[58]利用10 MV的串列加速器测量了^{32}Si。探测器为五阳极气体电离室。但由于受到太强的^{32}S干扰使得探测器无法正常工作，只能通过衰减器的方法降低^{32}S的计数率。整个实验需要通过牺牲效率来压低^{32}S的计数率，这样同时也压低了^{32}Si的计数率，延长了测量时间。在当时的实验条件下，如果测量$R_{Si(32/28)}\sim10^{-15}$的样品，测量7天仅得一个计数，难以满足

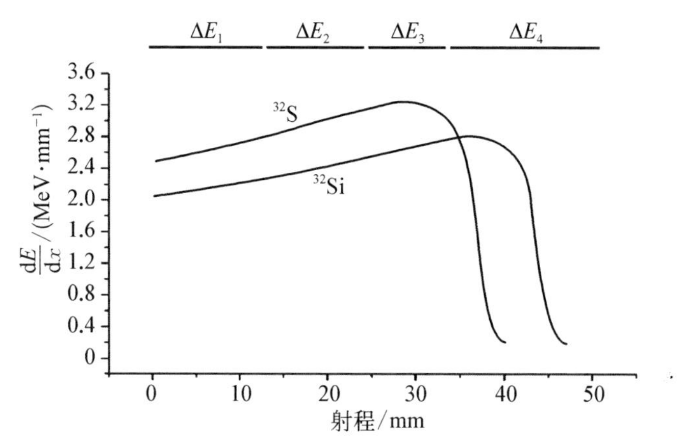

图 3-34　^{32}Si 和 ^{32}S 在探测器介质中能量损失曲线

低含量样品测量需要。因此，当时他们能达到的灵敏度为 $R_{Si(32/28)}=7\times10^{-12}$，不适于做低含量样品的测量。

2）充气磁谱仪结合多阳极电离室方法

在前面论述中，我们知道充气磁谱仪方法是实现同量异位素分离的有效方法，由于 ^{32}Si 和 ^{32}S 在充气磁谱仪中平均电荷态的不同，使得可以将其分离，然后再利用多阳极气体电离室对 ^{32}Si 及少量散射过来的 ^{32}S 进行鉴别和测量。为此，1994 年 Zoppi 等[59]专门设计了一台用于 ^{32}Si 测量的充气磁谱仪，充气磁谱仪的使用使得对 ^{32}S 的压低因子达 1×10^{5}（48 MeV 时），从而极大地压低了 ^{32}S 进入探测器的计数率而对于 ^{32}Si 进入探测器的计数率基本没有影响，在此条件下再结合多阳极气体电离室探测器对 ^{32}Si 和 ^{32}S 鉴别，对 ^{32}Si 的测量灵敏度达到 $R_{Si(32/28)}\sim10^{-15}$。

另外，Morgenstern、Popplewell 等[60-61]也利用充气磁谱仪法结合充气电离室成功测量了系列自然样品及生物样品，其文献中显示使用充气磁谱仪结合充气电离室对 ^{32}S 的压低因子达 10^{12}，测量灵敏度可达 $R_{Si(32/28)}\sim10^{-15}$。

3）SiH_3^- 引出法结合多阳极气体电离室法

从离子源引出 SiH_3^- 离子可以极大地压低同量异位素 ^{32}S 干扰。这是因为 SH_3^- 负离子不稳定，在离子源引出时就可以压低 ^{32}S 的干扰。这种方法可将 ^{32}S 的干扰本底压低 7 个数量级。再结合电离室使得 ^{32}Si 的测量灵敏度达到了 4×10^{-15}。此方法的缺点是要产生 SiH_3^- 需要特殊的离子源，且对样品的形式要求也很高。

4）ΔE - Q3D 磁谱仪结合多阳极气体电离室方法

ΔE - Q3D 也是分离同量异位素干扰的有效技术。基于中国原子能科学研究院发展的 ΔE - Q3D 技术也建立了^{32}Si 的探测技术[22,62]。图 3 - 35 为中国原子能科学研究院的加速器质谱仪系统示意图，其中在^{32}Si 测量时利用 Q3D 磁谱仪的加速器质谱仪束流线 2 进行测量。它是利用^{32}Si 和^{32}S 在穿过 Q3D 磁谱仪入口处 3 μm 的 SiN 后（选择 11^{+} 电荷态）的剩余能量不同使得^{32}Si 和^{32}S 在 Q3D 磁谱仪焦平面被分离开（见图 3 - 36），利用此方法^{32}S 的压低因子达到 10^{7}，然后再结合四阳极的气体电离室对^{32}Si 进行进一步鉴别测定（见图 3 - 37）。利用此方法，测量的灵敏度可达到 $R_{\mathrm{Si}(32/28)}=10^{-15}$。

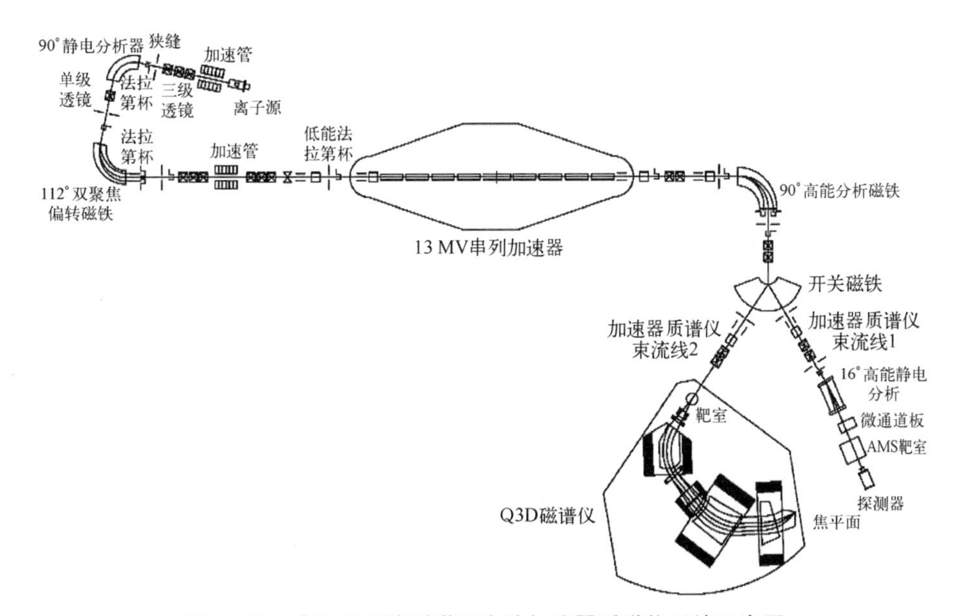

图 3 - 35　中国原子能科学研究院加速器质谱仪系统示意图

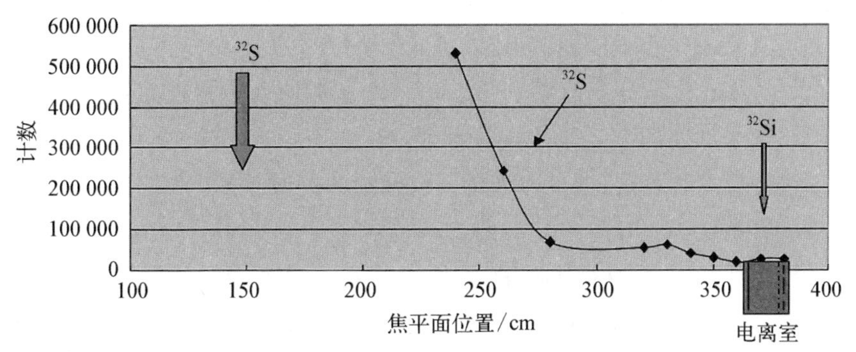

图 3 - 36　^{32}Si 和^{32}S 在 Q3D 磁谱仪焦平面的位置分布

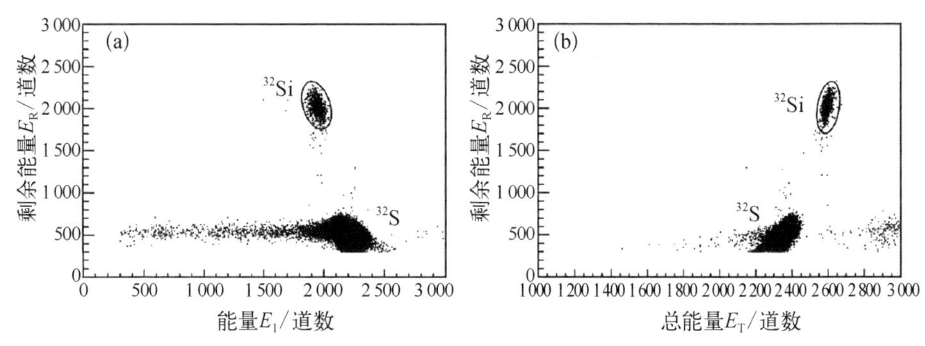

图 3－37　利用多阳极气体电离室鉴别^{32}Si 和^{32}S

3.3.5　^{36}Cl 的加速器质谱仪测量方法

^{36}Cl 的半衰期为 301 ka。自然界中的^{36}Cl 主要有以下两种来源：一是宇宙射线与大气中的^{40}Ar 通过散裂反应^{40}Ar(n, x)^{36}Cl 以及通过反应^{35}Cl(n, γ)^{36}Cl 产生，总的大气沉降率为(3～6)×10^{-3}/(cm^2 · s)。二是宇宙射线与地壳中的钙、钾通过散裂反应以及与^{35}Cl 发生中子俘获反应产生。由热中子俘获的产生率约为 3×10^3/(kg · a)，与钙散裂的产生率为 730/(kg · a%Ca)，与钾散裂的产生率为 1 540/(kg · a%K)。

氯的电子亲和势为 3.63 eV，很容易形成负离子，利用铯溅射，负离子源 Cl$^-$ 的束流强度可达到 15 μA 以上。因此^{36}Cl 测量时基本采用引出氯的负离子形式。

^{36}Cl 测量时存在着稳定核素^{36}S 的干扰，排除^{36}S 的干扰是^{36}Cl 高灵敏测量的关键。一般采取以下方法排除同量异位素^{36}S 的干扰。

(1) 采用化学分离方法进行硫的排除[63-64]，将氯离子和硫离子进行化学分离，分离后将样品制备成 AgCl 样品形式；为了进一步压低硫的干扰，常采用在靶锥中先压入 AgBr，然后再将样品压入 AgBr 中[65]。

(2) 具体的化学分离流程如下：利用大型加速器质谱仪系统(端电压为 5 MV)将离子加速到大于 1 兆电子伏特/核子，然后利用粒子鉴别技术将^{36}S 和^{36}Cl 进行分离和鉴别，这是^{36}Cl 高灵敏测量的关键技术。^{36}Cl 样品制备流程如图 3－38 所示。

由于^{36}Cl 和^{36}S 在探测器中能量损失的差异较小，要实现^{36}Cl 和^{36}S 的鉴别需要粒子能量在 40 MeV 以上，因此对于^{36}Cl 的测量，串列加速器端电压一般都需要大于 5 MV，才能利用多阳极电离室实现^{36}S 和^{36}Cl 的鉴别。一般采

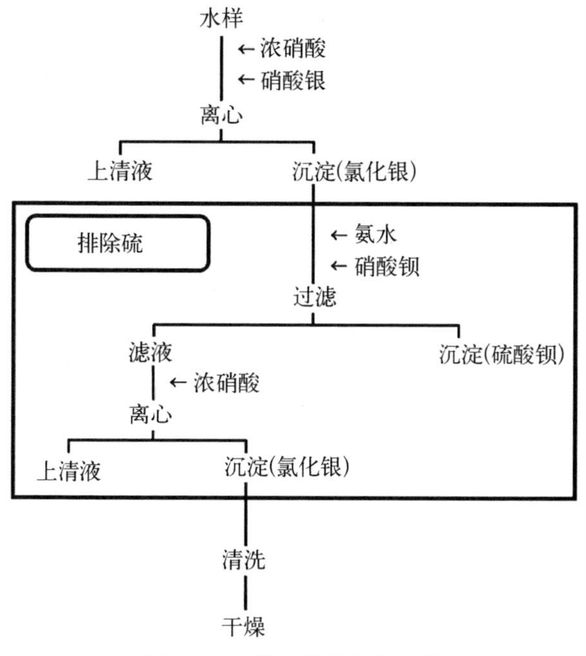

图 3-38　^{36}Cl 样品制备流程

用四阳极的气体探测器，同时为了实现粒子的最佳鉴别，探测器的气压需要精确设定，即需要设定合适的气压将^{36}Cl 和^{36}S 能量损失曲线的交叉点设定在第二和第三个阳极之间的位置(见图 3-39)。在此情况下可将^{36}Cl 和^{36}S 通过能量损失差异进行有效分离。图 3-39 中从左至右分别是离子的 E_1、E_2、E_3 和剩余能量 E_R，可以看出，利用它们不同的能量损失可以将^{36}Cl 和^{36}S 区分开。为了进一步压低由于能散造成的本底，通常采用四路信号开门符合技术就可以将^{36}S 本底排除(见图 3-40)。

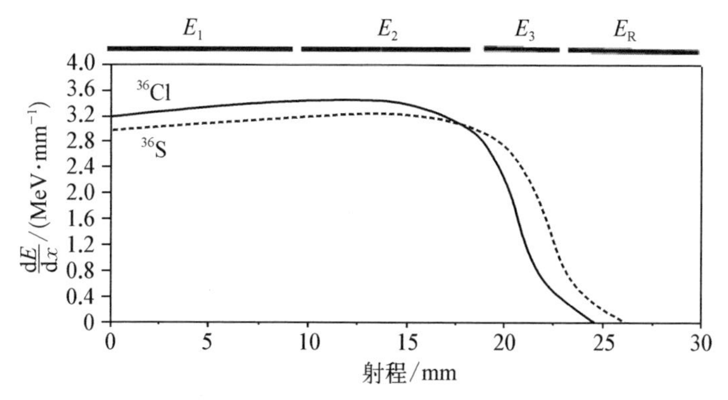

图 3-39　^{36}Cl 和^{36}S 的单位距离能量损失与探测器位置的关系

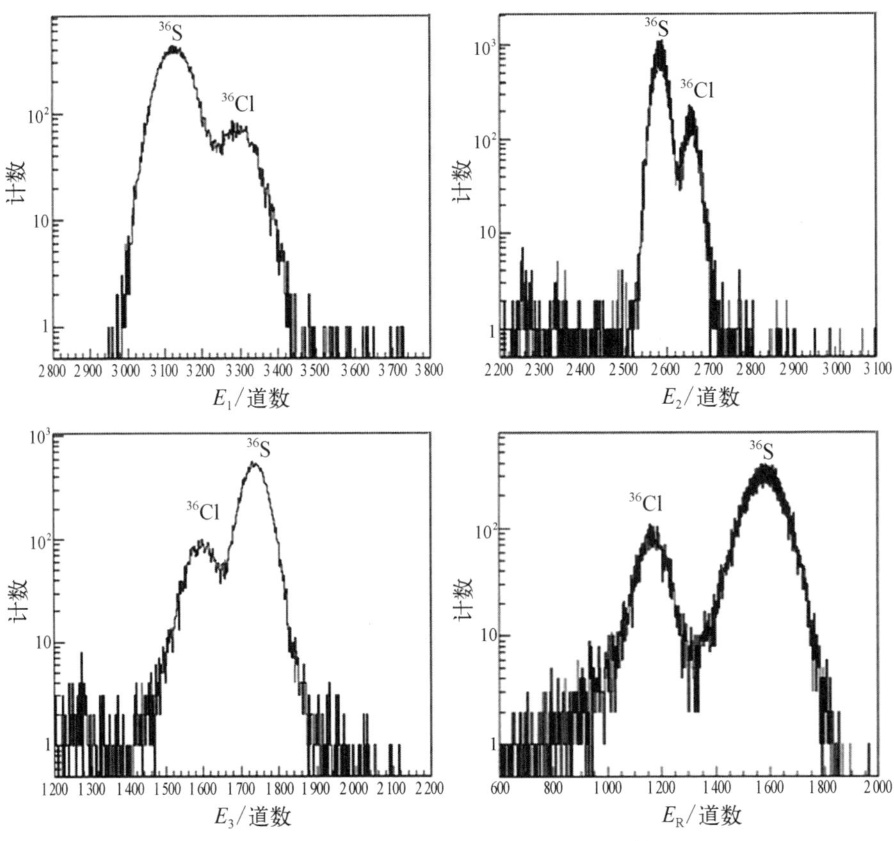

图 3-40　多阳极探测器不同阳极测量得到的^{36}Cl 样品 ($R_{Cl(36/35)}=5\times10^{-12}$) 能谱

虽然利用多阳极气体电离室可以排除^{36}S 的干扰，但如果样品中硫的含量过高同样会影响探测器的鉴别分析能力，因此，为了尽可能降低样品中初始硫的含量，需要在样品制备阶段采用严格的化学分离流程以降低^{36}S 的干扰，这对样品制备环节及靶锥条件提出了很高的要求。为此一些实验室发展了利用充气磁谱[66]和 ΔE - Q3D 排除^{36}S 的技术方法，从而简化样品制备环节。中国原子能科学研究院建立了基于 ΔE - Q3D 开展^{36}Cl 的测量方法。具体方法同样是在 Q3D 磁谱仪入口处采用 3 μm 的 Si_3N_4 吸收膜，利用^{36}S 和^{36}Cl 通过 Si_3N_4 膜后剩余能量不同，将^{36}S 和^{36}Cl 在 Q3D 磁谱仪焦平面处分离(见图 3-41)，由此实现^{36}S 干扰本底的第一次排除，此方法可将^{36}S 本底压低 10^3 以上；在此基础上再利用四阳极的气体电离室对分离后的^{36}Cl 进行分析。对^{36}Cl 样品测量时多阳极电离室产生的二维谱可参见第 3.2.2 节的图 3-4，可以看出在利用

ΔE－Q3D将绝大部分的^{36}S排除后，再利用气体电离室就可将^{36}Cl和^{36}S完全区分开，从而实现^{36}Cl的高灵敏度测定。利用此技术目前达到的灵敏度为$R_{Cl(36/35)} < 10^{-15}$。

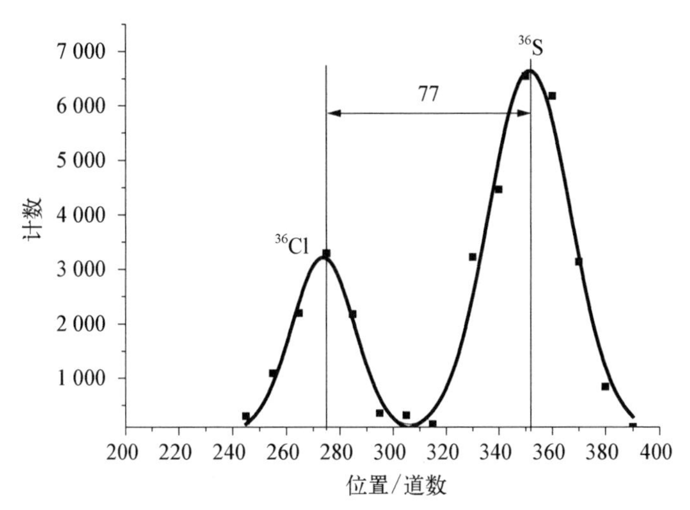

图3－41　^{36}Cl和^{36}S在焦平面处的位置分布

3.3.6　^{41}Ca的加速器质谱仪测量方法

^{41}Ca的半衰期为103 ka。在自然界中^{41}Ca的含量极低，主要是由宇宙射线与地球表面的钙通过^{40}Ca(n，γ)^{41}Ca反应产生。自然界中^{41}Ca与^{40}Ca的原子数比值$R_{Ca(41/40)}$约为8×10^{-15}。而目前加速器质谱仪测量的灵敏度也在这个水平，很难实现自然界中^{41}Ca的应用研究。目前利用^{41}Ca主要开展生物医学示踪[67-68]及陨石[69]方面的应用研究。

钙的电子亲和势仅为0.043 eV，很难形成原子负离子。为了实现^{41}Ca高效引出，国际上采用CaH_3^-[70]和CaF_3^-[71]分子负离子引出形式。引出CaH_3^-和CaF_3^-负离子不仅提高了钙的引出效率，同时也能将同量异位素^{41}K的干扰本底压低约4个数量级以上，有利于^{41}Ca的测量。

1）样品制备方法

虽然引出CaH_3^-束流强度高(可达5～10 μA)、压低^{41}K干扰能力强(可达10^6倍)且在加速器质谱仪系统传输效率高，但需要将样品制备成CaH_2样品形式。而制备CaH_2需要经过以下繁杂的实验过程和苛刻的实验条件：首先将氧化钙与锆或者钛粉混合，在真空中达到10^{-5} Torr后加热到1 300～0将产生的钙蒸气由冷却的铝收集器收集并冷却；然后快速转移到石英坩埚。抽真空后再冲入约 1 atm 氢气；最后加热到约 450℃，钙和氢气发生反应形成 CaH_2。此外，制备出来的 CaH_2 在空气中极易潮解，因而需要在样品制备完成后立刻进行测定，所以很难开展大量样品的测量。

由于制备 CaH_2 难以满足实际需求，目前进行 ^{41}Ca 测量时主要采用引出 CaF_3^- 负离子形式，引出这种离子形式需要的样品形式为 CaF_2，CaF_2 制备过程相对简单，且引出束流也能接近 1 μA，基本满足加速器质谱仪测量的需要。对于 ^{41}Ca 测量目前应用最多的是进行生物示踪研究工作，下面就以从尿中提取钙、排除干扰并最终制备成 CaF_2 的流程进行介绍，具体流程如下：

(1) 尿液中加入 HCl 使其 pH 值小于 1.9，离心 20 min，得到上清液。

(2) 上清液中加入饱和 $(NH_4)_2C_2O_4$ 和浓氨水，调节 pH 值使其等于 10，放置 2.5 h。

(3) 离心 20 min，去掉上清液；加入去离子水并离心，重复两次。

(4) 用 1 mL 4 M HNO_3 溶解沉淀，加入去离子水至 50 mL。

(5) 准备加入 1.5 mL 树脂的柱子，利用 6 mL 0.08 M 的 HNO_3 使其平衡。

(6) 用 4 mL 4 M HNO_3 和 10 mL 去离子水洗树脂柱，然后样品加入柱子。

(7) 用 6 mL 0.08 M HNO_3 将钾和磷等洗提。

(8) 用 4 mL 4 M HNO_3 将钙洗提，收集洗出液，加水稀释到 8.5 mL。

(9) 加入 6.5 mL 49%的 HF，震荡，放置过夜。

(10) 离心 20 min，弃上清液。

(11) 沉淀转入小离心管加入 1 mL 去离子水，离心 10 min，弃上清液。

(12) 用 0.75 mL 去离子水洗两次。

(13) 利用真空电炉在 100℃下干燥 20 h，得到 CaF_2 样品。

2) 离子鉴别方法

虽然引出 CaH_3^- 和 CaF_3^- 负离子可压低 ^{41}K 的干扰，但 ^{41}Ca 测量时主要干扰仍然来源于 ^{41}K。为了排除 ^{41}K 的干扰，也采用多阳极气体电离室对 ^{41}Ca 和 ^{41}K 进行离子鉴别。测量的原理与测量 ^{36}Cl 一样，也是利用 ^{41}Ca 和 ^{41}K 在探测器的能量损失不同来进行离子鉴别，图 3-42 为 ^{41}Ca 测量时的双维谱，利用 ^{41}Ca 和 ^{41}K 的能量损失不同实现两者的分离。为了实现基于多阳极气体探测器对 ^{41}Ca 和 ^{41}K 的有效鉴别，离子的能量需要 30 MeV 以上，一般需要端电压 5 MV 的串列加速器质谱仪系统。

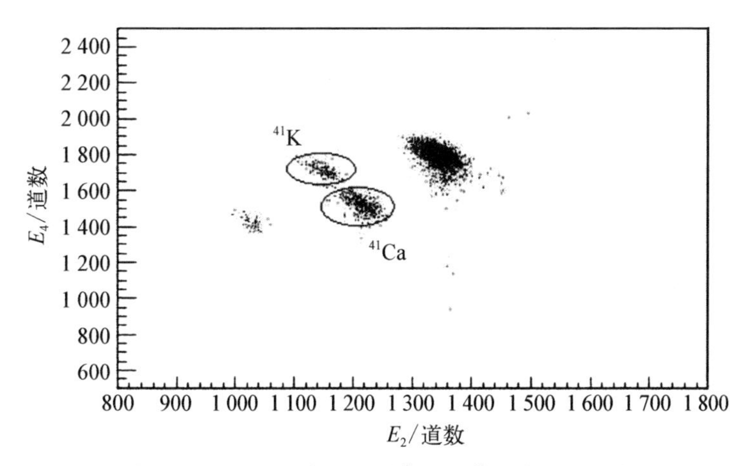

图3-42　多阳极探测器对^{41}Ca和^{41}K鉴别双维谱

3.3.7　^{60}Fe的加速器质谱仪测量方法

^{60}Fe是β放射性核素，其半衰期为2.50～2.6 Ma。在自然界中^{60}Fe的含量极低，主要来源于超新星的爆发以及宇宙演化过程中的核合成，由^{58}Fe(n,γ)^{59}Fe(n,γ)^{60}Fe核反应生成。^{60}Fe是核天体物理和核物理比较感兴趣的核素。

排除同量异位素^{60}Ni是^{60}Fe测量的关键。要实现^{60}Ni的排除需要采用大型加速器，离子的能量一般需要80 MeV以上才能有效排除^{60}Ni的干扰。目前，排除^{60}Ni的干扰主要通过以下方法。

1) 离子引出方法

铁和镍的电子亲和势分别为0.16 eV和1.16 eV，为了提高铁的引出效率同时压低镍的引出，测量^{60}Fe时一般采用引出分子离子方法。虽然也有实验室尝试引出FeH^-分子离子方法[72]，但考虑到样品制备和束流引出等因素，目前国际上普遍采用引出FeO^-分子离子方法。采用这种引出形式，FeO^-负离子束流强度比Fe^-离子束流强度高10倍以上；同时，FeO^-负离子引出强度比NiO^-负离子引出强度高2～3倍，而Fe^-负离子引出强度为Ni^-负离子引出强度的$\frac{1}{50}$以下。因此，引出FeO^-负离子即提高了铁的引出效率又压低了镍的强度。

2) ^{60}Fe和^{60}Ni分离技术

由于镍在自然界含量很高，如果不采用^{60}Fe和^{60}Ni分离技术就会有大量的^{60}Ni粒子直接进入探测器而使探测器无法工作。因此需要采用一些技术方法排除^{60}Ni干扰。目前国际上主要采用两种方法进行^{60}Fe和^{60}Ni分离。一种是充气磁谱方法(GFM)方法,利用^{60}Fe和^{60}Ni通过充气磁谱时平均电荷态的不同,将^{60}Fe和^{60}Ni进行分离[16]。另一种是ΔE - Q3D技术[73],此种方法是利用^{60}Fe和^{60}Ni通过一定厚度的Si_3N_4后,利用Q3D磁谱仪将不同剩余能量的^{60}Fe和^{60}Ni进行分离(见图3-43)。

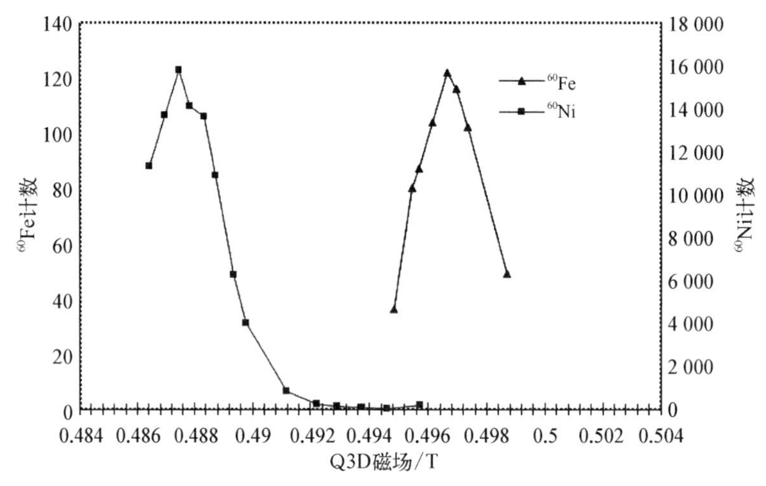

图3-43 利用ΔE - Q3D技术将^{60}Fe和^{60}Ni进行分离

3) ^{60}Fe和^{60}Ni鉴别技术

^{60}Fe和^{60}Ni分离后还需要采用多阳极气体电离室对^{60}Fe和部分散射粒子进入探测器进一步鉴别。利用^{60}Fe和^{60}Ni的能量损失率不同可实现^{60}Fe和^{60}Ni的鉴别,如图3-44所示。

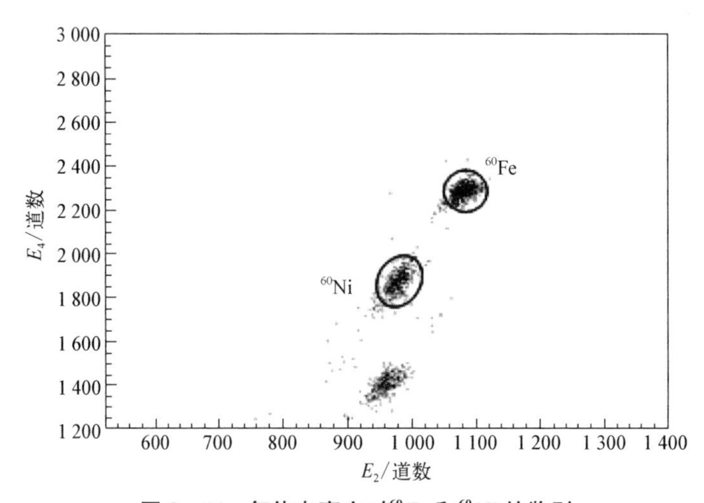

图3-44 气体电离室对^{60}Fe和^{60}Ni的鉴别

3.3.8　^{79}Se 的加速器质谱仪测量方法

^{79}Se 是一种纯β放射性裂变产物，其半衰期为(2.80±0.40)×10^{5} a。自然界中的^{79}Se 主要来源于核反应堆中^{235}U 的裂变产物，其裂变产额约为0.04%。^{79}Se 在核数据、核天体物理、核废料处理、生命科学、环境监测等领域都有着重要意义。国际上对于^{79}Se 的含量测量主要采用液闪β放射性测量方法和电感耦合等离子体质谱测量方法。对于低含量样品，这两种方法都受到局限，难以进行测定。因此国际上发展了利用加速器质谱仪对低含量样品的测定技术。

对于^{79}Se 的测量主要有以下方法：① 利用入射粒子 X 射线探测方法(PXD)[27]，即利用入射离子轰击在特定靶上发射的特征 X 射线实现^{79}Se 和^{79}Br 的分辨，探测灵敏度约为 10^{-10}；② 利用充气磁谱结合气体电离室方法(GFM - ΔE - E)进行^{79}Se 和^{79}Br 的分离和鉴别，这种方法需要将离子加速到160 MeV，探测灵敏度约为 3×10^{-11}；③ 采用引出分子负离子方法压低^{79}Br 的干扰[37]，通过引出 SeO_2^- 分子负离子方法将^{79}Br 干扰本底压低(见表 3-6)，采用此方法探测灵敏度约为 1×10^{-11}。

表 3-6　SeO^- 以及 SeO^{2-} 对同量异位素本底^{79}Br 的压低情况

样品化学形式	成分(分子比)	引出离子形式	离子束流/nA	^{79}Br/Se
SeO_2+Ag 粉	1∶1	Se^-	1 530	2.63×10^{-6}
SeO_2+Ag 粉	1∶1	SeO^-	230	3.95×10^{-9}
SeO_2+Ag 粉	1∶1	SeO_2^-	95	1.16×10^{-11}

3.3.9　^{129}I 的加速器质谱仪测量方法

^{129}I 的半衰期为 15.7 Ma，在自然界中主要是通过宇宙射线与大气中的氙反应产生，此外^{129}I 也会通过地壳中的^{238}U 自发裂变以及^{235}U 中子俘获发生裂变反应产生。在人类核活动之前自然界中^{129}I 与^{127}I 的原子数之比约为 1.5×10^{-12}。而在人类进行核活动之后大量的^{129}I 释放到环境中，因此，目前自然界中^{129}I 主要来源于人类核活动(核试验、反应堆)，人类核活动将自然界中^{129}I 的含量提高了 1～2 个数量级。

1）样品制备方法

环境中用于^{129}I测量的样品包括水样、土壤及树木等，在这些样品中采用的化学流程也有差异，但最终都是将样品制备成 AgI 形式。下面以水样为例介绍^{129}I样品的制备过程。

（1）将 500～800 ml 过滤后的雨水倒入烧杯中，加入 $K_2S_2O_8$（$K_2S_2O_8$ 与水的质量比是 1：100），用电热板以 60℃加热 10 h，溶解有机质。

（2）将溶解后的水倒入分液漏斗中，加入 1 mg 碘载体和^{125}I示踪剂。

（3）加 3 mL 浓度为 1 mol/L 的 $NaHSO_3$ 摇匀，用浓度为 6 mol/L 的 HNO_3 将 pH 值调至小于 2，加 20 mL CCl_4，再加 3 mL $NaNO_2$ 作为氧化剂，将 I^- 氧化为 I_2。

（4）加 10 mL CCl_4，摇匀至出现粉色，收集下层 CCl_4 溶液，反复萃取共 3～4 次，将所有收集到的 CCl_4 溶液转移至 125 mL 的小分液漏斗中。

（5）加 0.05 mol/L 的 $NaHSO_3$ 溶液，摇匀，使下层溶液粉色消失，此时将 I_2 还原为 I^-，有机相中的碘被反萃取至水相中。

（6）将分液漏斗中水溶液倒入离心管中，取 50 μL 溶液测量其活度计算回收率。测完活度的溶液再倒入离心管中。

（7）加 6 mol/L 的 HNO_3 将 pH 值调至小于 2，加 3～5 滴 $AgNO_3$，静置 10～15 min 后，以 3 000 r/min 的转速离心 3 min，得到 AgI 沉淀，撇掉上清液；用 3 mol/L 的 HNO_3 进行酸洗，再水洗两次，撇掉上清液，以 3 000 r/min 的转速离心 3 min，吸走上清液，得到沉淀，烘干，称重得到 AgI 样品。

2）^{129}I测量方法

碘(I)的电子亲和势为 3.06 eV，很容易形成负离子，同时^{129}I唯一的稳定同量异位素^{129}Xe不能形成负离子，因此^{129}I的测量相对简单，仅需排除其稳定同位素^{127}I及分子离子的干扰。在以前加速器质谱仪系统质量分辨比较低的情况下，常采用飞行时间方法对^{129}I和^{127}I进行分辨。近年来，随着加速器质谱仪系统质量分辨的提高，^{127}I干扰本底已能够完全排除，因此就很少采用飞行时间法对离子进行鉴别，仅利用半导体探测器或气体电离室测量粒子的能量即可通过总能量测定实现^{129}I的测定。

由于^{129}I没有同量异位素干扰，利用低能量的加速器质谱仪系统即可实现^{129}I的高灵敏度测定。瑞士 ETH 的加速器质谱仪实验室成功开展了加速器端电压为 300 kV 情况下对^{129}I的高灵敏测定[74]。在此工作中他们主要采取了以下方法实现了^{129}I的高灵敏测定。

(1) 选取合适的离子电荷态。为了排除其他伴随粒子的干扰(具有相同磁刚度和电刚度的离子),经气体剥离后选择 2^+ 的 ^{129}I,在此电荷态条件下,就没有具有与 $^{129}I^{2+}$ 完全相同磁刚度和电刚度的伴随粒子。如果选择 $^{129}I^{3+}$ 就会有 $^{43}Ca^+$、$^{86}Sr^{2+}$ 等具有与 $^{129}I^{3+}$ 完全一样磁刚度和电刚度的伴随粒子。

(2) 选取合适的剥离气体和气体厚度。为了排除分子离子干扰同时提高 ^{129}I 的传输效率,采用氦气作为剥离气体,同时剥离气体的厚度也对分子离子和散射本底的排除至关紧要。图 3-45 所示为传输效率及本底水平随剥离气体厚度的关系,当选择剥离气体厚度为 0.15 μg/cm² 时,传输效率达到 52%,同时分子离子基本被完全瓦解,使得测量灵敏度达到 10^{-13}。

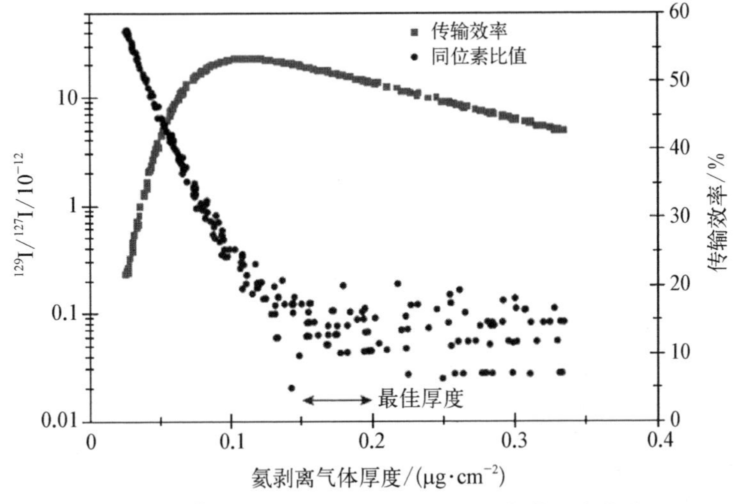

图 3-45　^{129}I 传输效率及本底水平随剥离气体厚度的关系

(3) 采用特殊探测器实现低能量重核素探测。采用厚度为 30 nm 的 Si_3N_4 膜作为气体探测器入射窗,实现了能量为 900 keV 的 ^{129}I 粒子的测量。图 3-46 所示为气体探测器测量得到的粒子能谱。可以看出在如此低能量下,薄窗型气体电离室可以将不同能量的离子区分开,实现 ^{129}I 的测量。

在以上技术改进下,目前已实现 ^{129}I 的测量灵敏度($^{129}I/I$ 原子数比值)好于 10^{-13},此灵敏度甚至高于端电压 1 MV 以上的大型加速器质谱仪系统。因此对于 ^{129}I 测量,采用小型化低能量加速器质谱仪系统是其发展趋势。中国原子能科学研究院目前成功研发了小型化加速器质谱仪系统,也成功建立了在加速器端电压为 300 kV 条件下对 ^{129}I 的高效高灵敏测量。

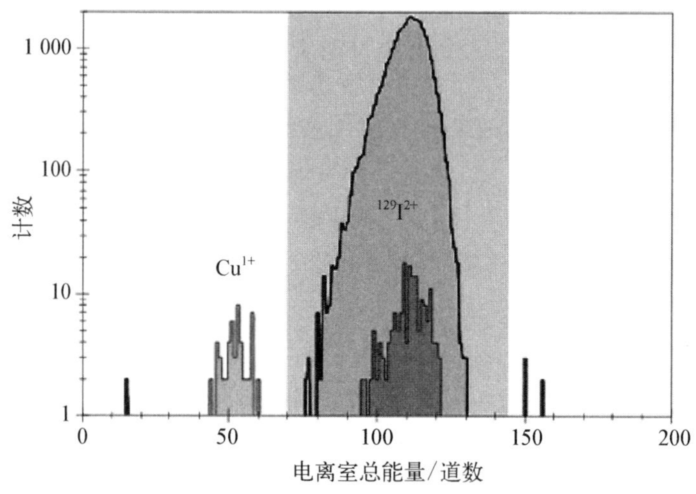

图 3-46 薄窗型气体电离室对^{129}I 的测量

3.3.10 锕系核素的加速器质谱仪测量方法

加速器质谱仪测量的锕系核素主要包括^{236}U、^{237}Np、^{239}Pu 等。这些核素由于其电子亲和势都比较小，因此对于锕系核素一般引出其氧化物或氟化物负离子形式以提高其引出效率。一般情况下引出它们的氧化物负离子形式。它们引出负离子的相对电离效率请参考文献[75]。

为了提高锕系核素测量效率，国际上从采用大型加速器质谱仪系统转向利用小型加速器质谱仪系统测量方法的研究。Fifield 等[75]首先验证了在端电压为 300 kV 条件下可以开展锕系核素的测量，随后相关技术得到系统的发展[76-78]，目前已实现了在端电压为 300 kV 条件下对锕系核素的测定。相比于传统的加速器质谱仪系统，小型加速器质谱仪系统在测量锕系核素时具有更好的传输效率和系统稳定性，其中重核素高效剥离与传输技术、低能量重离子探测技术是实现低能量重核素高灵敏测量的关键技术。

1) 低能量重核素高效传输技术

研究表明，低能量重核素经气体剥离后电荷态主要分布为 1～5 个电荷态，同时在相同能量条件下不同剥离气体各个电荷态的分布概率也不同。如图 3-47 和图 3-48 分别为^{232}Th 在氮气和氦气中的电荷态分布概率[79]，可以看出在 300 kV 时利用氮气为剥离气体时 2^+ 和 3^+ 的电荷态分布概率分别为 45%和 25%，而利用氦气作为剥离气体时 2^+ 和 3^+ 的电荷态分布概率分别为 35%和 45%。因此利用氦气作为剥离气体时，选取电荷态 3^+ 可提高传输效率。

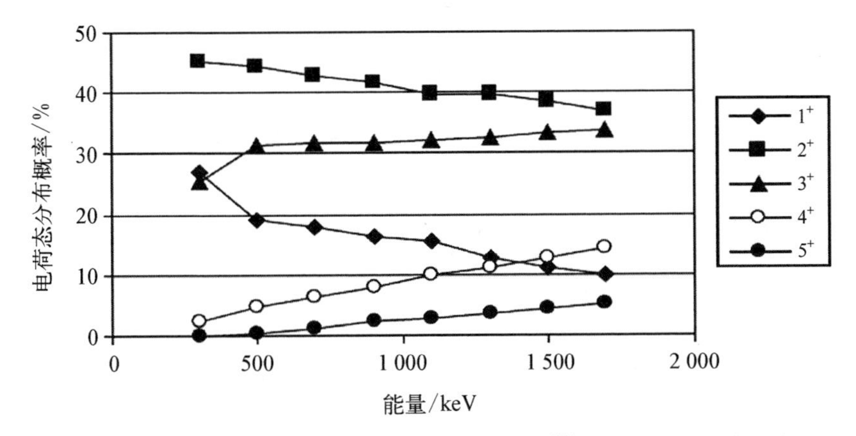

图 3－47　利用氮气作为剥离气体时不同能量的^{232}Th 的电荷态分布概率

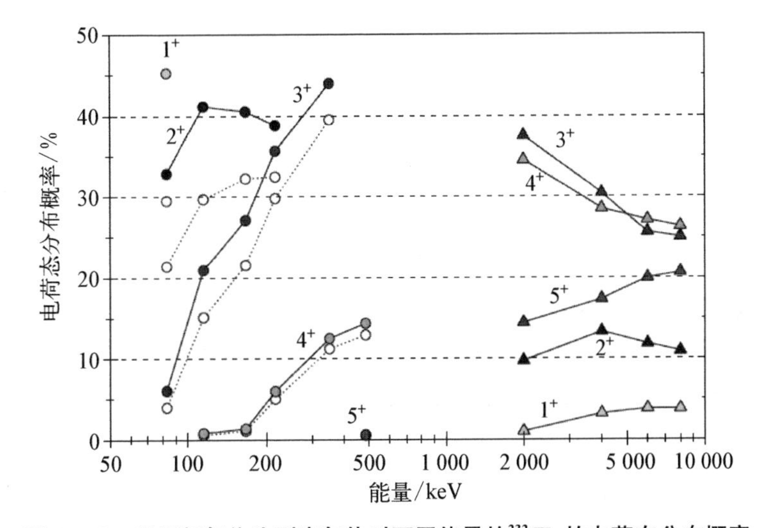

图 3－48　利用氦气作为剥离气体时不同能量的^{232}Th 的电荷态分布概率

对于低能量重核素，由于其在气体剥离过程中散射比较大，所以会影响束流品质和传输效率。其中剥离气体的种类是影响传输效率的关键因素。剥离气体的原子序数越小，能量和角度离散就越小，因此为了有效降低离子的能量离散和角度离散，剥离气体一般采用氦气。瑞士 ETH 的加速器质谱仪实验室的实验结果显示(见图 3－48)利用氦气作为剥离气体可有效提高锕系核素 3^+ 电荷态的分布概率，同时也能有效降低低能量重离子在气体剥离时的散射损失(见图 3－49)，有利于整个系统传输效率的提高。

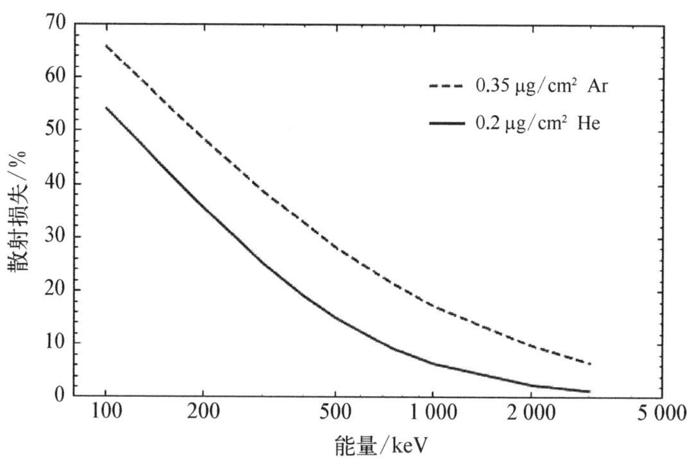

图 3-49　理论计算得到的$^{236}U^{3+}$通过氩和氦剥离气体后的散射损失

2）低能量锕系核素探测技术

对于小型加速器质谱仪系统（端电压为 300 kV），加速后离子的能量约为 1.2 MeV。对于锕系核素而言，在此低能量下要实现对其测量就需要研制特殊探测器以尽可能降低其进入探测器时的能量损失。如果采用面垒型半导体探测器，此类探测器不仅存在“死层”使得锕系核素穿过“死层”后造成很大的能量损失和能量离散，不利于重离子鉴别，而且此探测器对于锕系核素存在着明显的幅度亏损效应。因此对于低能量重核素探测一般选用气体电离室。同时，为了降低气体电离室入射窗的能量损失，采用厚度为小于 50 nm 的 Si_3N_4 膜作为入射窗膜，以尽可能降低锕系核素在入射窗的能量损失。

图 3-50(a)、(b)、(c)分别为利用面垒型半导体探测器、100 nm 厚 Si_3N_4 窗的气体电离室、40 nm 厚 Si_3N_4 窗的气体电离室对$^{240}Pu^{3+}$测量得到的能谱。图中黑线为 1.2 MeV 的$^{240}Pu^{3+}$的能谱，灰线为 0.8 MeV 的伴随离子$^{160}Dy^{2+}$的能谱。可以看出利用半导体探测器很难分辨$^{240}Pu^{3+}$和伴随离子[见图 3-50(a)]，而利用 40 nm 厚 Si_3N_4 窗的气体电离室能很好分辨$^{240}Pu^{3+}$和伴随离子[见图 3-50(c)]。

瑞士的 ETH 加速器质谱仪实验室利用 0.5 MV 的串列加速器质谱仪开展了端电压为 300 kV 的锕系核素的测量，实现了锕系核素的高灵敏

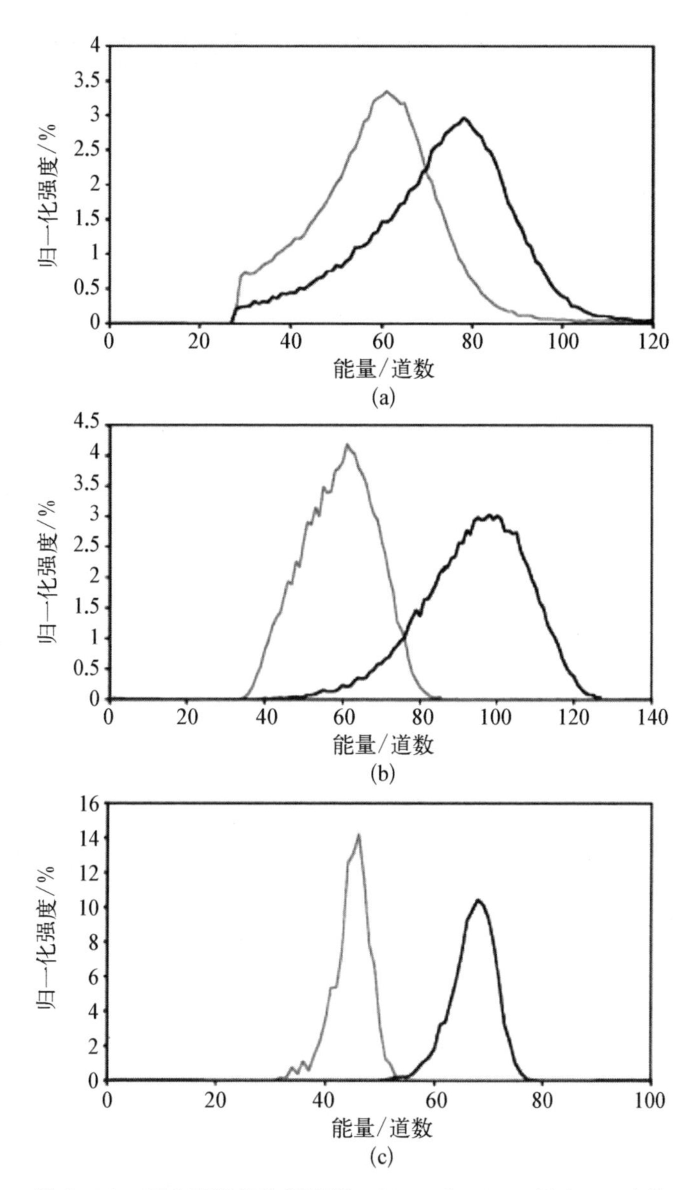

图 3-50　面垒型半导体探测器、100 nm 和 40 nm 厚 Si_3N_4 窗的气体电离室测量 $^{240}Pu^{3+}$ 的能谱

测定[80]。

中国原子能科学研究院也在研发低能量锕系核素的加速器质谱仪测量系统，图 3-51 为测量系统设计结构图。此系统采用的加速端电压为 350 kV，目前已利用此装置成功开展了 ^{236}U、^{239}Pu、^{237}Np 等核素的测量。

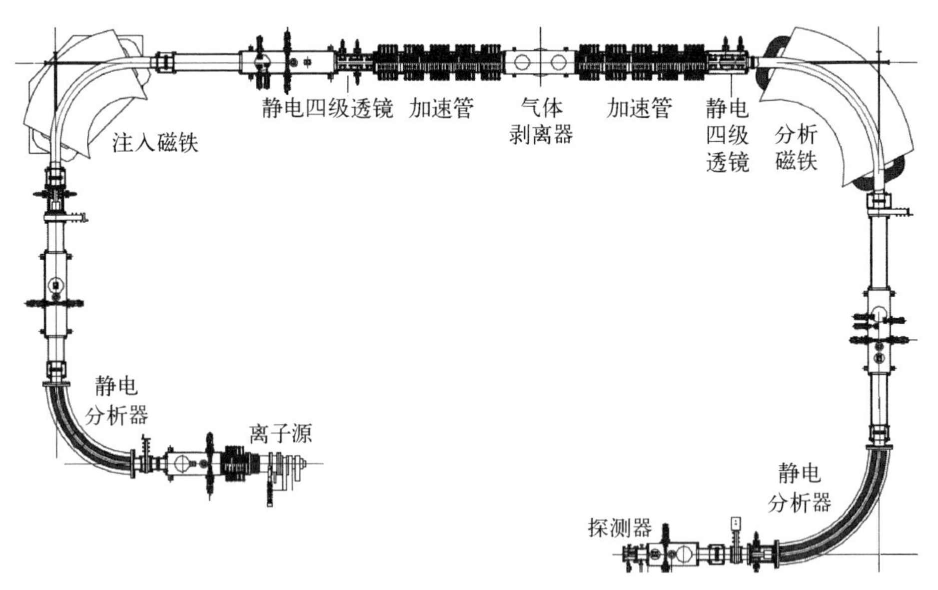

图 3-51　中国原子能科学研究院锕系核素测量系统设计结构图

参考文献

[1] Sharma P, Kubik P W, Fehn U, et al. Development of ^{36}Cl standards for AMS[J]. Nuclear Instruments and Methods in Physics Research Section B, 1990, 52(3-4): 410-415.

[2] Nishiizumi K, Caffee M W, Depaolo D J. Preparation of ^{41}Ca AMS standards[J]. Nuclear Instruments and Methods in Physics Research Section B, 2000, 172(1-4): 399-403.

[3] Goulding F S, Harvey B G. Identification of nuclear particles[J]. Annual Review of Nuclear and Particle Science, 1975, 25(1): 167-240.

[4] Fulbright H W, Erskine J R. Hybrid focal plane detectors for heavy ions[J]. Nuclear Instruments and Methods, 1979, 162(1-3): 355-370.

[5] Knies D L, Elmore D. The PRIME Lab gas ionization detector[J]. Nuclear Instruments and Methods in Physics Research Section B, 1994, 92(1-4): 134-137.

[6] Purser K H, Litherland A E, Gove H E. Ultra-sensitive particle identification systems based upon electrostatic accelerators[J]. Nuclear Instruments and Methods, 1979, 162(1): 637-656.

[7] Frisch O. British atomic energy report[J]. BR-49, 1944, 65.

[8] Bunemann O, Cranshaw T, Harvey J. Design of grid ionization chambers[J]. Canadian Journal of Research, 1949, 27a(5): 191-206.

[9] 蒋崧生，姜山，马铁军，等. ^{10}Be 断代法测定锰结核生长速率和深海沉积物沉积速率的研究[J]. 科学通报，1992，37(7)：592-594.

[10] Jiang S S, Jiang S, Guo H, et al. Accelerator mass spectrometry at the China Institute of Atomic Energy[J]. Nuclear Instruments and Methods in Physics Research Section B, 1994, 92(1-4): 61-64.

[11] He M, Ruan X, Wu S, et al. ^{41}Ca analysis using CaF-in CIAE-AMS system[J]. Nuclear Instruments and Methods in Physics Research Section B, 2010, 268(7-8): 804-806.

[12] Cruhn C R, Binimi M, Legrain R, et al. Bragg curve spectroscopy[J]. Nuclear Instruments and Methods in Physics Research Section B, 1982, 196(1): 33-40.

[13] 李国强,何明,管永精,等.用于加速器质谱测量的 Bragg 探测器[J].原子能科学技术,2005,39(5): 458-462.

[14] Li C L, Wang W, He M, et al. A Bragg curve detector and its application in AMS measurements for medium-weight nuclides[J]. Chinese Physics C (HEP and NP), 2008, 32: 289-293.

[15] Pual M, Glagola B G, Henning W, et al. Heavy ion separation with a gas-filled magnetic spectrograph[J]. Nuclear Instruments and Methods in Physics Research Section A, 1989, 277(2-3): 418-430.

[16] Knie K, Faestermann T, Korschinek G, et al. High-sensitivity AMS for heavy nuclides at the Munich Tandem accelerator[J]. Nuclear Instruments and Methods in Physics Research Section B, 2000, 172(1-4): 717-720.

[17] Knie K, Elhardt A, Faestermann T, et al. Search for A = 60 fragments from neutron-induced fission with accelerator mass spectrometry[J]. Nuclear Physics A, 2003, 723(3-4): 343-353.

[18] Knie K, Korschinek G, Faestermann T, et al. Indication for supernova produced ^{60}Fe activity on Earth[J]. Physical Review Letters, 1999, 83(1): 1821.

[19] Wallner A, Bichler M, Buczak K, et al. Settling the half-life of ^{60}Fe: Fundamental for a versatile astrophysical chronometer[J]. Physical Review Letters, 2015, 114(4): 041101.

[20] Wallner A, Feige J, Kinoshita N, et al. Recent near-earth supernovae probed by global deposition of interstellar radioactive ^{60}Fe[J]. Nature, 2016, 532(7597): 6972.

[21] Li C, He M, Jiang S, et al. An isobar separation method with Q3D magnetic spectrometer for AMS[J]. Nuclear Instruments and Methods in Physics Research Section A, 2010, 622(3): 536-541.

[22] He M, Wang X, Zhen G, et al. AMS measurement of ^{32}Si at the China Institute of Atomic Energy (CIAE)[J]. Nuclear Instruments and Methods in Physics Research Section B, 2013, 294: 104-106.

[23] Dong K J, He M, Li C L, et al. AMS measurement of ^{53}Mn at CIAE[J]. Chinese Physics Letters, 2011, 28(7): 070703.

[24] He M, Wang W, Ruan X D, et al. Developing AMS measurement of ^{59}Ni at CIAE[J]. Chinese Physics C, 2013, 37(5): 058201.

[25] Wang X M, He M, Ruan X D, et al. Measurement of ^{59}Ni and ^{63}Ni by accelerator mass spectrometry at CIAE[J]. Nuclear Instruments and Methods in Physics Research Section B, 2015, 361: 34 - 38.

[26] Artigalas H, Barthe M F, Gomez J, et al. FT - ICR with laser ablation and AMS combined with X-ray detection, applied to the measurement of long-lived radionuclides from fission or activation: preliminary results [J]. Nuclear Instruments and Methods in Physics Research Section B, 1993, 79(1 - 4): 617 - 619.

[27] Strindhall J, Lundblad A, Hlsson P. Measurement of the half-life of ^{79}Se with PX - AMS[J]. Nuclear Instruments and Methods in Physics Research Section B, 2002, 194(4): 393 - 398.

[28] He M, Jiang S S, Jiang S, et al. Measurement of ^{79}Se and ^{64}Cu with PXAMS[J]. Nuclear Instruments and Methods in Physics Research Section B, 2000, 172(1 - 4): 177 - 181.

[29] He M, Jiang S S, Jiang S, et al. The PX - AMS system and its applications at CIAE [J]. Nuclear Instruments and Methods in Physics Research Section B, 2004, 223 - 224: 78 - 81.

[30] 何明,姜山,蒋崧生,等. 加速器质谱法测定——^{129}I 的研究[J]. 原子能科学技术, 1997,31(4): 301 - 305.

[31] Wang X, Jiang S, He M, et al. ^{236}U measurement with accelerator mass spectrometry at CIAE[J]. Nuclear Instruments and Methods in Physics Research Section B, 2010, 268(13): 2295 - 2299.

[32] Eliades J, Litherland A, Kieser W, et al. Cl/S isobar separation using an on-line reaction cell for ^{36}Cl measurement at low energies[J]. Nuclear Instruments and Methods in Physics Research Section B, 2010, 268(7 - 8): 839 - 842.

[33] Litherland A, Tomski I, Doup J. Ion reactions for isobar separation in accelerator mass spectrometry[J]. Nuclear Instruments and Methods in Physics Research Section B, 2003, 204: 720 - 724.

[34] Charles C R J, Cornett R J, Zhao X L, et al. On-line I^-/Te^- separation for the AMS analysis of ^{125}I[J]. Nuclear Instruments and Methods in Physics Research Section B, 2015, 361: 189 - 192.

[35] Alary J F, Javahery G, Kieser W, et al. Isobar separator for anions: Current status [J]. Nuclear Instruments and Methods in Physics Research Section B, 2015, 361: 197 - 200.

[36] Wallner A, Forstner O, Golser R, et al. Fluorides or hydrides? ^{41}Ca performance at VERA's 3 - MV AMS facility[J]. Nuclear Instruments and Methods in Physics Research Section B, 2010, 268(7 - 8): 799 - 803.

[37] Wang W, Guan Y, He M, et al. A method for measurement of ultratrace ^{79}Se with accelerator mass spectrometry[J]. Nuclear Instruments and Methods in Physics Research Section B, 2010, 268(7 - 8): 759 - 763.

[38] Wang W, Li C H. Measurements of ^{79}Se with AMS based on extracting molecular negative ions[J]. Chinese Physics C, 2008, 32: 205 - 209.

[39] Zhao X L, Litherland A E, Eliades J, et al. Studies of anions from sputtering I: Survey of MF_n^- [J]. Nuclear Instruments and Methods in Physics Research Section B, 2010, 268(7 - 8): 807 - 811.

[40] Forstner O, Andersson P, Hanstorp D, et al. The ILIAS project for selective isobar suppression by laser photodetachment [J]. Nuclear Instruments and Methods in Physics Research Section B, 2015, 361: 217 - 221.

[41] Calcagnile L, Quarta G, Maruccio L, et al. The new AMS system at CEDAD for the analysis of ^{10}Be, ^{26}Al, ^{129}I and actinides: Set-up and performances[J]. Nuclear Instruments and Methods in Physics Research Section B, 2015, 361: 100 - 104.

[42] Fu D, Ding X, Liu K, et al. Further improvement for ^{10}Be measurement on an upgraded compact AMS radiocarbon facility[J]. Nuclear Instruments and Methods in Physics Research Section B, 2015, 361: 178 - 182.

[43] Lachner J, Christl M, Mller A M, et al. ^{10}Be and ^{26}Al low-energy AMS using He-stripping and background suppression via an absorber[J]. Nuclear Instruments and Methods in Physics Research Section B, 2014, 331: 209 - 214.

[44] Zhao X L, Litherland A, Doup J, et al. The potential for AMS analysis of ^{10}Be using BeF^- [J]. Nuclear Instruments and Methods in Physics Research Section B, 2004, 223: 199 - 204.

[45] Fu Y C, Zhang L, Zhou W J, et al. A preliminary study of direct $^{10}Be^{2+}$ counting in AMS using the super-halogen anion BeF^{3-} [J]. Nuclear Instruments and Methods in Physics Research Section B, 2015, 361: 207 - 210.

[46] 姜山,蒋崧生. HI-13串列加速器质谱测量中的粒子鉴别技术[J]. 核技术,1997,20(3): 148 - 152.

[47] Schulze K N T, Seiler M, Suter M, et al. The dissociation of ^{13}CH and $^{12}CH_2$ molecules in He and N_2 at beam energies of 80 - 250 keV and possible implications for radiocarbon mass spectrometry[J]. Nuclear Instruments and Methods in Physics Research Section B, 2011, 269(1): 34 - 39.

[48] Klody G, Schroeder J, Norton G, et al. New results for single stage low energy carbon AMS[J]. Nuclear Instruments and Methods in Physics Research Section B, 2005, 240(1 - 2): 463 - 467.

[49] Synal H A, Stocker M, Suter M. MICADAS: A new compact radiocarbon AMS system[J]. Nuclear Instruments and Methods in Physics Research Section B, 2007, 259(1): 7 - 13.

[50] He M, Bao Y, Pang Y, et al. A home-made ^{14}C AMS system at CIAE[J]. Nuclear Instruments and Methods in Physics Research Section B, 2019, 438: 214 - 217.

[51] Roberts M L, Schneider R J, von Reden K F, et al. Progress on a gas-accepting ion source for continuous-flow accelerator mass spectrometry[J]. Nuclear Instruments and Methods in Physics Research Section B, 2007, 259(1): 83 - 87.

[52] Roberts M L, von Reden K F, Burton J R, et al. A gas-accepting ion source for Accelerator Mass Spectrometry: Progress and applications[J]. Nuclear Instruments and Methods in Physics Research Section B, 2013, 294: 296 - 299.

[53] Janzen M S, Galindo-Uribarri A, Liu Y, et al. The use of aluminum nitride to improve Aluminum - 26 Accelerator Mass Spectrometry measurements and production of Radioactive Ion Beams[J]. Nuclear Instruments and Methods in Physics Research Section B, 2015, 361: 281 - 287.

[54] Müller A M, Christl M, Lachner J, et al. ^{26}Al measurements below 500 kV in charge state 2^+[J]. Nuclear Instruments and Methods in Physics Research Section B, 2015, 361: 257 - 262.

[55] Shanks R P, Freeman S P. 160 keV ^{26}Al - AMS with a single-stage accelerator mass spectrometer[J]. Nuclear Instruments and Methods in Physics Research Section B, 2015, 361: 307 - 310.

[56] Turkevich A, Samuels A. Evidence for ^{32}Si, a long-lived beta emitter[J]. Physical Review, 1954, 94(2): 364.

[57] Somayajulu B, Rengarajan R. ^{228}Ra in the Dead Sea[J]. Earth and Planetary Science Letters, 1987, 85(1 - 3): 54 - 58.

[58] Elmore D, Anantaraman N, Fulbright H, et al. Half-life of ^{32}Si from Tandem-Accelerator Mass Spectrometry[J]. Physical Review Letters, 1980, 45(8): 589.

[59] Zoppi U, Kubik P, Suter M, et al. High Intensity isobar separation at the Zürich AMS facility[J]. Nuclear Instruments and Methods in Physics Research Section B, 1994, 92(1 - 4): 142 - 145.

[60] Morgenstern U, Fifield L K, Zonder van A. New frontiers in glacier ice dating: Measurement of natural ^{32}Si by AMS[J]. Nuclear Instruments and Methods in Physics Research Section B, 2000, 172(1 - 4): 605 - 609.

[61] Popplewell J, King S, Day J, et al. Kinetics of uptake and elimination of silicic acid by a human subject: a novel application of ^{32}Si and accelerator mass spectrometry [J]. Journal of Inorganic Biochemistry, 1998, 69(3): 177 - 180.

[62] Gong J, Li C, Wang W, et al. ^{32}Si AMS measurement with ΔE - Q3D method[J]. Nuclear Inst and Methods in Physics Research Section B, 2011, 269(23): 2745 - 2749.

[63] Nishiizumi K, Arnold J R, Elmore D, et al. Measurements of ^{36}Cl in Antarctic meteorites and Antarctic ice using a van de Graaff accelerator[J]. Earth and Planetary Science Letters, 1979, 45(2): 285 - 292.

[64] Iolin E M, Prokof'ev P T. IRT research reactor at the physics institute of the Academy of Sciences of the Latvian SSR[J]. Soviet Atomic Energy, 1988, 64(5): 408 - 415.

[65] Martschini M, Andersson P, Forstner O, et al. AMS of ^{36}Cl with the VERA 3MV tandem accelerator[J]. Nuclear Instruments and Methods in Physics Research Section B, 2013, 294(10): 115 - 120.

[66] Aze T, Matsuzaki H, Matsumura H, et al. Improvement of the ^{36}Cl - AMS system at MALT using a Monte Carlo ion-trajectory simulation in a gas-filled magnet[J]. Nuclear Instruments and Methods in Physics Research Section B, 2007, 259(1): 144 - 148.

[67] Miller J J, Hui S K, Jackson G S, et al. Calcium isolation from large-volume human urine samples for ^{41}Ca analysis by accelerator mass spectrometry[J]. Applied Radiation and Isotopes, 2013, 78: 57 - 61.

[68] Dong K, Lu L, He M, et al. Study on bone resorption behavior of osteoclast under drug effect using ^{41}Ca tracing[J]. Nuclear Instruments and Methods in Physics Research Section B, 2013, 294(2): 671 - 674.

[69] Reedy R C. Recent advances in studies of meteorites using cosmogenic radionuclides [J]. Nuclear Instruments and Methods in Physics Research Section B, 2004, 223 - 224: 587 - 590.

[70] Fink D, Middleton R, Klein J, et al. ^{41}Ca: Measurement by accelerator mass spectrometry and applications[J]. Nuclear Instruments and Methods in Physics Research Section B, 1990, 47(1): 79 - 96.

[71] Kubik P W, Elmore D. AMS of ^{41}Ca using the CaF_3 negative ion[J]. Radiocarbon, 1989, 31(3): 324 - 326.

[72] Gartenmann P, Schnabel C, Suter M, et al. ^{60}Fe measurements with an EN tandem accelerator[J]. Nuclear Instruments and Methods in Physics Research Section B, 1997, 123(1 - 4): 132 - 136.

[73] Zhang Y, He M, Wang F, et al. Developing the measurement of ^{60}Fe with AMS at CIAE[J]. Nuclear Instruments and Methods in Physics Research Section B, 2019, 438: 156 - 161.

[74] Vockenhuber C, Casacuberta N, Christl M, et al. Accelerator mass spectrometry of ^{129}I towards its lower limits[J]. Nuclear Instruments and Methods in Physics Research Section B, 2015, 361: 445 - 449.

[75] Fifield L K, Synal H A, Suter M. Accelerator mass spectrometry of plutonium at 300 kV[J]. Nuclear Instruments and Methods in Physics Research Section B, 2004, 223224: 802 - 806.

[76] Wacker L, Chamizo E, Fifield L K, et al. Measurement of actinides on a compact AMS system working at 300 kV[J]. Nuclear Instruments and Methods in Physics Research Section B, 2005, 240(1 - 2): 452 - 457.

[77] Suter M, Dbeli M, Grajcar M, et al. Advances in particle identification in AMS at low energies[J]. Nuclear Instruments and Methods in Physics Research Section B, 2007, 259(1): 165 - 172.

[78] Dbeli M, Kottler C, Stocker M, et al. Gas ionization chambers with silicon nitride windows for the detection and identification of low energy ions[J]. Nuclear Instruments and Methods in Physics Research Section B, 2004, 219(1): 415 - 419.

[79] Vockenhuber C, Alfimov V, Christl M, et al. The potential of He stripping in

heavy ion AMS[J]. Nuclear Instruments and Methods in Physics Research Section B, 2013, 294(10): 382 - 386.

[80] Christl M, Casacuberta N, Lachner J, et al. Status of ^{236}U analyses at ETH Zurich and the distribution of ^{236}U and ^{129}I in the North Sea in 2009 [J]. Nuclear Instruments and Methods in Physics Research Section B, 2015, 361: 510 - 516.

第 4 章
加速器质谱仪在核科学中的应用

加速器质谱仪技术以它独特的长寿命核素高灵敏测量能力使得其在核科学领域得到广泛应用[1-2]。国内外利用加速器质谱仪开展了在核物理、天体物理、核设施安全、核环境安全等领域的应用研究。

4.1 加速器质谱仪在核物理中的应用

基于加速器质谱仪测量长寿命放射性核素高灵敏度的特点，可以开展其他技术无法测量的一些长寿命放射性核素半衰期以及一些微小核反应截面，同时利用其高灵敏的特点可以在寻找超重核素等稀有事件中发挥独特的作用。

4.1.1 放射性核素半衰期测定

放射性核素半衰期是放射性核素的基本参数。根据放射性核素半衰期长短不同，可采用不同的测量方法。对于半衰期比较短的核素基本采用直接测量方法，而对于半衰期比较长的核素则需要采用间接测量方法。

1) 放射性核素半衰期直接测量法

在核物理学中，许多放射性同位素的半衰期(通常半衰期小于一年)可以采用衰变率随时间变化的函数关系来测定，这种方法不需要知道放射性同位素的原子个数，称为直接测量法。该方法利用核物理仪器直接测定放射性同位素的放射性强度随时间的减少量，适用于半衰期短、放射性强度大的同位素。

2) 放射性核素半衰期间接测量法

如果所测核素半衰期太长，在一定的测量时间内放射性核素的强度变化很小，难以用直接测量方法进行半衰期的测定。此时，测量长寿命放射性核素半衰期的有效方法就是基于以下关系式进行计算：

$$\frac{dN}{dt}=-\lambda N,\ \lambda=\frac{\ln 2}{T_{1/2}} \tag{4-1}$$

式中，$\frac{dN}{dt}$ 是放射性核素的活度；$T_{1/2}$ 为放射性核素的半衰期；N 为放射性核素的原子数。在测量了放射性核素的活度和原子数之后，就可以得到放射性核素的半衰期，这种方法为间接测量法。其中对于放射性核素的原子数可以利用质谱方法进行测量。

对于可以获得大量原子数目且足以克服稳定同量异位素本底干扰的情况，常采用普通质谱技术测定放射性同位素的原子数目，实现了许多长寿命放射性核素的半衰期测定。但是对于一些天然丰度小的长寿命放射性核素来说，利用普通质谱测量时有很强的本底干扰而无法准确测量放射性核素的原子数目。加速器质谱仪具有排除分子本底及同量异位素的能力，因而可以开展原子数目比较少的长寿命放射性核素半衰期的测量。

3) 加速器质谱仪测量放射性核素半衰期的基本过程

要实现半衰期的测定需要对放射性核素的活度和原子数进行测定。因此，利用加速器质谱仪测定放射性核素的半衰期的过程如下。

(1) 放射性核素的生产。选择合适的靶材料，通过加速器或反应堆生产要测量的放射性核素。

(2) 放射性核素的放化分离。利用放射化学技术将产生的放射性核素分离纯化，以排除其他放射性核素的干扰以及待测核素稳定同量异位素的干扰。分离纯化前，根据需要可以加入精确定量的待测核素的稳定同位素(N_C)作为载体，此载体将用于加速器质谱仪测量时的定量核素。然后将样品分为两份，一份用于放射性活度测定，一份用于加速器质谱仪测定。为了避免测量不确定度，需要确保样品分离后的化学纯度和放射性纯度。

(3) 放射性活度测定。将经过放化分离后的一份样品进行放射性活度测量。在此过程需要精确测量样品的质量，从而根据测量样品总的放射性活度得到每毫克样品中待测核素的放射性活度 A。

(4) 放射性核素原子数测定。利用加速器质谱仪方法对放射性核素与其稳定同位素比值进行绝对测定。加速器质谱仪测量中通常是利用标准样品对系统进行效率修正，而对于需要测量半衰期的放射性核素而言，由于此类核素没有标准样品，因此需要根据具体情况建立绝对测量技术。所谓绝对测量技术就是经过传输效率、探测效率等的修正后得到样品中的放射性核素与其稳定同位素的比值 R。由加速器质谱仪测量得到的 R 值即可换算得到每毫克样品中放射性核素的原子数目 N。

(5) 半衰期的计算　根据上面的测量结果，利用公式 $T_{1/2}=\frac{N\ln 2}{A}$ 即可推算得到核素的半衰期，其中 A 为每毫克样品中放射性活度，N 为每毫克样品中放射性核素的原子数目。

4) 国内外加速器质谱仪测量半衰期现状

基于加速器质谱仪测量长寿命放射性核素的高灵敏度特性，国际上利用加速器质谱仪方法相继开展了 ^{32}Si、^{41}Ca、^{44}Ti、^{60}Fe、^{79}Se、^{126}Sn 等长寿命放射性核素的半衰期测量。中国原子能科学研究院也基于加速器质谱仪技术开展了 ^{79}Se、^{32}Si 及 ^{151}Sm 半衰期的测量[3-4]。这些核素在不同的领域都有很重要的应用。如 ^{32}Si 是宇宙射线与大气中的氩散裂反应的产物，利用它可开展海洋、地下水和沉积物等方面的定年与示踪研究；^{79}Se 和 ^{126}Sn 可应用于环境和核废物储存等方面的研究；而 ^{44}Ti 和 ^{60}Fe 则是天体物理中非常重要的两个核素，宇宙射线与陨石中的一些重核的散裂反应形成 ^{44}Ti，利用 ^{44}Ti 可在几百年范围内对陨石的地球年龄进行测定，测量陨石中产生的 ^{44}Ti 的丰度可以推算近几百年宇宙射线注量率的变化。研究人员也利用加速器质谱仪方法测量到了在铁陨星中由宇宙射线产生的 ^{60}Fe，而且认为 ^{60}Fe 在行星的早期热源中可能扮演着一个重要的角色，其半衰期是一个关键数据[5]。

4.1.2　核反应截面测定

核反应截面测量是实验核物理的一个重要研究方向，它能揭示入射粒子和靶核的相互作用机制，有利于深化对核力和核结构的认识，是检验核理论的基本依据。此外，核截面数据也是核技术和核能利用的基础，特别是对核反应理论模型的建立和完善、聚变反应堆的设计、核数据库的建立以及核天体物理研究有着重要的意义。

1) 核反应截面的测量方法

核反应 X(a,b)Y(这里 b 是任何可能的出射粒子，包括 2n、3n、γ、α、p、d、t

和^{3}He等)的内容丰富,表现形式多样,因而核反应截面的测量方法也有各种不同的方法,但概括起来可分为两大类:一类是测量出射粒子的方法——直接测量法,另一类是测量反应剩余核的方法——质谱分析法(包括加速器质谱)。各种测量方法各有优缺点,往往是相辅相成的。

(1) 直接测量法。直接测量法就是通过对核反应中出射粒子测量来确定反应截面的方法。直接测量法可以得到出射粒子的能谱、角分布、角关联、微分截面和积分截面的数据,进而根据这些数据开展核反应机制和核结构模型的研究。多年来,通过直接测量法,各种带电粒子探测器得到充分发展,获得了大量的实验结果。

(2) 间接测量法。当核反应的产物核 Y 半衰期很长时,对产物核 Y 的直接测量工作是非常困难的,甚至是不可实现的,此时可用质谱分析方法对其产物核 Y 进行测定。加速器质谱是测量长寿命核素灵敏度最高的分析技术,因而可以开展微小截面测量。

2) 加速器质谱仪测量核反应截面的原理

加速器质谱仪测量核反应截面可由下式推算:

$$\sigma = \frac{N_{\mathrm{p}}}{N_{\mathrm{t}}\phi t} \tag{4-2}$$

式中,N_{t} 为靶核的原子数;N_{p} 为反应产物核原子数;ϕ 为辐照注量率;t 为照射时间。这是一个普遍公式。

由于产物核半衰期很长,同时靶核数目相对于照射所生成的放射性子核的数目而言大得多,故可认为子核数目没有衰变且靶核数目不变。只需通过加速器质谱仪准确测量子核与靶核的原子个数比 $\frac{N_{\mathrm{p}}}{N_{\mathrm{t}}}$,结合入射粒子在照射时间 t 内的总注量 ϕt,即可通过式(4-2)得到待测核反应截面。

另外,加速器质谱仪也可以开展不稳定核素的核反应截面的测量。例如,对于$^{58}Fe(n,\gamma)^{59}Fe(n,\gamma)^{60}Fe$ 反应,^{58}Fe 是稳定核素,^{59}Fe 是短寿命放射性核素,^{60}Fe 是长寿命放射性核素。此时,^{59}Fe 的(n,γ)截面测量工作难度很大,原因是这些核素半衰期较短且伴随着很大的放射性,样品处理起来很棘手,同时^{60}Fe 有同量异位素的干扰,测量很困难,无法对^{60}Fe 与^{59}Fe 的原子数之比准确定量。在这种情况下,可以选择对^{60}Fe 进行测量,再结合^{58}Fe、^{59}Fe 与^{60}Fe

之间的物理关系从而推导得到$^{59}Fe(n,\gamma)^{60}Fe$的核反应截面。

此方法基本原理如下：设N_{x-1}为^{58}Fe的原子个数，N_x为^{59}Fe的原子个数，N_{x+1}为^{60}Fe的原子个数，ϕ为中子注量率，σ_1为$^{58}Fe(n,\gamma)^{59}Fe$的反应截面，σ_2为$^{59}Fe(n,\gamma)^{60}Fe$的反应截面，λ为^{59}Fe的衰变常数，t为辐照时间。则有

$$\frac{dN_x}{dt}=N_{x-1}\phi\sigma_1-\lambda N_x-N_x\phi\sigma_2 \tag{4-3}$$

$$N_{x+1}=\int N_x\phi\sigma_2\,dt \tag{4-4}$$

根据式(4-3)与式(4-4)推导可得

$$\sigma_2=\frac{N_{x+1}}{N_{x-1}}\cdot\frac{\lambda^2}{\phi^2\sigma_1(\lambda t+e^{-\lambda t}-1)} \tag{4-5}$$

由式(4-5)可知，σ_2便是待测核反应截面。

需要注意的是：在$^{58}Fe(n,\gamma)^{59}Fe(n,\gamma)^{60}Fe$反应中，$^{58}Fe$为稳定核素，$^{59}Fe$为短寿命核素，$^{60}Fe$为长寿命核素，且$^{58}Fe(n,\gamma)^{59}Fe$的反应截面、$^{59}Fe$的半衰期均为已知量。(n，γ)级联反应满足以上条件时，此工作便可开展。$^{127}I(n,\gamma)^{128}I(n,\gamma)^{129}I$反应符合以上情况，因此，$^{128}I(n,\gamma)^{129}I$截面的测量同样适用于以上方法。

3) 加速器质谱仪测量核反应截面的基本过程

加速器质谱仪测量核反应截面的基本过程如下。

(1) 辐照靶的制备。根据不同的核反应条件，选取合适的靶材料，同时制备成适宜于辐照的样品形式和形状，并精确定量辐照靶中反应核素的原子数目N_t。

(2) 监督片的准备。为了准确测定辐照时粒子(中子、带电离子)注量率，需要选取合适的监督片对辐照时的粒子注量进行精确测定。

(3) 样品辐照。根据实际辐照条件将辐照靶和监督片一起进行辐照。辐照注量率的测定：辐照完成后，利用探测器(如HPGe)测量监督片产生的放射性核素的含量，并根据监督片放射性核素含量推算辐照粒子总注量ϕt；图4-1为在利用中子辐照样品时监督片钴被活化后测量得到的γ能谱图。通过活化产生的γ射线的强度推算入射中子的注量。

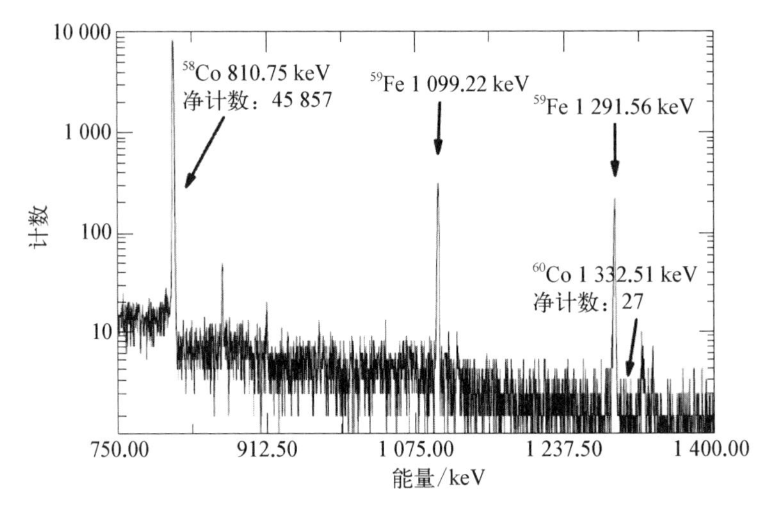

图 4-1　钴监督片的 γ 射线能谱图

(4) 辐照靶的放化分离。利用放射化学技术将产生的放射性核素分离纯化，以排除其他放射性核素的干扰以及待测核素稳定同量异位素的干扰。在分离纯化前，根据需要可以加入精确定量的待测核素的稳定同位素 N_C 作为载体，同时也作为加速器质谱仪测量时的定量核素。

(5) 核反应产物核原子数目测定。利用加速器质谱仪方法测定核反应产物核与其稳定同位素的比值 R。利用测定的比值结合所加载体量 N_C 即可得到产物核的原子数目 $N_p = N_C \cdot R$。

(6) 核反应截面的推算。根据测定的粒子注量 ϕt、核反应产物核的原子数目 N_p，即可利用上面的公式推算得到核反应截面。

需要指出的是，对于(n，γ)，(n，2n)，(n，3n)等类核反应，产物核和靶核是同种元素，此时公式可转换为 $\sigma = \dfrac{R}{\phi t}$，其中 R 为产物核与其稳定同位素的比值。此类核反应截面测量相对简单，不需要再加入载体，仅利用加速器质谱仪测定产物核与其稳定同位素靶核的比值 R，再结合辐照时的中子注量即可得到核反应截面。

4) 国内外加速器质谱仪测量截面现状

M. Paul 等[6]于 1980 年首次利用加速器质谱仪方法开展了核反应截面的测量工作。他们测量了在天体物理中有重要意义的 ^{26}Mg(p，n)^{26}Al 的反应截面，此工作的目的就是想解决天体物理中一个重要过程 ^{26}Al(n，p)^{26}Mg 的反应截面，由于 ^{26}Al 放射性同位素靶难以制备，因此就测量它的逆反应截面，再利用细致平衡原理得到$^{26}Mg(p,n)^{26}Al$的反应截面。随后奥地利的VERA－AMS实验室、德国国立慕尼黑工业大学加速器质谱仪实验室、美国LLNL等开展了大量加速器质谱仪测量核反应截面的工作。M. Paul和J. Niello分别测量了核天体物理中重要反应截面$^{1}H(^{12}C,\gamma)^{13}N$，离子源引出μA量级的$^{12}C$离子，加速器的剥离所用气体选用氢气，用加速器质谱仪方法测量$^{1}H(^{12}C,\gamma)^{13}N$反应产生的$^{13}N$。S. K. Hui等测量了由$^{40}Ca(\alpha,\gamma)$反应生成$^{44}Ti$的生成截面；H. Nassar等测量了$^{62}Ni(n,\gamma)^{63}Ni$的反应截面；M. S. Thomsen等借助加速器质谱仪装置利用活化法测量了放射性核素^{31}Si的(n,γ)反应截面；T. Nakamara等在东京大学的加速器质谱仪装置上测量了14～40 MeV能区准单能中子引起的$^{27}Al(n,2n)^{26}Al$的产生截面；Seiichi Shibata等测量了能量为12 GeV的质子照射下^{10}Be和^{26}Al的生成截面；A. Arazi等测量了$^{25}Mg(p,\gamma)^{26}Al$的截面；维也纳VERA实验室的A. Wallner等测量了对于诊断D－T聚变等离子体温度有重要意义的14 MeV中子能区的$^{27}Al(n,2n)^{26}Al$的产生截面。2008年A. Wallner等人开展了在恒星条件下的$^{9}Be(n,\gamma)^{10}Be$和$^{13}C(n,\gamma)^{14}C$核反应截面测量工作，实验给出在25 keV下的反应截面分别为(9.48±0.43)μb和(10.0±1.3)μb。2010年，VERA与CERN合作分别用加速器质谱仪和n－TOF离线和在线测量了重要核反应$^{54}Fe(n,\gamma)^{55}Fe$的反应截面，由于在加速器质谱仪测量中只需要测量^{55}Fe与^{54}Fe的原子个数比，误差来源只有加速器质谱仪测量和中子注量，^{55}Fe的加速器质谱仪测量结果的误差约为1%，其截面精度远好于采用n－TOF的测量结果。

国内也开展了用加速器质谱仪方法测量核反应截面的工作，中国原子能科学研究院何明、姜山等人[7-9]测量了$^{14}N(^{16}O,\alpha)^{26}Al$、$^{238}U(n,3n)^{236}U$、$^{60}Ni(n,2n)^{59}Ni$等反应截面，为相关研究提供了重要数据。北京大学刘联璠等测量了由$^{9}Be(d,p)^{10}Be$反应引起的^{10}Be的形成截面，赵镪先等开展了$^{27}Al(n,2n)^{26}Al$反应截面的测量工作。

加速器质谱仪方法测量的核反应截面需要样品量少(mg量级)，有极大优势，弥补了其他方法的不足，特别是在生成核为长寿命核和微小核反应截面测量中有着非常大的优势。目前国际上越来越多加速器质谱仪实验室开展核反应截面测量工作。表4－1列出了部分核反应截面的测量工作[10-13]。

表 4-1 用加速器质谱仪方法测量的核反应截面

核反应	参考文献	核反应	参考文献
$^{1}H(^{12}C,\gamma)^{13}N$	Paul M, et al. 1987 Niello J, et al. 2005	$^{31}Si(n,\gamma)^{32}Si$	Thomsen M S, et al. 1991
$^{9}Be(d,p)^{10}Be$	刘联璠,等. 1995	$^{31}Si(n,\gamma)^{32}Si$	Thomsen M S, et al. 1991
$^{9}Be(n,\gamma)^{10}Be$	Wallner A, et al. 2008.	$^{35}Cl(n,\gamma)^{36}Cl$	Azel T, et al. 2007
$^{13}C(n,\gamma)^{14}C$	Wallner A, et al. 2008 Shima T, et al. 1997	$^{36}Ar(n,p)^{36}Cl$	Kutschera W, et al. 1990 Jiang S S, et al. 1990
$^{14}N(^{16}O,\alpha)^{26}Al$	何明,姜山,等. 2005	$^{40}Ar(n;x)^{36}Cl$	Hugglea D, et al. 1996 Stan-Sionc C, et al. 2000
$^{16}O(n,x)^{14}C$	Kutschera W, et al. 1990	$^{40}Ca(\alpha,\gamma)^{44}Ti$	Paul M, et al. 2003
$^{16}O(p,x)^{10}Be$	Kutschera W, et al. 1990	$^{40}Ca(n,\gamma)^{41}Ca$	Dillmann I, et al. 2009
$^{24}Mg(^{3}He,p)^{26}Al$	Fitoussi C J, et al. 2008	$Ti(p,x)^{41}Ca$	Kutschera W, et al. 1990
$^{26}Mg(p,n)^{26}Al$	Paul M, et al. 1980	$^{54}Fe(p,x)^{26}Al$	Kutschera W, et al. 1990
$^{25}Mg(p,\gamma)^{26}Al$	Arazi A T. et al. 2002	$Fe(p,x)^{53}Mn$	Merchel S, et al. 2000
$^{27}Al(n,2n)^{26}Al$	Nakamara T, et al. 1991 Zhao Q X, et al. 1998	$Ni(p,x)^{53}Mn$	Merchel S, et al. 2000
$Al(p,x)^{10}Be,^{26}Al$	Shibata S, et al. 1993	$Ni(p,x)^{60}Fe$	Merchel S, et al. 2000
$Fe(p,x)^{10}Be,^{26}Al$	Shibata S, et al. 1993	$^{54}Fe(n,\gamma)^{55}Fe$	Coquard, et al. 2010
$Co(p,x)^{10}Be,^{26}Al$	Shibata S, et al. 1993	$^{58}Ni(n,\gamma)^{59}Ni$	Rugel G, et al. 2007
$Ni(p,x)^{10}Be,^{26}Al$	Shibata S, et al. 1993	$^{62}Ni(n,\gamma)^{63}Ni$	Nassar H, et al. 2005 Robertson D, et al. 2007
$Cu(p,x)^{10}Be,^{26}Al$	Shibata S, et al. 1993	$^{60}Ni(n,2n)^{59}Ni$	Wallner A, et al. 2007
$Zn(p,x)^{10}Be,^{26}Al$	Shibata S, et al. 1993	$^{78}Se(n,\gamma)^{79}Se$	Rugel G, et al. 2007
$Ag(p,x)^{10}Be,^{26}Al$	Shibata S, et al. 1993	$^{209}Bi(n,\gamma)^{210}Bi$	Stan-Sion C, et al. 2007
$Au(p,x)^{10}Be,^{26}Al$	Shibata S, et al. 1993	$^{60}Ni(n,2n)^{59}Ni$	He M, et al. 2015

4.1.3　超重元素研究

除了在放射性核素半衰期和核反应截面测量方面的应用外，基于加速器质谱仪极高的测量灵敏度，在一些稀有事件的研究中加速器质谱仪也能发挥重要作用，从而推动相关学科发展。这对研究自然界中超重元素极具代表意义。

1）超重元素

1955 年 8 月在日内瓦举行的和平利用原子能的国际会议上，J. A. Wheeler 最早提出了自然界存在超重核的可能性。在原子序数 Z 为 110～114 范围内存在“稳定岛”的观点引发了大量实验去寻找稳定的或者长寿命的超重元素。总体来讲，还没有确切的证据能证明在 $Z=114$ 附近有稳定的或者长寿命的元素存在。通过核反应产生超重元素是寻找超重元素的一种方法，另一种方法则是在自然界中寻找超重元素。关于自然界超重核是否合成过在物理学界一直存在争议。倘若太阳系形成时就有超重核生成，那么其稳定性如何？现今自然界是否尚有超重核存在？关于其稳定性，理论上一般认为超重核是衰变核，现在自然界存在与否取决于最初生成时的量及其半衰期。假如超重核生成后，由于物理化学性质与其同族元素具有相似性，一直以共生方式存在，假定其生成时与共生矿元素的数量比为 $1:10^2$ 至 $1:10^5$，太阳系的年龄约 46 亿年，如果其半衰期为 10^8 年，则可算得现存超重核与其共生矿的数量比约为 $1.42\times10^{-16}\sim10^{-19}$，可见即使目前具有最高灵敏度的加速器质谱仪（约 10^{-16}）也难以测量。因此，若超重核存在于自然界，当其半衰期大于 10^8 年，通过选择合适的矿物和运用适当的探测方法有可能探测到。目前就灵敏度而言，加速器质谱仪无疑是自然界寻找超重核的首选。

2）加速器质谱仪测量自然界超重核的基本过程

要开展加速器质谱仪对自然界中可能存在的超重元素测量，需要经过样品选择与制备、加速器质谱仪系统的传输与超重核素的测量和鉴别等，具体过程如下。

（1）样品选取与制备。选取可能有超重核素的矿石，如果矿石的品质较高可以不用制样直接压入离子源即可（避免化学过程造成超重核素丢失）。而对于含量较低的样品可采用与预期超重核素化学性质类似的元素作为载体，经化学分离即可装入离子源。

（2）超重核素的加速器质谱仪系统传输。对于超重核素的加速器质谱仪系统传输，一般需要利用稳定核素模拟传输的方法来实现超重核素的加速器质谱仪系统传输。

将待测核素负离子从离子源引出，利用质量数与待测核素相同或相近的分子离子来估计待测超重核的注入磁场值，然后将预期的超重核素经注入磁铁选择后注入加速器，在加速器的高压端有剥离膜或剥离气体，分子离子被完全瓦解并将可能的超重核素剥离成各种价态的正离子(此过程是测量超重核素的关键，它可有效排除虚假的超重核素)，正离子再次被加速。利用与待测超重核有相同或相近电刚度、磁刚度的离子来模拟超重核的传输参数，最后将需要测量的超重核素送入最后的探测系统。

以超重核^{299}Fl 为例说明其测量过程。利用 $NbTe_2^-$(质量数为 93+128+130=351)来刻度 FlF_3^-(质量数为 299+57=356)的注入磁场，经过加速器中端剥离器后，选择$^{128}Te^{3+}$ $\left(\frac{M}{q}=42.67\right)$来模拟$^{299}Fl^{7+}$ $\left(\frac{M}{q}=42.71\right)$的光路，两者光路极为相近，测量时根据理论计算稍做改动即可。

(3) 超重核素测量。由于超重核素的含量极其稀少，为了避免偶然因素造成的虚假信息，往往需要多参数测量技术以避免偶然因素的影响。目前利用离子能量和飞行时间双参数测量是实现超重核素质量鉴别的重要方法。因此对于超重核素的测量需要对其能量和飞行时间进行测定。如图 4-2 是奥地利维也纳的 VERA-AMS 实验室测量质量数分别为 293 和 295 的离子能量和飞行时间二维谱。

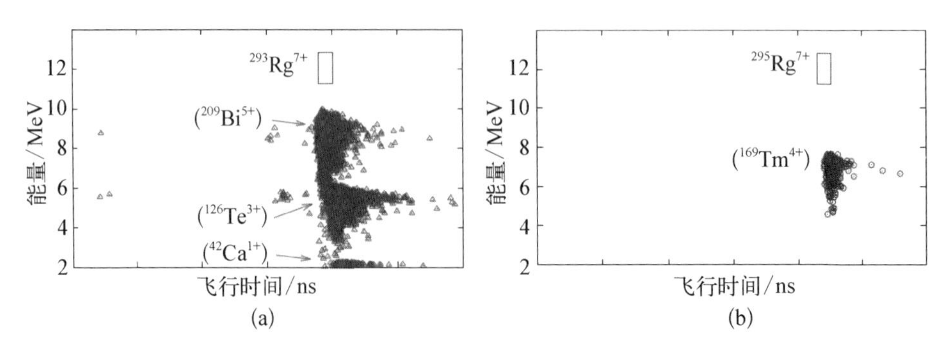

图 4-2　测量质量数为 293 和 295 超重核素的飞行时间与能量二维谱

(a) 质量数 293;(b) 质量数 295

3) 利用加速器质谱仪寻找超重核现状

第一个利用加速器质谱仪开展寻找自然界中超重核方面研究工作的是在独居石中寻找超重元素[14]，由于当时的设备比较简陋，技术不够完善，初步得到了在独居石中质量数在 $345 < A < 355$ 范围内的超重元素的含量低于

10^{-10}。随后较为系统的工作是利用 Pennsylvania 大学的加速器质谱仪寻找自然界中 $Z=110$，$A=294$ 的超重核素[15]。当时有人估算^{294}110 与铂(Pt)的原始比值在 0.02～0.06 范围内，受到此估算的鼓励，Pennsylvania 大学的串列加速器对天然铂金中^{294}110 的含量进行了测量，得到铂中质量数为 294 的超重核素的含量上限为 10^{-11}。测量结果远低于预期值，可能的原因是此核素的半衰期小于 10^{8} a，或者此核素在铂中的原始含量远小于 0.01。

近年来，随着加速器质谱仪技术的不断发展，目前其探测下限最低可达 10^{-16}。在此条件下，奥地利维也纳环境研究实验室(VERA)开展了系列测量工作。他们利用加速器质谱仪在自然界中寻找长寿命的 111 号元素轮(Rg)，也在自然界的铂、铅和铋中寻找质量数为 288～300 的相应超重核 Ds、Fl 及 115 号元素 Eka-Bi 的各种同位素，其探测上限分别为 2×10^{-15}、5×10^{-14} 及 5×10^{-13}[16-17]。德国慕尼黑工业大学的 P. Ludwig 等[18]在锇矿、粗铂、氟化铅中寻找质量数为 292～310 的超重核，给出的探测上限为 10^{-16}～10^{-14}。这两家实验室超重核测量的部分数据见表 4-2 及表 4-3。中国原子能科学研究院利用化学富集方法开展了铅矿中超重核素的测量工作，得到在铅中超重核素^{298}Fl 的探测上限为 5.0×10^{-15}。

表 4-2　奥地利维也纳 VERA 实验室寻找超重核的结果

样　品	所寻超重核及其质量数	超重核与样品质量比	探测上限(原子质量之比)
金矿	^{261}Rg	^{261}Rg/^{197}Au	$<3\times10^{-16}$
金矿	^{265}Rg	^{265}Rg/^{197}Au	$<3\times10^{-16}$
金矿	^{289}Rg	^{289}Rg/^{197}Au	$<7\times10^{-16}$
金矿	^{290}Rg	^{290}Rg/^{197}Au	$<7\times10^{-16}$
金矿	^{291}Rg	^{291}Rg/^{197}Au	$3\times10^{-16}\sim3\times10^{-15}$
金矿	^{292}Rg	^{292}Rg/^{197}Au	$<5\times10^{-16}$
金矿	^{293}Rg	^{293}Rg/^{197}Au	$<5\times10^{-16}$
金矿	^{294}Rg	^{294}Rg/^{197}Au	$1\times10^{-15}\sim4\times10^{-15}$
金矿	^{295}Rg	^{295}Rg/^{197}Au	$<5\times10^{-16}$
金矿	^{296}Rg	^{296}Rg/^{197}Au	$<5\times10^{-16}$
铂矿	^{288}Ds	^{288}Ds/Pt	$<2\times10^{-15}$

（续表）

样 品	所寻超重核及其质量数	超重核与样品质量比	探测上限（原子质量之比）
铂矿	^{289}Ds	$^{289}Ds/Pt$	$<2\times10^{-15}$
铂矿	^{290}Ds	$^{290}Ds/Pt$	$<2\times10^{-15}$
铂矿	^{291}Ds	$^{291}Ds/Pt$	$<2\times10^{-15}$
铂矿	^{292}Ds	$^{292}Ds/Pt$	$<9\times10^{-16}$
铂矿	^{293}Ds	$^{293}Ds/Pt$	$<9\times10^{-16}$
铂矿	^{294}Ds	$^{294}Ds/Pt$	$<9\times10^{-16}$
铂矿	^{295}Ds	$^{295}Ds/Pt$	$<9\times10^{-16}$

表 4-3　德国莱布尼茨实验室寻找超重核的结果

样 品	所寻超重核及其质量数	超重核与样品质量比	探测上限（原子质量之比）
锇矿	^{292}Hs	$^{292}Hs/Os$	2.0×10^{-15}
铂矿	^{292}X	$^{292}X/Pt$ 原矿	9.4×10^{-16}
铂矿	^{293}Mt	$^{293}Mt/Ir$	3.6×10^{-14}
铂矿	^{293}X	$^{293}X/Pt$ 原矿	2.4×10^{-16}
铂矿	^{294}Ds	$^{294}Ds/Pt$	2.7×10^{-15}
铂矿	^{294}X	$^{294}X/Pt$ 原矿	2.6×10^{-16}
铂矿	^{295}Rg	$^{295}Rg/Au$	4.1×10^{-14}
铂矿	^{295}X	$^{295}X/Pt$ 原矿	1.5×10^{-16}
铂矿	^{297}X	$^{297}X/Pt$ 原矿	9.9×10^{-16}
PbF_2	^{298}Fl	$^{298}Fl/Pb$	1.8×10^{-14}
铂矿	^{299}X	$^{299}X/Pt$ 原矿	3.2×10^{-15}
铂矿	^{300}X	$^{300}X/Pt$ 原矿	1.6×10^{-15}
铂矿	^{301}X	$^{301}X/Pt$ 原矿	4.9×10^{-15}
铂矿	^{302}X	$^{302}X/Pt$ 原矿	1.2×10^{-15}

4.2　加速器质谱仪技术在核天体物理中的应用

核天体物理学是一个值得深入研究的科学领域，核天体条件下的核合成数据将有助于我们理解特殊事件比如大爆炸、恒星演化和超新星(SN)爆炸等，也有助于洞察太阳系的形成。因此开展长寿命放射性核素生成率数据的测量对于理解和计算各种核合成过程是非常重要的。此外，对超新星产生的放射性核素的研究将给超新星爆炸场景提供更加全面的信息。加速器质谱仪是开展长寿命核素最有效的技术手段，它在核天理物理方面发挥着越来越重要的作用。

4.2.1　天体核合成

加速器质谱仪在天体核合成方面的应用主要是对以前天体事件合成的特定核素进行测定以及利用加速器质谱仪对天体核合成过程中的关键核反应截面进行测定等，通过这些研究可为特殊天体事件研究和解释相关天体现象提供重要数据。

1）地球上寻找超新星产物核

在1990年有科学家就指出在地球一些物质中可以寻找超新星爆发时合成的长寿命放射性核素，并确定了几个候选的长寿命发射性核素，其中^{26}Al、^{53}Mn、^{60}Fe、^{146}Sm、^{182}Hf和^{244}Pu的生产量足以在地球上检测到。这些被抛射到星际介质中的放射性同位素在太阳系经过这样一个区域时可能被太阳系所吸收，并且这些核素最终会合并到陆地材料中，如沉积物或冰芯。这种放射性核素的含量极低，要求非常灵敏的检测方法。加速器质谱仪是目前唯一能够测量这种超低同位素比值的分析技术。因此国际上开展了利用加速器质谱仪在海洋沉积物中寻找超新星合成长寿命放射性核素的研究工作。2004年Knie等[19]在深海锰介壳剖面测量中发现了^{60}Fe。随后Wallner等[20]开展了系列研究，对不同大洋中的锰结核及海洋沉积物中^{60}Fe的深度分布进行了系统研究，测量结果如图4-3所示。结果表明，在距今1.5～3.2 Ma和6.5～8.7 Ma前在距地球约326光年距离内有两次超新星和大质量星爆发事件。

除了^{60}Fe测量外，国际上也在开展利用^{244}Pu开展超新星合成核素的寻找研究。目前奥地利、德国等加速器质谱仪实验室在开展与超新星合成^{244}Pu的

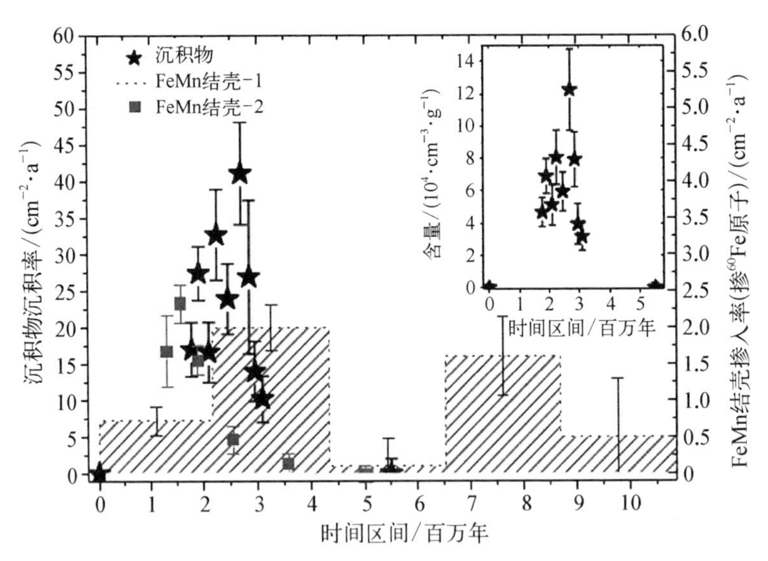

图 4-3　海洋沉积物和锰介壳中^{60}Fe 含量分布与沉积年代的关系

测量研究。奥地利在探索利用 3 MV 串列加速器质谱仪开展^{244}Pu 高灵敏测量技术。德国的慕尼黑加速器质谱仪实验室使用 14 MV 串列加速器质谱仪系统开展了深海锰结核中^{244}Pu 的测量，他们在深海锰结壳的首次测量中，在无干扰本底的条件下测量得到了^{244}Pu 的单个计数。一个独立的实验也在深海锰介壳中测量得到了一个^{244}Pu 计数。由于^{244}Pu 的引出效率低，在加速器质谱仪系统的传输效率也小，因此开展超新星合成的^{244}Pu 相关研究存在着较大难度[21-22]。

总之，利用加速器质谱仪可以开展以前超新星爆发产生的长寿命核素测量，基于这些核素的测量可以开展超新星方面的研究工作。

2) 天体核合成截面测量方面的应用

国际上已开展了大量的利用加速器质谱仪进行天体核合成截面方面应用的工作。天体中目前仍能观察到的放射性核素为天体中持续的核合成提供了直接证据。例如，^{26}Al 和^{44}Ti 是目前在天体中仍然可以观察到的放射性核素，说明它们目前仍在不断合成中。开展天体温度下^{26}Al 和^{44}Ti 合成截面将为研究天体演化提供关键数据。目前已开展了天体温度下^{26}Al 和^{44}Ti 合成截面的加速器质谱仪测量工作[7,23,24]。此外，利用加速器质谱仪开展星际温度下一些关键核素的中子俘获截面测量也对核天体物理研究至关紧要，国际上也开展了大量的研究工作。这些反应在控制慢中子俘获核合成过程形成路径中起着重要作用。如^{58}Ni(n，γ)^{59}Ni，^{62}Ni(n，γ)^{63}Ni，^{78}Se(n，γ)^{79}Se 等都是慢中子俘获过程中的重要核反应，开展其在天体温度下的核反应截面测量将对星际核合成与演化提供重要数据[12,25]。总之，随着加速器质谱仪技术的不断发展，应用加速器质谱仪开展天体物理方面的工作会越来越多。

4.2.2　宇宙射线研究

宇宙空间存在着许多能量范围很宽的高能粒子——宇宙射线。这些粒子少部分(<2%)是由电子和正电子组成，其余的是来自太阳和银河系的核素。宇宙射线与陨星、月球岩石及地球的一些物质反应产生一些放射性或者稳定核素，称为宇宙成因核素。宇宙成因核素的产额及分布与宇宙线的组成、通量、能谱及时空变化有关，也与受照射物体的化学组成、大小、几何形态、运行轨道及取样深度有关。这些核素的含量除了与宇宙射线的流强有关外，还与这些物质所经历的侵蚀、碎裂、轨道改变和气候改变(在地球上)等因素有关。宇宙射线的历史就由这些产生的宇宙成因核素所记录。加速器质谱仪应用于宇宙射线的研究则集中于宇宙射线成因核素，如^{10}Be、^{14}C、^{26}Al、^{36}Cl、^{41}Ca和^{129}I等。目前有大量的加速器质谱仪的工作是关于测量宇宙射线成因核素在陨石、月球样品、冰芯和海洋沉积物等样品中的含量及分布，这些测量将可为宇宙射线的长期变化提供数据。在地球上通过极地冰芯或海洋沉积物中宇宙射线成因核素的测量就可以得到宇宙射线强度随时间的变化关系。如^{10}Be由宇宙射线与大气中的氧、氮元素反应产生，它们在大气中产生并且很快沉积到地球表面，通过测量极地冰芯中连续冰层中^{10}Be的含量就可以反映出宇宙射线强度的变化。

^{14}C也是研究宇宙射线的重要核素，大气中的^{14}C是宇宙射线与大气中的氮元素发生核反应产生的，树的年轮中的^{14}C含量的变化则很好地记录了宇宙射线强度的年度变化。一个有趣的事例是发现在公元 774—775 年间全球树的年轮中^{14}C含量突然提高 1.2%，此数据是太阳模型贡献值的 20 倍以上，明显反映出在此阶段宇宙射线强度突然增加，这肯定与某一天体事件相关联[26]。随后研究者发现在公元 993—994 年又出现了一次^{14}C快速升高事件[27](见图 4-4)，而且通过对比南极冰芯中^{10}Be的测量结果，也表明^{14}C的这两次事件与冰芯中^{10}Be含量的峰值密切对应，也说明^{14}C和^{10}Be的升高是同一个天体事件引起的。目前认为是太阳耀斑产生了大量的太阳宇宙射线，从而在大气中很快产生了大量^{14}C，^{14}C被植物吸收从而引起年轮中^{14}C快速升高。

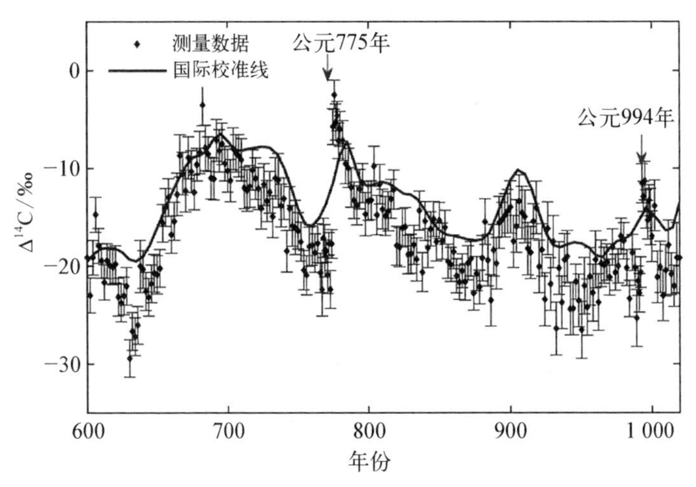

图 4-4 树木年轮中 $\Delta^{14}C$ 随时间的变化

4.2.3 太阳中微子探测

中微子是轻子的一种,是组成自然界最基本的粒子之一,常用符号 ν 表示。中微子不带电,自旋为$\frac{1}{2}$,质量非常轻(有的小于电子的百万分之一),以接近光速运动。中微子与物质的相互作用极其微弱,其穿透能力超强,是独一无二的研究天体内部的探针。中微子天文学刚刚兴起,将在太阳物理、地球物理、超新星爆发、宇宙起源、宇宙线起源等方面有所应用。南极“冰立方”实验发现来自宇宙的极高能中微子,有可能解决宇宙线起源的百年之谜[28]。

太阳中微子的探测对于了解恒星物理非常重要。关于太阳中微子的丢失之谜已有很多文献对其进行了阐述[29]。加速器质谱仪在太阳中微子探测方面的应用主要是通过测量太阳中微子与地球上的一些物质相互作用产生的长寿命放射性核素的原子数和已知的反应截面,得到太阳中微子强度信息。目前主要有以下几种反应产生的放射性核素适合用加速器质谱仪测量:$^{41}K(\nu, e^-)^{41}Ca$,$^{98}Mo(\nu, e^-)^{98}Tc$,$^{205}Tl(\nu, e^-)^{205}Pb$,$^{7}Li(\nu, e^-)^{7}Be$。

下面就$^{41}K(\nu, e^-)^{41}Ca$ 反应产生的^{41}Ca 的原子数目及可行性进行讨论。对于$^{41}K(\nu, e^-)^{41}Ca$ 来说,此反应只对^{8}B 中微子灵敏,按照标准太阳模型,^{8}B 中微子的束流强度为 $5.8\times10^{6}/(cm^{2}\cdot s)$,反应的截面为$(1.45\pm0.05)\times10^{-42}\ cm^{2}$[23]。由此,$^{41}K$ 的俘获率为 8.4×0.3 SNU(SNU 为每秒每个靶原子对中微子的捕获率,为 10^{-36})。^{41}Ca 的半衰期为 1×10^{5} a,那么在它的 3 个半衰期内 0.5 t 的 KCl 矿(^{41}K 的丰度为 6.8%)将产生大约 10^{5} 个^{41}Ca 原

子。在研究由中微子产生的^{41}Ca的时候还必须考虑^{41}Ca的其他来源，而且还必须排除^{41}Ca的其他来源。^{41}Ca的其他来源主要是由宇宙射线与物质反应产生以及铀、钍等衰变时发出的中子等与其他物质反应产生。如果钾矿被埋在1 500 m深的地下，宇宙射线对于^{41}Ca丰度的贡献只有0.77 SNU，而且在此地区如果铀和钍的含量分别小于2.2×10^{-9} g/g和3.5×10^{-9} g/g，钙在矿中的含量为0.1%（此假定在一些矿中是能够满足的），那么通过$^{40}Ca(n,\gamma)^{41}Ca$和$^{41}K(p,n)^{41}Ca$反应产生的^{41}Ca的原子数小于10^4个原子。由此从0.5 t KCl矿中将会提取出500 g的天然钙，而加速器质谱仪测量的样品量一般小于50 mg，需要采用预富集的方法排除10^4倍的天然稳定钙。此时^{41}Ca与天然稳定钙^{40}Ca的原子数之比大约为10^{-15}，而目前测量^{41}Ca的灵敏度已经达到10^{-15}，因此，利用加速器质谱仪开展太阳中微子方面的研究工作也是可能的。

4.3　加速器质谱仪在核安全方面的应用

一些长寿命放射性核素是核设施运行、核材料生产过程中排放的重要指示剂核素，通过对这些核素的测定可开展核设施对环境的影响、核事故应急分析、核设施退役、核材料生产及核查方面的应用研究。

4.3.1　核设施流出物监测

核设施在运行过程中会产生一些长寿命的放射性核素，这些放射性核素以气体、液体或固体等形式排放出来，通过对这些流出物中典型放射性核素进行测定可以对核设施的安全运行、核设施对环境的长期影响等进行研究。

1) 加速器质谱仪对^{3}H的监测

氚(^{3}H)是氢的放射性同位素之一，可发生β衰变，其半衰期为12.43 a。环境中的氚有天然和人工两种来源。天然的氚是通过宇宙射线在地球高层大气中同氧、氮的核反应所产生的；而人工氚源主要包括大气核试验、核电站和核设施。目前与天然氚源相比，人工源中来自核电站和核设施的氚更多。

高温气冷堆是我国自主研发的第四代核电技术，采用全陶瓷包覆颗粒燃料组件，以耐高温的石墨作为慢化剂和堆芯结构材料，选择化学惰性的氦气作为冷却剂。然而在高温下氚具有很强的穿透金属壁的能力，是高温气冷堆中唯一一种能从一回路通过换热器渗透到二回路的放射性核素，也是反应堆一回路中主要污染源之一。氚的渗透会污染回路设备，严重影响设备材料的使用性能，影响环境的安全。因此氚的监测与控制十分重要。

核电站和核设施产生的氚在环境中主要以氚化氢(HT)、氚化水(HTO)和有机结合氚(OBT)的形式存在，OBT 又可以分成可交换性有机结合氚(E-OBT)和不可交换性有机结合氚(NE-OBT)。NE-OBT 在生物体内的半排期比 E-OBT、HTO 和 HT 都长，对生物体的危害最大；且 NE-OBT 产生之后比较稳定，能够用于追溯人工氚源的初始量，因此，NE-OBT 的准确测定是目前氚监测的重点之一[30]。在此之前最常用的测量 NE-OBT 的方法是液体闪烁计数法，此种方法所需的样品量较大，所需的时间也较长。

但是在对于人工氚源的辐射监测中，很多情况仅能取得少量样品，不能满足液闪测量的要求。加速器质谱仅需要毫克级别的样品，这使得环境氚监测的取样范围更为广泛，对氚在环境中的迁移转化的研究更为全面。随着环境中氚监测的发展，加速器质谱仪成为高精度测氚必不可少的方法。

1990 年美国宾夕法尼亚大学的 Middleton 等人[31]引入串列加速器对氚进行加速器质谱测量，将样品制成氢化钛粉末样品，使用负离子源对样品进行激发，产生离子。这大大减小了样品之间的交叉污染，并且消除了^{3}He 的干扰，使得测量的同位素丰度灵敏度达到 10^{-15}。在用加速器质谱仪测量氚时，目前普遍采用的制作氚样品的方法是美国 LLNL 国家实验室制备氢化钛样品的两步法制样技术[32]。两步法制样的过程是先将有机样品用氧化铜氧化，经过燃烧后形成水和二氧化碳，生成的水在真空系统中转移到特定的玻璃反应管中，与锌粒发生还原反应生成氢气，以上生成的氢气再继续与钛粉反应生成氢化钛。这种方法仅需要能生成 2 mg 左右水的有机样品，制备出的样品性质稳定，测量时不会产生交叉污染，因而得到广泛推广。如今，仅需要几十毫克的有机样品和小型加速器就可以对^{3}H/H 原子数比值为 10^{-15} 量级的样品进行测量，这使得加速器质谱测氚可以广泛应用于各个领域。中国原子能科学研究院成功研发了利用 200 kV 的单极静电加速器质谱仪系统测量^{3}H 的技术，测量灵敏度达到 10^{-15}。

核电站周围的氚历史数据对监测氚的排放有着十分重要的作用。加速器质谱法能简单重构环境氚活度的变化规律，在核设施氚释放数据不全的情况下，可通过测定植物年轮中的 NE-OBT 的活动重构核设施氚释放数据，从而了解核设施的历史运行情况。

图 4－5 为使用加速器质谱仪测量美国劳伦斯伯克利国家实验室内氚标记实验室周围一个位置桉树的年轮中 1975—2000 年的有机结合氚的含量，对该核设施在这 26 年中的氚释放情况进行了重构，补足了氚历史数据[33]。

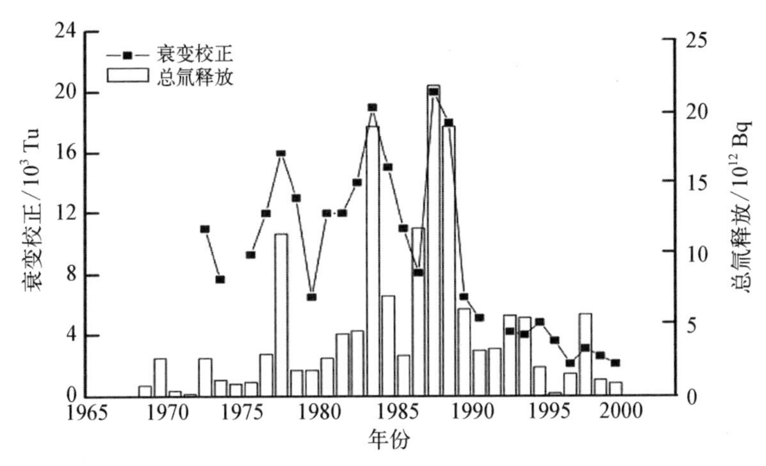

图 4－5　桉树年轮中的 OBT 含量与核设施年气态排放氚量对比

注：纵坐标中 Tu 指氚单位，表示氚的含量，1 Tu＝10^{-18}（$^3H/H$ 原子数比）

由于早期实验条件的限制，我国很多核电站的历史氚数据存在不足和缺失，应用加速器质谱对核电站周围的树木进行测量，可以对这些数据进行补足和完善，有助于更全面了解和掌控中国核电站的运行。

除此之外，通过测量氚的数据，加速器质谱仪可以提供准确的污染物排放的早期预警，以便评估放射性废物隔离设施的长期性能以及采取补救措施。加速器质谱仪还具有基于氚沉积精确测量来提供放射性剂量信息的能力。

2）加速器质谱仪对 ^{14}C 的监测

核电站正常运行时会产生 ^{14}C（半衰期为 5 730 a），这些 ^{14}C 是由裂变中子与反应堆材料（燃料、覆盖层、慢化剂、冷却剂等）中的氮、氢、氧反应生成。在反应堆运行过程中，产生的 ^{14}C 主要以气态的形式排放到环境中。另外核电站乏燃料处理时，焚烧炉中石墨基体和碳化硅的燃烧过程将放出大量 CO_2 气体，其中 ^{14}C 含量最高。

虽然核电站排放的 ^{14}C 相对于自然界 ^{14}C 的产量（1 400 TBq/a）和大气层核试验产生的 ^{14}C（在 1963 年使得大气中的 ^{14}C 比活度翻倍）要低得多，但从长期看，核电站排放的 ^{14}C 有可能导致大气中的 ^{14}C 浓度局部升高。因为碳是重要的生命元素，而放射性^{14}C能通过光合作用进入生物圈，导致核电站附近的植被和生物体(包括人)内的^{14}C比活度增加[34]。从辐射防护与环境保护的角度来说，研究核电站附近的^{14}C水平与分布具有重要的意义。

因此，^{14}C是辐射环境安全评价中最重要的核素之一。加速器质谱仪是测量^{14}C最有效的分析手段，它对于^{14}C的测量具有测量灵敏度高、测量精度高、样品用量少的优点。利用加速器质谱仪可开展核设施周围气体流出物、液体流出物的检测，同时也可以通过测定核电站周围大树年轮中^{14}C的含量对过去几十年来核设施的排放及其对环境的影响进行系统研究。研究发现，正常运行情况下，核电站排放的气态^{14}C污染物的影响半径一般为几千米，具体取决于反应堆堆型及当地的地理和气象条件。通过核设施附近环境样品的采集和分析，利用加速器质谱仪能够得到核设施排放的^{14}C在大气环境、水环境、植被环境的空间分布，也能得到核设施运行以来历年对环境影响的时间分布，最后还可以得到外围公众所受剂量的估算值，对^{14}C的监测有着十分重要的作用。

图4-6为距福岛核电站西南1 km(Okuma)和35 km(Iwaki)地方采集的木头年轮中^{14}C含量随时间的变化。同时图中也给出了大气中^{14}C含量随时间变化的全球环境本底值作为比较。可以看出核电站开始运行后在距离福岛核电站35 km的Iwaki地区中^{14}C的活度和全球本底值一致，说明在35 km处核电站产生的^{14}C对这里没有影响，而在距离核电站1 km的地方树木年轮中^{14}C活度明显高于距离35 km的地方，但在2011年核电站事故后，随着核电站停止运行，^{14}C的活度又回到了全球环境本底值。此外，在年轮中可以看出^{14}C的

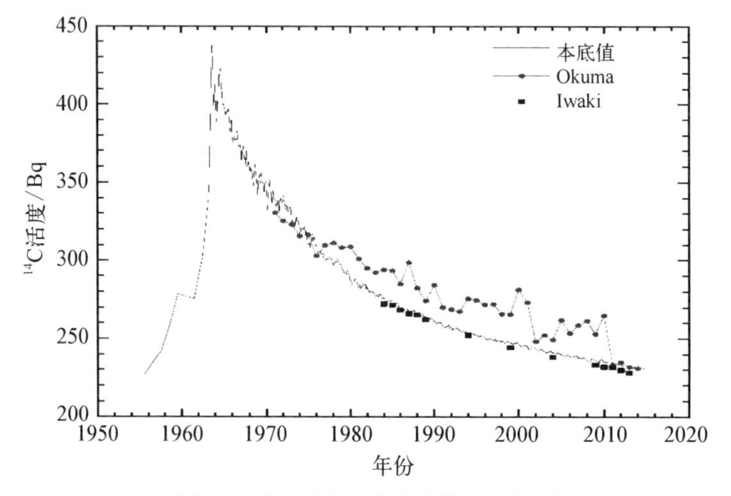

图4-6 福岛核电站周边树木年轮中^{14}C含量随年代的变化

活度随着不同年份有所变化，这些变化与核电站的运营情况密切相关。由此可以看出通过核电站周围树木年轮中的^{14}C不仅可以研究其对环境的影响，也可以对其运营情况进行研究。

3）加速器质谱仪对^{129}I的监测

碘是自然界中广泛存在于水圈、岩石圈、生物圈和大气圈中的微量元素。碘的化学性质活泼，易溶于水。碘元素共有37种同位素，大多数为短寿命放射性同位素（<1 d），而^{129}I是唯一天然生成的长寿命放射性碘同位素，半衰期达1.57×10^{7} a。由于其极长的半衰期以及碘元素高水溶性和活泼的化学性质，^{129}I可作为一种良好的环境示踪剂。

天然^{129}I主要由宇宙射线与大气层中的氙发生散裂反应、地壳中^{238}U自发裂变和^{235}U热中子诱发裂变及碲的中子俘获反应生成。其中，宇宙成因和^{238}U自发裂变生成的^{129}I被认为是地球表层库中天然^{129}I的主要来源，并且两者的贡献基本相当。自然界中天然^{129}I总储量约为5×10^{4} kg，其中约99%储存于地壳和海洋沉积物中，仅有250 kg存在于地球表面的水圈、岩石圈和大气圈中，而其中约有140 kg存在于水圈中。

20世纪40年代以来，人类核活动向环境释放了大量的^{129}I，使环境中的^{129}I水平远高于天然水平。人类核活动产生的^{129}I主要通过^{235}U和^{239}Pu经过裂变反应产生，由核燃料后处理厂、核武器试验、核事故以及核反应堆运行中的泄漏排放等四种途径释放于环境中。人工^{129}I的大量释放使环境中^{129}I的水平大幅度升高，具有明显的空间分布规律，并且随排放时间呈现明显的变化趋势。

近年来我国核能发展迅速，越来越多的核电站投入使用，我国首座动力堆乏燃料后处理中试厂也已投入使用，且计划建立大容量核燃料后处理厂，这将导致我国环境^{129}I水平的持续上升。研究^{129}I的环境水平和行为，不但对于评价核设施的环境安全非常重要，而且对于评价其长期环境和健康影响非常关键。

加速器质谱仪是目前^{129}I测量灵敏度最高的分析技术，因此可利用加速器质谱仪开展核电站气体和液态流出物中^{129}I的监测，同时也可以利用加速器质谱仪开展核设施周围环境（大气、河流、土壤、植物）中^{129}I的分布研究。近年来，人工^{129}I的环境示踪得到广泛应用[35-36]，取得了一系列成果。

4.3.2　核应急

在核事故中通过测量一些放射性核素对核事故进行研究，除了利用短寿命放射性核素进行测量外，利用一些长寿命放射性核素如^{3}H、^{14}C、^{36}Cl、^{129}I等在核事故应急中也能发挥独特作用。

作为^{235}U和^{239}Pu的挥发性裂变产物，^{129}I由于裂变产额高，寿命长，在核事故中会与其他挥发性裂变和活化产物一起释放到环境中，包括^{131}I、^{132}I和^{133}I以及其他挥发性放射性核素如^{137}Cs、^{134}Cs。在所有释放的核素中，^{131}I具有较高的裂变产额(2.83%)，并且碘能够在人体内(甲状腺)高度富集，以^{131}I的辐射危害最为显著。而^{131}I的半衰期只有8 d，很快会衰变殆尽，难以进行完整的跟踪监测。由于^{129}I和^{131}I具有相同的生成路径和环境化学行为，因此可用^{129}I的分析来重建核事故发生时环境^{131}I水平以及辐射影响等[37-38]。

目前国际上很多国家已开展了^{129}I核安全事故相关的示踪研究，包括欧洲、北美、亚洲等多个国家，主要集中在核事故影响水平评估、短寿命高危害^{131}I的水平和辐射影响重建以及核设施的环境安全示踪研究等。2011年3月的日本福岛核事故向环境释放了包括^{131}I、^{132}I和^{133}I在内的大量放射性核素。这些核素对人体的辐射危害很大，是核事故状态下需要首先检测的核素。为了测定事故向环境中释放的^{131}I的量，研究者开展了利用测定^{129}I来推算^{131}I的量的研究。东京大学开展了系统的研究，他们首先对福岛核电站发生事故时核电站周围土壤表层中^{129}I和^{131}I的原子数比值进行了测定，得到发生事故时这一比值为18.3±1.0(见图4-7)；然后他们对福岛核电站周围土壤、河流等样品

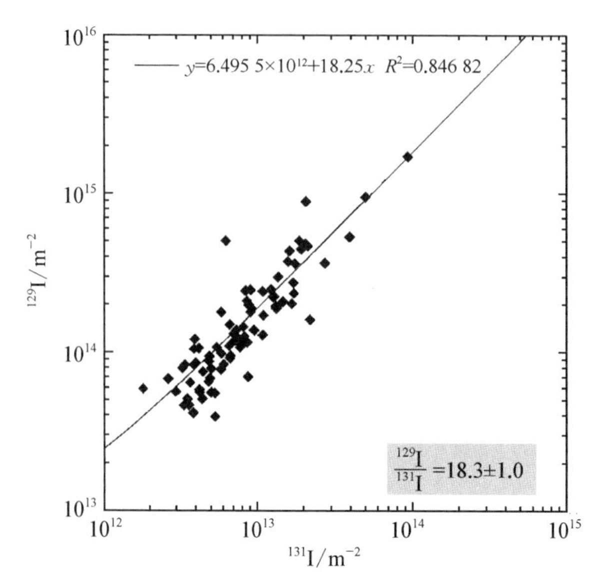

图4-7 福岛核事故释放到周围土壤表层中^{129}I和^{131}I的比值

进行了系统采集，利用加速器质谱仪测量了^{129}I的含量，最终利用^{129}I的含量和比值$R_{I(129/131)}$得到了^{131}I总排放量和当地居民受到的放射性剂量[39-40]。

此外^{129}I也可以开展核事故时核素的全球迁移研究。例如，F. P. García和M. A. F. García[41]根据西班牙环境样品（雨水、大气、植被等）中放射性核素数据并结合后向和前向气团轨迹分析，探讨了福岛核事故后放射性云团的运动轨迹：先从福岛扩散到太平洋和日本北部，再往北冰洋、加拿大和美国北部运动，然后穿过大西洋到达西班牙东南部。在加拿大和西班牙的降雨样品及格陵兰岛地区的降雪样品中均检测到了福岛^{129}I的输入，即很好地证实了这一论点。

此外，因^{129}I是长寿命核素，在燃料棒中通过长时间累积，原子数不断增加，释放出来的长寿命核素的原子数高于^{131}I等短寿命核素。图4-8为2011年对福岛核事故期间北京地区的大气颗粒物样品中^{129}I和^{131}I的测量数据。图中显示，在2011年3月26日空气中颗粒物中的^{129}I浓度开始高于3月20日的本地水平，证明事故来源的^{129}I已经传播到北京，随后测得^{129}I的浓度在4月4—5日间达到峰值，这与大气颗粒物中的^{131}I的数据峰值时间点相吻合。而环境保护部公布的^{131}I的测量结果显示，截至3月28日，传统的γ谱仪仍然没有检测出事故来源的^{131}I。由此可见加速器质谱仪对核事故排放的^{129}I的预警日期比传统的γ谱仪监测的^{131}I的日期更为提前，能更好地预警[42]。

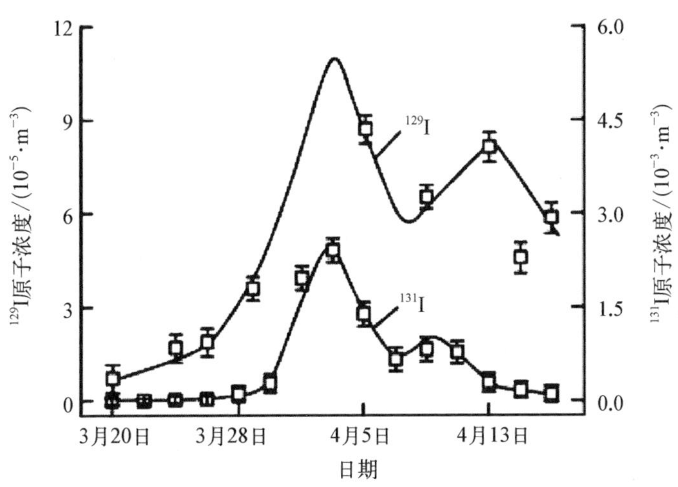

图4-8 福岛核事故期间北京地区大气颗粒物^{129}I与^{131}I的浓度变化

4.3.3 军控核查(CTBT)

铀、钚是生产核武器的关键核材料,铀、钚中同位素比值能反映核材料的来源与用途,因此通过对这些核材料中的同位素比值的测定可为军控核查提供关键证据。

1) 利用加速器质谱仪对钚(Pu)同位素的监测

存在于环境的众多放射性核素中,钚由于其自身与核武器和核设施的密切联系而受到关注。其中^{239}Pu和^{240}Pu主要是通过核试验的形式进入环境的。它进入大气层后,逐渐沉降到地球的表面形成痕迹分布,现在高灵敏的测量方法可以使我们探测到大气、土壤、海洋和生物体中的钚分布,从而得到其在全球的分布,提供环境背景数据,同时也能帮助我们对将来可能发生的污染情况进行评估。

通常,核爆产物会分布在地球的表面和大气中。在气象条件、核试验当量、爆炸高度、地面情况和周围地理情况不同的情况下,核爆产物的分布也不相同。当核爆产物进入大气层之后,因为不同的地理条件和大气层性质,再分布会变得更加复杂。

大气层核爆试验产生的爆炸物会进入并停滞在对流层或者同温层,与大气中的颗粒结合,然后逐渐沉降到地球表面。在实际测量中,以日本为例,K. Hirose等人测量了日本大气层的钚沉降,系统地研究了大气层核爆50年以来钚的沉降历史。

图4-9为^{239}Pu、^{240}Pu和^{137}Cs的年份沉降值。1961—1962美国和苏联主持大规模大气核试验,一年后即1963年出现沉降峰值,随后逐年降低。1970年后,中国开始进行核试验,沉降值开始趋于稳定。1986年,切尔诺贝利事故后大部分核素存在于对流层,但一部分也进入同温层,参与全球沉降。1987年后,全球再没有大规模的大气层核试验。

对于钚的测量,最先发展起来的方法是α谱测量方法,经过样品提纯后,此种方法能直接分辨出^{238}Pu和$^{239(240)}$Pu,但得不到^{240}Pu与^{239}Pu的活度比值,并且此方法所需的计数测量时间过长。因此在分辨^{239}Pu和^{240}Pu的时候采用电感耦合等离子体质谱(ICP-MS)和加速器质谱分析(AMS)技术。ICP-MS技术可能受^{238}UH和^{208}Pb^{31}P这样的分子干扰而限制了测量的灵敏度。相比较于α谱仪和ICP-MS两种方法,加速器质谱仪可实现所有钚同位素的测定。对于^{239}Pu,加速器质谱仪的探测下限约为10^6个粒子,比α谱仪的探测下

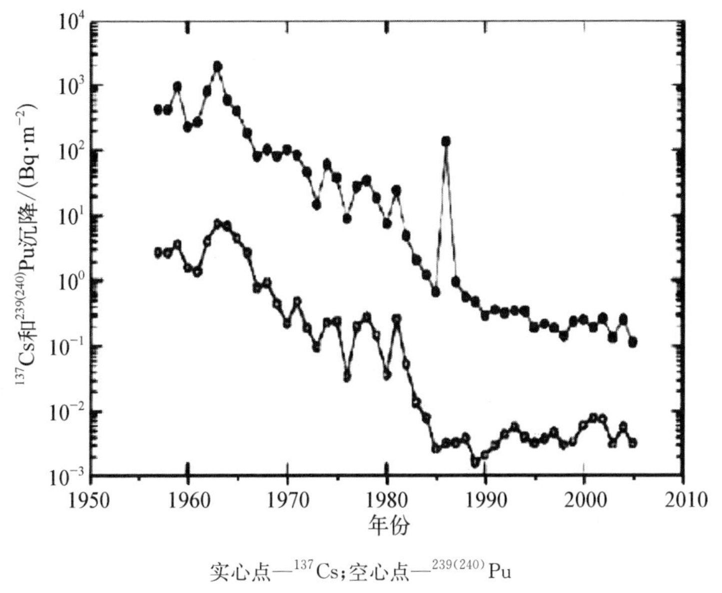

实心点—^{137}Cs；空心点—$^{239(240)}$Pu

图 4-9　$^{239(240)}$Pu 和^{137}Cs 的大气沉降数据

限低两个数量级。

过去几十年中，人们对环境中的^{137}Cs 做过很多研究，也用其作为示踪剂来研究土壤地质运动，但^{137}Cs 的半衰期较短，随着时间的推延越来越难以测量。而钚拥有很长的半衰期，可以取代^{137}Cs 作为几十年甚至更长时间的环境变迁的依据。

另外在知道全球沉降数据的情况下，可以通过某一地区的环境样本进行采样分析，与全球平均数据相比较，分析出可能的钚的来源，所以准确建立钚的分布、水平和来源的历史记录对环境监测和环境辐射放射水平的评价十分必要。收集中国领域内钚的信息数据，对我们这样一个掌握核技术并且是幅员辽阔的大国而言，是一件有重要意义的事情。

2）利用加速器质谱仪对铀(U)同位素的监测

铀同位素丰度比也是反映是否进行核活动的重要指示数据。^{236}U 在自然界的含量极为稀少，环境中的^{236}U 大部分都由人为核活动产生。铀作为一种重要的核燃料，应用广泛。微米或者亚微米级的铀微粒沉积在核设施的表面周边或者形成气溶胶长时间悬浮在空气中而扩散到较远的地方。对^{236}U 及同位素的监测，对核设施、核环境及核反应堆安全运行监测有非常重要的意义。

^{236}U 半衰期长，含量很低，放射性也比较弱，常规方法难以测量，加速器质谱仪则是测量痕量^{236}U 的最佳选择。实现对^{236}U 的超高灵敏测量可为监督核材料生产、核试验和监测来自核设施的释放研究提供宝贵信息。

4.3.4 核设施退役

核反应堆在运行过程中会在核材料和屏蔽体中产生放射性核素，在反应堆退役、乏燃料取走后，屏蔽材料中的短寿命放射性核素基本衰变完了，但会存在长寿命放射性核素。这些长寿命放射性核素在核退役中发挥重要作用。利用加速器质谱仪对这些长寿命放射性核素进行测定可开展以下方面的应用工作。

(1) 堆本体中子注量及空间分布研究。长寿命中子活化产物核是中子注量的理想监测核素，通过对反应堆运行时产生的长寿命核素含量的测定可以研究反应堆运行期间的总中子注量。通过对反应堆内壳、石墨反射层、重混凝土、填充沙等不同区域产生的^{3}H、^{14}C、^{36}Cl、^{41}Ca 等活化核素综合测定再结合生成这些核素的(n，γ)截面和相关模拟程序，可以研究反应堆运行期间的总中子注量及深度与空间分布。

(2) 生物屏蔽体外的中子注量研究。虽然在生物屏蔽体外绝大部分中子会被屏蔽，但是由于各种原因，没被屏蔽掉的中子与屏蔽体外材料作用产生长寿命核素。基于加速器质谱仪极高的测量灵敏度，完全可以对屏蔽体外中子活化产生的微量核素进行测定。与堆本体测量方法类似，通过测定活化产生的^{14}C、^{36}Cl、^{41}Ca 等，可以对不同位置的中子注量进行研究。

(3) 退役核设施环境安全评估。反应堆退役时放射性废物的处理以及意外核事故释放出的长寿命放射性核素的处理是一个非常棘手的问题。通过加速器质谱仪方法得到相关核素的具体参数，以估算堆中产生的废物的放射性大小和选用恰当的屏蔽材料并采取相应的处理办法。对退役过程各个阶段及退役后核设施周围环境进行采样并进行长寿命活化核素的测定，可以为核设施的退役情况及环境影响进行评估。

参考文献

[1] 何明，姜山，董克君，等. 加速器质谱技术在核物理与天体物理中的应用[J]. 原子核物理评论，2004，21(3)：210－213.

[2] 蒋崧生. 超灵敏加速器质谱学在核科学中的应用[J]. 核物理动态，1992，9(4)：

38 - 42.

[3] He M, Jiang S S, Jiang S, et al. Measurement of the half-life of ^{79}Se with PX - AMS[J]. Nuclear Instruments and Methods in Physics Research Section B, 2002, 194(4): 393 - 398.

[4] He M, Jiang S, Shen H, et al. Half-life of ^{151}Sm remeasured[J]. Physical Review C, 2009, 80(6): 064305.

[5] Rugel G, Faestermann T, Knie K, et al. New measurement of the ^{60}Fe half-life[J]. Physical Review Letters, 2009, 103(7): 072502.

[6] Paul M, Henning W, Kutschera W, et al. Measurement of the ^{26}Mg(p, n) ^{26}Al^{g} (7.2×10^{5}) yr cross section via accelerator mass spectrometry[J]. Physics Letters B, 1980, 94(3): 303 - 306.

[7] He M, Xu Y N, Guan Y J, et al. Determination of cross sections of ^{60}Ni(n, 2n)^{59}Ni induced by 14 MeV neutrons with accelerator mass spectrometry[J]. Nuclear Instruments and Methods in Physics Research Section B, 2015, 361: 517 - 520.

[8] Wang X, Jiang S, He M, et al. U reaction induced by 14 - MeV neutrons with accelerator mass spectrometry[J]. Physical Review C, 2013, 87(1): 014612.

[9] He M, Jiang S, Nagashima Y, et al. AMS measurement of ^{26}Al cross section for the reaction ^{14}N(^{16}O, α)^{26}Al^{g}[J]. Nuclear Instruments and Methods in Physics Research Section B, 2007, 259(1): 629 - 631.

[10] Merchel S, Faestermann T, Herpers U, et al. Thin-and thick-target cross sections for the production of ^{53}Mn and ^{60}Fe[J]. Nuclear Instruments and Methods in Physics Research Section B, 2000, 172(1 - 4): 806 - 811.

[11] Wallner A, Buczak K, Belgya T, et al. Precise measurement of the neutron capture reaction ^{54}Fe(n, γ)^{55}Fe via AMS[C]. Journal of Physics: Conference Series. 2010, 202.

[12] Rugel G, Dillmann I, Faestermann T, et al. Measurement of (n, γ) reaction cross sections at stellar energies for ^{58}Ni and ^{78}Se[J]. Nuclear Instruments and Methods in Physics Research Section B, 2007, 259(1): 683 - 687.

[13] Nassar H, Paul M, Ahmad I, et al. Stellar (n, gamma) cross section of Ni - 62[J]. Physical Review Letters, 2005, 94(9): 092504.

[14] Schwarzschild A Z, Thieberger P, Cumming J B. Search for superheavy elements in nature-tanden vandegraaff as a high sensitivity mass spectrometer[J]. Bulletion of the American Physical Society, 1977, 22: 94.

[15] Stephens W, Klein J, Zurmuehle R. Search for naturally occurring superheavy element $Z=110$, $A=294$[J]. Physical Review C, 1980, 21(4): 1664 - 1666.

[16] Dellinger F, Kutschera W, Forstner O, et al. Upper limits for the existence of long-lived isotopes of roentgenium in natural gold[J]. Physical Review C, 2011, 83(1): 015801.

[17] Dellinger F, Forstner O, Golser R, et al. Ultrasensitive search for long-lived superheavy nuclides in the mass range $A=288$ to $A=300$ in natural Pt, Pb, and Bi

[J]. Physical Review, 2011, 83: 065806.
[18] Ludwig P, Faestermann T, Korschinek G, et al. Search for superheavy elements with $292 \leqslant A \leqslant 310$ in nature with accelerator mass spectrometry[J]. Physical Review C, 2012, 85: 024315.
[19] Knie K, Korschinek G, Faestermann T, et al. Anomaly in a deep-sea manganese crust and implications for a nearby supernova source[J]. Physical Review Letters, 2004, 93(17): 171103.
[20] Wallner A, Feige J, Kinoshita N, et al. Recent near-Earth supernovae probed by global deposition of interstellar radioactive ^{60}Fe[J]. Nature, 2016, 532(7597): 69 - 72.
[21] Wallner C, Faestermann T, Gerstmann U, et al. Supernova produced and anthropogenic ^{244}Pu in deep sea manganese encrustations[J]. New Astronomy Reviews, 2004, 48(1): 145 - 150.
[22] Paul M, Valenta A, Ahmad I, et al. A window on nucleosynthesis through detection of short-lived radionuclides[J]. Nuclear Physics A, 2003, 719(1): C29 - C36.
[23] Arazi A, Faestermann T, Niello J O F, et al. Measurement of $^{25}Mg(p, \gamma)^{26}Al^{g}$ resonance strengths via accelerator mass spectrometry[J]. Physical Review C, 2006, 74: 025802.
[24] Paul M, Feldstein C, Ahmad I, et al. Counting ^{44}Ti nuclei from the $^{40}Ca(\alpha, \gamma)^{44}Ti$ reaction[J]. Nuclear Physics A, 2003, 718(1): 239 - 242.
[25] Dillmann I, Faestermann T, Korschinek G, et al. Solving the stellar ^{62}Ni problem with AMS[J]. Nuclear Instruments and Methods in Physics Research Section B, 2010, 268(7 - 8): 1283 - 1286.
[26] Miyake F, Nagaya K, Masuda K, et al. A signature of cosmic-ray increase in ad 774 - 775 from tree rings in Japan[J]. Nature, 2012, 486: 240 - 242.
[27] Miyake F, Masuda K, Nakamura T. Another rapid event in the carbon-14 content of tree rings[J]. Nature Communications, 2013(4): 1748.
[28] 卢昌海. 太阳的故事——太阳中微子之谜[J]. 现代物理知识,2011(3): 15 - 21.
[29] Bahcall J N, Ulrich R K. Solar models, neutrino experiments, and helioseismology [J]. Review of Modern Physics, 1988, 60(2): 229 - 243.
[30] 马玉华,曾友石,刘卫,等. 加速器质谱测氚及其应用[J]. 辐射研究与辐射工艺学报, 2017,35(6): 1 - 7.
[31] Middleton R, Klein J, Fink D. Tritium measurements with a tandem accelerator[J]. Nuclear Instruments and Methods in Physics Research Section B, 1990, 47(4): 409 - 414.
[32] Chiarappa-Zucca M L, Dingley K H, Roberts M L, et al. Sample preparation for quantitation of tritium by accelerator mass spectrometry[J]. Analytical Chemistry, 2002, 74(24): 6285 - 6290.
[33] Love A H, Hunt J R, Knezovich J P. Reconstructing tritium exposure using tree

rings at Lawrence Berkeley National Laboratory, California [J]. Environmental Science and Technology, 2003, 37(19): 4330 - 4337.

[34] Roussel-Debet S, Gontier G, Siclet F, et al. Distribution of carbon 14 in the terrestrial environment close to French nuclear power plants [J]. Journal of Environmental Radioactivity, 2006, 87(3): 246 - 259.

[35] Hou X. Application of ^{129}I as an environmental tracer[J]. Journal of Radioanalytical and Nuclear Chemistry, 2004, 262(1): 67 - 75.

[36] He P, Hou X, Aldahan A, et al. Radioactive ^{129}I in surface water of the Celtic Sea [J]. Journal of Radioanalytical and Nuclear Chemistry, 2014, 299(1): 249 - 253.

[37] Paul M, Fink D, Hollos G, et al. Measurement of ^{129}I concentrations in the environment after the Chernobyl reactor accident [J]. Nuclear Instruments and Methods in Physics Research Section B, 1987, 29(1 - 2): 341 - 345.

[38] Straume T, Marchetti A A, Anspaugh L R, et al. The feasibility of using I - 129 to reconstruct I - 131 deposition from the Chernobyl reactor accident [J]. Health Physics, 1996, 71(5): 733 - 740.

[39] Muramatsu Y, Matsuzaki H, Toyama C, et al. Analysis of ^{129}I in the soils of Fukushima Prefecture: preliminary reconstruction of ^{131}I deposition related to the accident at Fukushima Daiichi Nuclear Power Plant (FDNPP) [J]. Journal of Environmental Radioactivity, 2015, 139: 344 - 350.

[40] Xu S, Zhang L, Freeman S P, et al. Iodine isotopes in precipitation: Four-year time series variations before and after 2011 Fukushima nuclear accident[J]. Journal of Environmental Radioactivity, 2016, 155 - 156: 38 - 45.

[41] García F P, García M A F. Traces of fission products in southeast Spain after the Fukushima nuclear accident[J]. Journal of Environmental Radioactivity, 2012, 114 (12): 146 - 151.

[42] 谢林波,李奇,王世联,等. 大气颗粒物中^{129}I的加速器质谱测量[J]. 原子能科学技术, 2014,48(9): 1675 - 1680.

第 5 章

加速器质谱仪在考古学中的应用

长寿命放射性核素由于其半衰期长，因此可用于考古定年、古老地质年代测定。利用加速器质谱仪技术对长寿命放射性核素含量的精确测定可实现考古定年方面的应用。由于加速器质谱仪测量长寿命核素具有测量灵敏度高、样品用量少、测量时间短和测量精度高等优点，使得其在考古中发挥越来越重要的作用。

5.1 加速器质谱仪应用于考古的原理

对于形成封闭系统的放射性核素通过加速器质谱仪方法测定其现在的含量(N_t)与形成封闭体系时的原始含量(N_0)之比，再结合放射性核素半衰期($T_{1/2}$)数据，利用公式即可得到过去事件发生的年代，从而实现考古或地质事件的定年研究。

$$t=\frac{T_{1/2}}{\ln 2}\ln\frac{N_0}{N_t} \tag{5-1}$$

要实现基于放射性核素的考古定年研究，往往需要具备以下条件：

(1) 放射性核素的半衰期精确已知，且放射性核素的半衰期要合适，适宜于测定一段年代区间。

(2) 放射性核素的初始值需要精确已知，或者两个伴随放射性核素的产率已知。

(3) 放射性核素需要形成封闭体系，与外界没有核素交换。

基于以上条件，目前适用于定年研究的核素主要是^{14}C考古定年和基于^{10}Be与^{26}Al原子数比值的地质定年。此外，^{41}Ca也是一个潜在的可用于考古定年的核素。

5.2 ^{14}C 定年研究

由于碳参与了众多的生物、海洋、地质等活动，同时^{14}C在自然界广泛存在且具有合适的半衰期，从而使得^{14}C成为定年研究应用最为广泛的核素，利用它可开展5万年以来的定年研究。

5.2.1 自然界^{14}C循环

放射性^{14}C是宇宙射线与空气元素发生核反应产生的。^{14}C主要在高空大气中形成，这些新生成的^{14}C原子与氧气化合成$^{14}CO_2$，通过扩散作用又与大气中原有的二氧化碳混合，从而大气中就有了$^{14}CO_2$，然后借助气流、洋流等运动在全球循环。经过长时间空气流动后混合均匀，从而使大气成为自然^{14}C的一个天然储存库。地球上植物与大气中二氧化碳进行光合作用，将放射性^{14}C吸入其中。而靠植物生活的动物也因此将^{14}C吸入体内。这样，地球上的生物界就成为放射性^{14}C的又一个交换储存库。除此之外，大气中含有^{14}C的二氧化碳，还与海洋中的二氧化碳及含碳物质发生交换，从而使海洋也成为自然界放射性^{14}C的一个巨大交换储存库。这样循环交换的结果，使得全球各地^{14}C的放射性比度逐渐趋于一致。同时，各交换储存库中的^{14}C也在不停地进行衰变和补充。如果假设宇宙射线强度几万年来几乎没有变化，那么可以认为^{14}C的衰变和补充处于一个动态的平衡。也就是说各储存库中^{14}C的放射性比度应该保持一个恒定值。

5.2.2 ^{14}C测年原理

根据以上自然界碳循环，储存库中碳的交换处于一个动态平衡，那么相应的同位素原子数比值$R_{C(14/12)}$应该保持恒定。如果某一物体(生物)一旦终止与外界的交换(如生物体死亡)，就得不到外界^{14}C的补充，而其内部原有的^{14}C则会按照其自身衰变规律不断减少(见图5-1)。也就是说：停止交换的时间愈久，其^{14}C的放射性比度就愈低。根据放射性衰变公式，可以通过如下公式计算^{14}C的停止交换年代：

$$t = T\ln\left(\frac{A_o}{A_s}\right) \qquad (5-2)$$

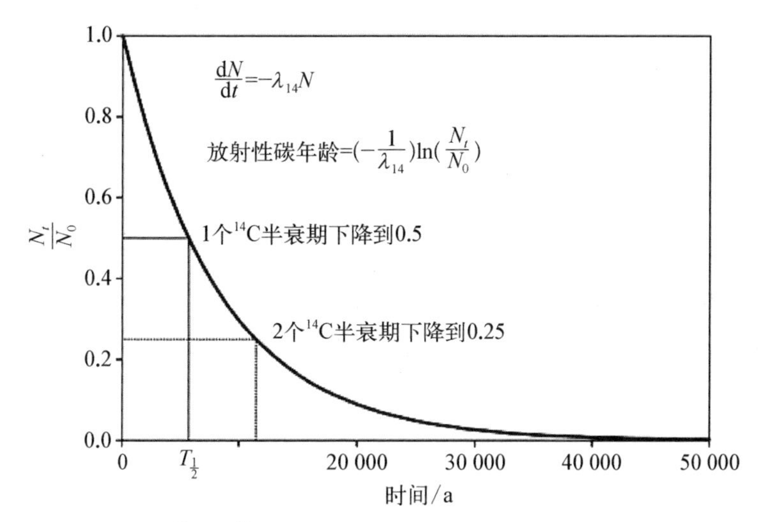

图 5-1 ^{14}C 与^{12}C 同位素原子数比值随时间衰变的理论曲线

式中，t 为停止交换年代；T 为^{14}C 的平均寿命(8 030 年)；A_o 为处于交换运动中的碳(现代碳)的放射性比度；A_s 为停止交换 t 年以后碳的放射性比度。

因此，只要通过高灵敏加速器质谱仪方法测出样本中碳的放射性比度 A_s，或$\frac{A_o}{A_s}$，即可通过计算获得样本的绝对年龄。

Libby 等[1]于 1949 年创建了^{14}C 测年方法，随后该方法被考古学界广泛应用。目前^{14}C 的加速器质谱仪测量灵敏度可达到 $R_{C(14/12)}<10^{-15}$，因此利用^{14}C 可测量约 5 万年以来的考古时间。基于以上特点，^{14}C 是目前在考古应用中最为广泛的核素，开展了许多有意义的研究工作[2-4]。

1) 同位素分馏校正

同位素分馏是普遍存在的一种现象。对于^{14}C 定年来讲，由于存在着同位素分馏效应，就会使得^{14}C 的定年存在偏差。因此为了更加精确测定年代需要对同位素分馏效应产生的偏差进行修正。^{14}C 的同位素校正是通过 δ^{13}C 进行的。δ^{13}C 的定义为

$$\delta^{13}\mathrm{C}=\left[\frac{R_{\mathrm{C(13/12)sam}}}{R_{\mathrm{C(13/12)std}}}-1\right]\times 1\,000‰ \quad (5-3)$$

式中，$R_{C(13/12)std}$ 是 VPDB 标准，为海相碳酸盐标准，$R_{C(13/12)}$ 为 1.123 72%。

为了统一标准，国际上都将被测样品中的 $\delta^{13}C$ 校正到 $-25‰$。修正的公式如下：

$$R_{C(14/12)sam[-25‰]}=R_{C(14/12)sam,\delta‰}\left[\frac{1-\frac{25}{1\,000}}{1-\frac{\delta}{1\,000}}\right]^2 \quad (5-4)$$

对于加速器质谱仪测量而言，为了进行同位素分馏效应修正需要对 ^{12}C、^{13}C 和 ^{14}C 进行交替测量，通过测定高能端的 $R_{C(13/12)}$ 进行 $\delta^{13}C$ 的校正。此校正既包含样品自然环境造成的同位素分馏，也包含加速器质谱仪系统测量过程的分馏效应。

分流效应修正在考古定年中非常关键，例如，如果 ^{13}C 的分流效应为 20‰，意味着 ^{14}C 的分流效应为 40‰，它会引起 330 年的定年误差。

2) 年代校正

完全依据 ^{14}C 衰变公式测量得到的样本年龄不是真实的日历年龄[5]。因为放射性碳的测量总是按“距今”(BP)年龄来报告。这个数字直接根据样品中放射性碳的含量计算得到，而这个计算是基于大气放射性碳浓度一直与 1950 年相同的基础上得到的(事实上，由于宇宙射线强度、气候变化等因素的影响，这个含量是有变化的)，并且采用放射性碳半衰期为 5 568 a(而最新测量得到的半衰期为 5 730 a)。为此，“现在”指的是 1950 年。因此，寻求精确的校正方法是精确定年的关键。树木光合作用时直接从大气中吸收 CO_2，当年大气中 ^{14}C 含量就记录在年轮中。因此利用年代已知的树轮是年代校正的有效手段。从树木年轮和其他已知年龄样本(包括海洋珊瑚、沉积物等)的测量中得到的信息编入校准曲线，通过对照曲线可把 ^{14}C 年龄(BP)转换为实际的日历年龄，目前国际上已建立了 6 万年来的年代校正曲线[6-7]。

图 5-2 显示了如何将放射性碳测量值为(3 000±30) BP 的样品校正到真实的年龄。y 轴表示距今年龄(BP)，x 轴为日历年(源自树木年轮数据)。灰色曲线为年代校正曲线(一个标准偏差)，左边的黑色曲线表示样品中的放射性碳浓度。黑色直方图显示样本的可能年龄。校准的结果经常给一个年龄范围。在这种情况下，我们可以说，样本来自 1 375 Cal BC 和 1 129 Cal BC 之间的可能性置信度为 95%(Cal 代表年龄经过树轮校正)。

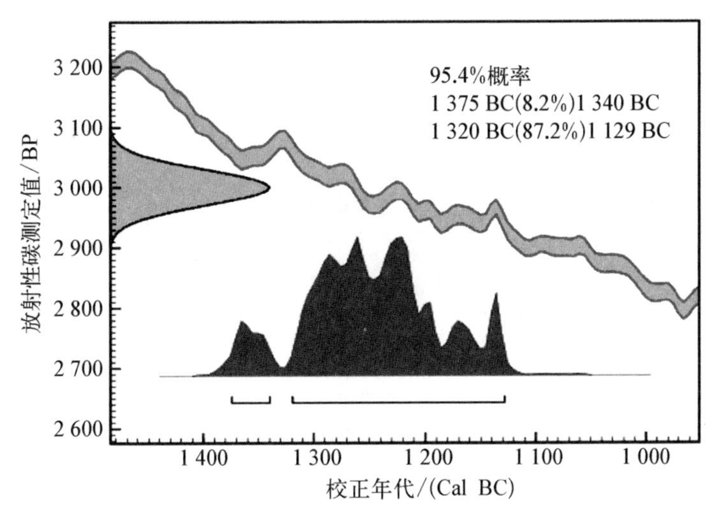

图5-2　年代校正曲线

3) ^{14}C 含量的几种表达方式

^{14}C 含量有相对含量表达方式和绝对含量表达方式。相对含量表达方式主要有现代碳份额(fraction modern)(用 F 表示)，以及由 F 派生出来的其他表达方式，如表5-1所示。F 的定义公式如下：

$$F=\frac{R_{C(14/12)sam, -25}}{0.95R_{C(14/12)OX1, -19}} \tag{5-5}$$

式中，分母代表1950年度草酸Ⅰ(标准样品)活度的95%；分子代表被测样品 $\delta^{13}C$ 校正到$-25‰$时 ^{14}C 的含量；F 值不随时间变化。

绝对含量表达方式也有几种，如表5-1所示。其中定义的公式如下：

$$\Delta^{14}C=\left[\frac{R_{C(14/12)sam, -25}}{0.95R_{C(14/12)OX1, -19}e^{\left(\frac{y-1\,950}{8\,267}\right)}}-1\right]\times 1\,000 \tag{5-6}$$

式中，y 为样品的测量年份。$\Delta^{14}C$ 主要用于跟踪1950年后核试验引起的 ^{14}C 含量。

$$\Delta=\left[\frac{R_{C(14/12)sam, -25}e^{\left(\frac{y-1\,950}{8\,267}\right)}}{0.95R_{C(14/12)OX1, -19}}-1\right]\times 1\,000 \tag{5-7}$$

式中，y 为样品已知的生长年份；Δ 用于确定初始的 $\Delta^{14}C$，Δ 表示相对于 1950 年(定义为“现代”)的放射性碳值。这有助于研究空气(树木年轮)和水(珊瑚)的放射性碳含量随时间变化。它是建立从放射性碳年龄计算日历年龄校准曲线的基础。

表 5-1 ^{14}C 含量的几种表达方式

符 号	定 义	$^{13}\delta$ 修正	衰变修正	
			1950 年标准	样品已知年龄
相对含量表达				
F	公式(5-5)	需要	不需要	
pM	$100\times F$	需要	不需要	
D	$1\,000\times(F-1)$	需要	不需要	
绝对含量表达				
$\Delta^{14}C$	公式(5-6)	需要	需要	
Δ	公式(5-7)	需要	需要	需要

4) ^{14}C 的现代定年方法

在 1960 年前后，国际上开始进行核武器试验，在大气中产生了大量的 ^{14}C，在 1965 年前后大气中的 ^{14}C 含量达到顶峰，随后随着大气核试验的停止，大气中的 ^{14}C 含量逐渐下降，大气中的 ^{14}C 含量的变化被树木年轮记录下来，人们开展了大量的树木年轮中 ^{14}C 变化的研究工作[8-9]，测量结果如图 5-3 所示。可以看出，通过 ^{14}C 可以很精确测定年龄，测年的精确度能达到 2 年。表 5-2 列出了不同来源 ^{14}C 实现定年的定年精度。

表 5-2 ^{14}C 定年的尺度特征

^{14}C 的种类	定年区间	定年精度/年	定年模型
宇宙成因的 ^{14}C	300 年前～6 万年前	±(20～100)	与校正曲线对比
核爆产生的 ^{14}C	1950 年至今	±(1～2)	与核爆曲线对比
示踪 ^{14}C	根据需要从分钟到年		

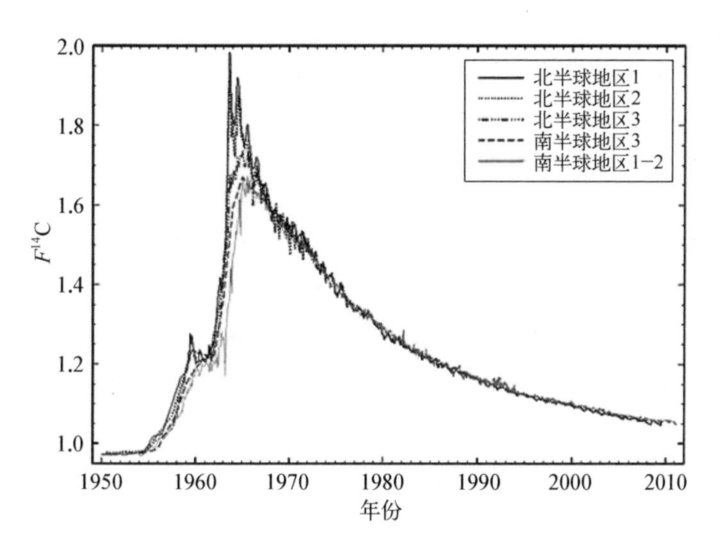

图 5-3　核爆引起的大气中 $\Delta^{14}C$ 的变化

5.2.3　^{14}C 样品制备技术

^{14}C 样品制备前一般包括样品采集、样品预处理等过程。目前 ^{14}C 测量的样品种类繁多，包括固体样品（如木头、土壤、骨头等）、液体样品（地下水等）和气体样品（CO_2、甲烷等）。根据不同样品形式采用不同的采集方法。样品预处理的目的是将样品中的有用碳成分从其他材料中分离出来。样品的预处理需根据不同的样品形态和化学成分采取不同的预处理流程。

5.2.3.1　样品采集

样品采集应遵循下面基本原则。

(1) 样品应具有原始封闭性，也就是研究对象没有与外界发生过碳交换。一般说来，已经碳化了的木头、泥炭中分解不完全的有机质以及有机质薄膜未受到严重破坏的贝壳样品，基本上都是符合这一要求的。但是，统观 ^{14}C 考古的应用领域，能够保持绝对原生封闭性的样品是很少的。所以，一旦发现研究对象与外界发生过碳交换，则可通过提取其中不与外界发生碳交换的有机物部分，如骨胶原、木质纤维等作为研究对象，因为这些物质即使受到外界含碳物质的污染，也可以通过合适的化学方法清除掉。

(2) 样品应具有可以确定的起始 $R_{C(14/12)}$ 值。即样品在形成时应具有与大气中碳相近的^{14}C含量。通常,陆生动植物体能满足这一要求。但是,生长于石灰岩地区水下的生物体,由于受到死碳的影响,起始的$R_{C(14/12)}$会偏低。另外,海洋、湖泊等水体中的样品,则可能会受到纬度、碳酸盐沉积等情况的影响,而导致$R_{C(14/12)}$不一致等。所以,对各类样品采集时,必须仔细研究并做出鉴别与判断再进行选择。

(3) 需要采集的样品量取决于样品中可用的含碳量和分析方法。计算时可以从以下几方面给予考虑:① 样品中真正可用于^{14}C分析的碳量;② 样品在处理过程中的化学回收率;③ 平行样品的采集对比。

目前,加速器质谱仪方法分析^{14}C所需的纯碳量仅为0.5 mg左右。

另外,原始样品在包装运输过程中,亦应特别注意,如发生外来碳混入、包装袋破损、标签辨识不清、样品发霉变质等,都应该引起高度重视。

5.2.3.2 样品制备

加速器质谱仪样品制备是对预处理后的原始样品进行最后一步处理,分别是预处理后的原始样品燃烧产生CO_2、对CO_2进行纯化及将CO_2还原为石墨三个步骤。预处理后的原始样品燃烧是指将其与氧化剂按比例混合后,在真空环境下加热燃烧,尽可能使样品中的碳元素全部转化成二氧化碳;燃烧气体纯化则是将第一步的燃烧后的混合气体通过技术手段,尽量将其中的二氧化碳气体分离、提纯,为最终二氧化碳还原成石墨单质减少杂质,提高纯度;纯化气体还原是将提纯以后的二氧化碳与还原剂按比例混合,通过化学还原反应将二氧化碳气体转化成石墨单质,完成最终加速器质谱仪样品的制备。

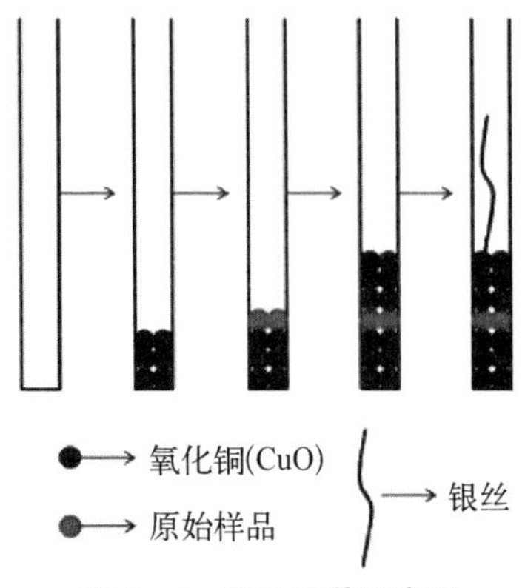

图5-4 样品充装示意图

1) 将预处理后的样品转化为CO_2

将预处理后的样品混合,用CuO作为氧化剂,将样品放置在CuO之间,放入石英管中,同时为排除SO_2的干扰,在燃烧管中加入银丝(见图5-4);然后装好样品的燃烧管接入样品抽真空部分中(见图5-5右侧),将管子里面的空气抽走,待真空达到10^{-5} mbar后通过焊枪将燃烧管密封、截断;将封断后的燃烧管转移至马弗炉,500℃下预热30 min,然后再加热至850℃,燃烧2 h,样品形成CO_2。

$$2CuO + C(\text{含碳物质}) \xrightarrow{\triangle} CO_2 + 2Cu$$

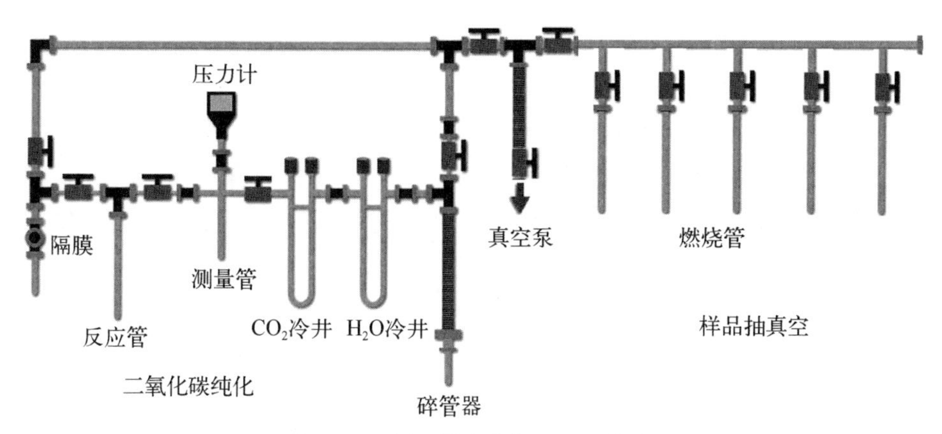

图5-5 样品抽真空与 CO_2 纯化线

2) CO_2 的纯化

二氧化碳纯化是指将燃烧反应后的气体通过该过程，将可能存在的水蒸气等杂质去除，最终得到纯净的 CO_2。具体步骤如下：

(1) 将燃烧后的燃烧管接入 CO_2 纯化部分中(见图5-5中部)。

(2) 打开 CO_2 纯化部分(见图5-5左侧)的阀门，抽真空至 10^{-5} mbar。

(3) 使用破碎装置将燃烧管截断，使得 CO_2 和燃烧产生的其他气体进入 CO_2 纯化部分。

(4) 所有燃烧产生的气体依次要通过两个冷井：第一个是液氮-酒精的混合液体冷井，第二个为纯液氮冷井，通过不同气体的不同凝固点进行分离、提纯。液氮-酒精为液氮和酒精的混合液体，即将液氮缓慢加入酒精中，同时伴随不间断搅拌使酒精不会冷凝，最终使温度稳定在零下78℃左右，其目的是将水蒸气等冷凝点在零下78℃以上的杂质气体凝固；纯液氮，即为零下196℃的液氮，其目的是将 CO_2 锁定。最后再将总阀门打开抽离杂质气体，关闭阀门。具体时间分配为：冷井恒温罐从底部分三步慢慢向上包围冷井，每一步骤停留时间为2 min，以保证对 CO_2 纯化的完全。

(5) 将液氮恒温罐移到冷却测量管，将冷井中的 CO_2 再冷冻至测量管中，关闭测量区域两侧阀门，记录压力计数据。

(6) 撤掉液氮恒温罐，观察到测量区域的玻璃罐内，在液氮所及高度平面上有一层白色物质，该物质即为冷冻后的 CO_2；使该区域慢慢恢复至室温，白色消失，压力计读数缓慢上升，记录压力计数据，从压力计数据可得到纯化后的 CO_2 的质量。

3) 石墨样品制备

具体步骤如下：

(1) 将反应管接入系统中的 CO_2 纯化部分右侧位置，反应管的结构如图 5-6 所示，它包括还原剂(TiH_2、锌或 TiH_2 与锌的混合物)和催化剂(铁粉)。根据不同样品可采用不同的还原剂。目前采用 TiH_2 与锌的混合物作为催化剂是比较好的选择，有利于降低水的含量。

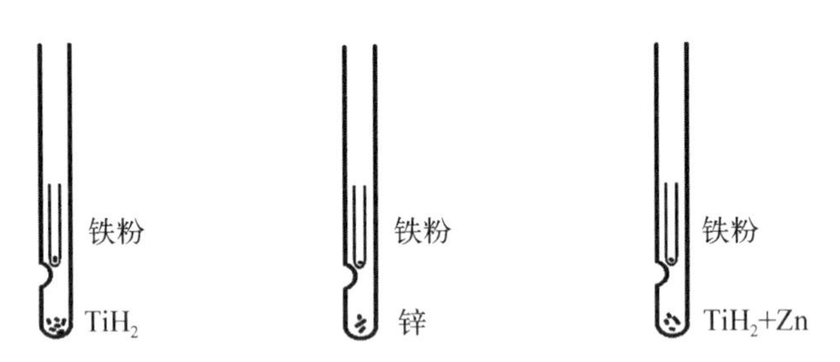

图 5-6　氢法/锌法/氢-锌结合还原单元示意图

(2) 打开测量区域左侧阀门，使用液氮恒温罐将纯化后的 CO_2 转移至反应管处并冷冻。

(3) 冷冻 5 min，在冷冻环境下使用焊枪将反应管封断。

(4) 将封断后的反应管转移至马弗炉，600℃下反应 6 h(保证燃烧充分性)。

(5) 反应结束后，自然冷却并打开反应管，石墨沉积在催化剂铁粉中，石墨和铁粉一起装进加速器质谱仪测量靶锥中即可进行^{14}C样品的测量。

在马弗炉中主要发生以下反应过程(以利用 TiH_2+Zn 还原剂为例)：

$$TiH_2\ \text{加热分解}(440℃) \longrightarrow 2H_2+Ti$$

$$CO_2+H_2 \longrightarrow CO+H_2O$$

$$CO_2+Zn \longrightarrow CO+ZnO$$

$$CO+H_2+\text{催化剂}(Co/Fe)+\text{加热}(500\sim550℃) \longrightarrow C_{graphite}+H_2O$$

$$2CO \longrightarrow C_{graphite}+CO_2$$

$$Zn+H_2O \longrightarrow ZnO+H_2$$

5.3　$^{10}Be/^{26}Al$ 定年技术

除了^{14}C的定年方法外，利用$^{10}Be/^{26}Al$ 的原子数比值也是地质定年中常用的一种方法。此方法是基于宇宙射线与石英中的氧和硅发生核反应同时产生^{10}Be和^{26}Al,基于这两个核素的比值实现年代研究。

5.3.1　就地^{10}Be、^{26}Al的产生

自然界中的^{10}Be和^{26}Al主要是宇宙射线与地球表面的物质发生核反应产生的。产生^{10}Be和^{26}Al的多少与宇宙射线的种类、海拔高度、纬度等因素有关。

1) ^{10}Be、^{26}Al的形成方式

研究表明,就地宇宙成因核素^{10}Be、^{26}Al的产生方式主要有三种:① 高能核子诱发的散裂反应;② μ子诱发的核裂解反应(包括μ子的捕获反应和快介子的库仑相互作用);③ 次级热中子捕获反应。其反应式如下所示:

$$^{16}O(n,4p3n)^{10}Be,\ ^{16}O(\mu^{-},3p3n)^{10}Be,\ ^{28}Si(n,x)^{10}Be$$

$$^{28}Si(n,p2n)^{26}Al,\ ^{28}Si(\mu^{-},2n)^{26}Al,\ ^{27}Al(n,2n)^{26}Al$$

2) 影响生成速率的因素

地表岩石中^{10}Be、^{26}Al产生的靶核主要是氧和硅,到达地表岩石的宇宙射线通量和岩石的化学组分对其中^{10}Be和^{26}Al生成速率起着重要作用,概括来说,主要有以下几点。

(1) 太阳活动。太阳活动强弱直接影响宇宙射线到达地表的射线强度,从而影响宇生核素的产率。

(2) 海拔。高海拔地区由于宇宙射线的屏蔽作用减弱,所以宇生核素的产率要高于低海拔地区。

(3) 纬度。由于地磁场对宇宙射线粒子的屏蔽和偏转效应,导致宇生核素的产率从赤道到两极逐渐增强。

(4) 深度。宇宙射线进入地表岩石后,不同深度核素的产率可以表达为

$$P(z)=P(0)e^{\frac{-\rho z}{\Lambda}} \tag{5-8}$$

式中,$P(z)$为岩石距地表z深度处核素产率;$P(0)$为地表岩石中核素产率;ρ为岩石密度;Λ为衰减长度(表示宇宙射线穿透能力),散裂反应中Λ值一般为150~190 g·cm^{-2}。也就是说:核素产率随距地表深度呈指数递减。

另外,地表几何特征、环境特点、周边遮挡、地表植被或冰雪覆盖等均影响地表岩石中^{10}Be和^{26}Al的产率。因此,要获得精确的核素产率,还必须对这些因素进行必要的修正。

5.3.2 $^{10}Be/^{26}Al$ 测年原理

用原地宇生核素(in-situ cosmogenic nuclides)^{26}Al 和 ^{10}Be 之比测定埋藏事件的年代是近年来在理化和地球科学界产生的测年新技术之一。利用就地生成的宇宙成因核素对测定沉积物埋藏年龄最早由 Lal 和 Arnold 提出[10],之后又由 Granger 等[11]对之进行了诠释,并首次测定冲入洞穴石英质砾石中的 $^{26}Al/^{10}Be$ 原子数比值,以此确定 1.5 Ma BP 以来美国 New River 的下切速率。$^{26}Al/^{10}Be$ 埋藏测年法能开展 300 ka BP～5 Ma BP 范围内的年代测定。这种技术得到了广泛的应用[12-13]。

$^{10}Be/^{26}Al$ 定年的基本原理是宇宙射线与地球上靶核石英(如 ^{16}O、^{28}Si)发生核反应产生 ^{10}Be 和 ^{26}Al。石英是 $^{10}Be/^{26}Al$ 核素定年的理想样品。这是因为这种矿物组成为相当纯净的 SiO_2,同时具有生成 ^{26}Al 和 ^{10}Be 的靶核;且基本不含稳定核素 ^{9}Be,稳定核素 ^{27}Al 的含量亦很低,相对较高的 $^{26}Al/^{27}Al$ 原子数比值有利于加速器质谱仪对 ^{26}Al 的精确测量。此外石英的化学性质稳定、结构致密,浓度高几个数量级的大气成因 ^{10}Be 难以渗入,其内生成的宇生核素亦不易丢失,形成封闭体系。

在高纬度海平面每克石英矿物每年生成约 4.5 个 ^{10}Be 原子和 31 个 ^{26}Al 原子。尽管生成速率因海拔高度、地磁纬度等多项参数而变化,但两者之比(～6.8)基本不变。如果石英矿物在地表长时间暴露后被流水冲入洞穴,或被快速埋入地下深处,宇宙射线被十多米以至更厚的覆盖层屏蔽,宇生核素的生成几近停止,暴露过程中积累的 ^{26}Al 和 ^{10}Be 随时间流逝而衰减。由于 ^{26}Al 较 ^{10}Be 衰变快约一倍,两者浓度比将从初始值以表观半衰期 1.52 Ma 下降:

$$\frac{N_{\mathrm{Al}}}{N_{\mathrm{Be}}}=\left(\frac{N_{\mathrm{Al}}}{N_{\mathrm{Be}}}\right)_0 \mathrm{e}^{-t(\lambda_{\mathrm{Al}}-\lambda_{\mathrm{Be}})} \tag{5-9}$$

式中,t 为埋藏时间;N_{Al} 和 N_{Be} 分别为样品中 ^{26}Al 和 ^{10}Be 的现存浓度;$\left(\frac{N_{\mathrm{Al}}}{N_{\mathrm{Be}}}\right)_0$ 为埋藏前这两种核素的浓度比;λ 为衰变常数。

图 5-7 显示了石英中 ^{10}Be 浓度、$^{26}Al/^{10}Be$ 原子数比值与埋藏时间和物源区地表侵蚀速率的函数关系。图中斜虚线指示地表侵蚀速率分别为 100、10 和 1 m/Ma 的情况下 ^{10}Be 和 $^{26}Al/^{10}Be$ 原子数比值随时间的衰减趋势。图中 5

条横线为依不同侵蚀速率^{10}Be 和^{26}Al/^{10}Be 原子数比值的等时线，对应的埋藏时间分别为 0、1、2、3、4 Ma。若一个样品^{10}Be 和^{26}Al/^{10}Be 原子数比值测定值位于图黑点处，则该样品约在 2.44 Ma 前被埋藏，对应的地表侵蚀速率约为 30 m/Ma。

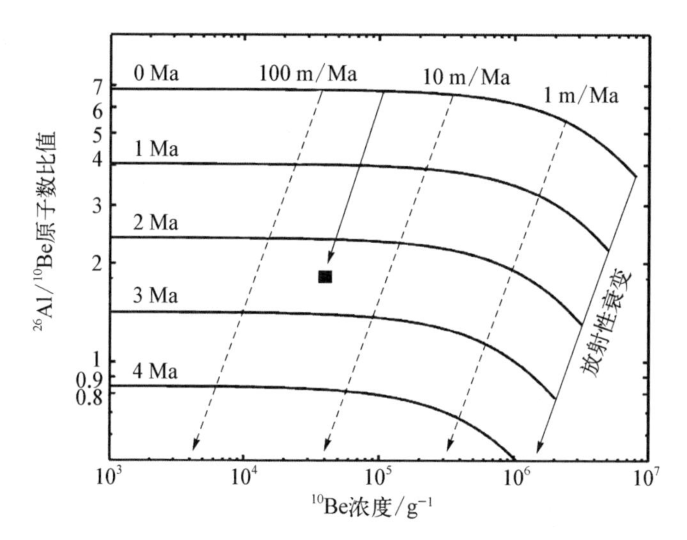

图 5-7　石英矿物中^{10}Be、^{26}Al/^{10}Be 原子数比值与地表侵蚀速率和埋藏时间的函数关系

5.3.3　^{10}Be、^{26}Al 样品制备技术

对用于^{10}Be/^{26}Al 原子数比值测定年代的样品制备来讲就是将石英中的^{10}Be 和^{26}Al 提取出来[14-15]。总体来讲，样品制备需要经过以下过程。

1) 样品分离与清洗

在加速器质谱仪测量以前，需从野外采集的样品中分离出纯净的石英，然后进行清洗以消除大气中^{10}Be 的污染。大气^{10}Be 的污染给原地生成研究增加困难。研究表明，^{10}Be 原地生成速率[950/(cm^2 · a)]比大气^{10}Be 的生成率[1.2×10^6/(cm^2 · a)]低三个数量级。因此，对石英的清洗和分离要恰到好处。

2) ^{10}Be 和^{26}Al 的分离提取

由于石英中铍的含量极低，因此需要向石英中加入精确定量的^{9}Be 载体(根据情况也可加入铝载体)，用优级纯浓 HF 彻底溶解石英，然后蒸发至干，用 6 mol/L HCl 溶解收集所有盐类物质，然后用阴离子树脂(AG1-X8)和阳离子树脂(AG50W－X8)排除杂质物质后将铍和铝进行分别收集,得到铍溶液和铝溶液。

3) 加速器质谱仪测量样品的制备

加速器质谱仪测量要求的靶样物质形式为 BeO 和 Al_2O_3。在得到的铍溶液和铝溶液中分别加入浓氨水得到 $Be(OH)_2$ 和 $Al(OH)_3$ 沉淀。通过溶解和再沉淀最终得到纯化的 $Be(OH)_2$ 和 $Al(OH)_3$ 沉淀。将盛有样品的石英坩埚置在电热板上蒸干后再在 1 000℃的高温炉中将样品转化为 BeO 和 Al_2O_3。并与银粉研磨混合,装入样品靶中,用于加速器质谱仪测量 ^{10}Be 和 ^{26}Al 含量。

5.4 ^{41}Ca 定年

利用 ^{14}C、$^{10}Be/^{26}Al$ 原子数比值进行定年研究是比较成熟的方法,已取得了广泛的应用,除此之外,^{41}Ca 是一种潜在的定年核素,基于 ^{41}Ca 的定年技术探索研究也在开展。

5.4.1 AMS－^{41}Ca 测年基本原理

自然界 ^{41}Ca 起源有地球之外[银河宇宙射线(GCR)、太阳宇宙射线(SCR)与星际尘埃(IDP)中的铁、镍、钛等通过散裂反应和中子俘获产生]、大气层(宇宙射线与大气中的氪作用生成)、地下[$^{40}Ca(n,\gamma)^{41}Ca$]、地表[$^{40}Ca(n,\gamma)^{41}Ca$]几个方面。以上几种途径生成的 ^{41}Ca 在各交换储存库中不断地按放射性衰变规律蜕变而减少,同时新的 ^{41}Ca 又不断产生。经过一段时间后,^{41}Ca 的产生和蜕变达到平衡状态。如果某些物质或某区域一旦停止了与外界进行交换,其原有的 ^{41}Ca 则按放射性衰变规律逐渐减小,此时即可对目标利用 ^{41}Ca 进行年代测定。

早在 1963 年,Yamaguchi[16] 就提出 ^{41}Ca 可以作为测年工具。1979 年 Raisbeck 和 Yiou[17] 对 ^{41}Ca 测定地质年龄的可能性做了进一步论述。天然样品中 ^{41}Ca 的含量很低,只能用加速器质谱仪测定。根据放射性衰变公式:

$$R(t)=R(0)e^{-\lambda t}\Rightarrow t=\lambda^{-1}\ln\left[\frac{R(0)}{R(t)}\right]=\lambda^{-1}\ln\left[\frac{^{41}Ca(0)}{^{41}Ca(t)}\right] \quad (5-10)$$

式中,t 为停止交换年代,即定年时间;λ 为 ^{41}Ca 衰变常数,此处为 6.73×10^{-6} a;$R(0)$为初始 ^{41}Ca 的放射性活度,即停止交换时 ^{41}Ca 的放射性活度;$R(t)$

为停止交换 t 年以后^{41}Ca的放射性活度。其中，$^{41}Ca(t)$可以通过加速器质谱仪测定得出，如果知道埋藏样品的初始值$^{41}Ca(0)$，则可得出样品的年龄 t。

5.4.2　^{41}Ca 年代学特点

地球上的^{41}Ca主要是地球表面的^{40}Ca与宇宙射线产生的次级中子通过活化反应产生的。^{41}Ca的半衰期为 10^5 a，可以用来测定 10^4～10^6 年范围内地质样品的年龄，测年范围与铀系不平衡法相当，正好填补了^{14}C和K－Ar法之间的年龄空隙，提高了地质样品的测年精度和分辨率。应用^{41}Ca测定的年龄可以将测年下限降低到 5×10^4 a，正好与^{14}C测年法衔接起来。但是，用^{41}Ca确定地质样品年龄时影响因素太多，例如侵蚀速率对^{41}Ca浓度的影响。样品中的钙和环境中的钙之间的交换以及非宇宙成因形成的^{41}Ca的校正等问题仍需要进一步探讨。

5.4.3　^{41}Ca 定年可行性

地表岩石在经过一定时间的暴露后，如果假设热中子完全被钙捕获，并且没有侵蚀作用，则可得到 $R_{Ca(41/40)}$ 的饱和值为 8×10^{-15}[17]。在陆地和海洋中沉淀了各种类型的年代较轻的碳酸盐岩，如钟乳石、石笋、珊瑚、珊瑚化石和软体动物化石等纯净的碳酸盐岩。还有一些不纯的碳酸盐岩，例如由地下水作用形成的钙华、灰华，由断层作用形成的方解石脉，在干旱、半干旱地区土壤带内形成的钙质层等，都可作为^{41}Ca年龄的测定对象。如果对长期暴露岩石表面的^{41}Ca与^{40}Ca的比值进行测定，则可对该岩石的暴露年代做出判定，从而为该地区地壳变迁运动的研究提供有力的依据。另外，动物的骨骼主要由钙的磷酸盐组成，通常动物由于食用含有钙的植物或饮用含有溶解钙的水而得到钙，而植物则从附近的土壤和地表水中吸收钙。进入生物体内的^{41}Ca应该与当地的外界环境保持平衡。而早期动物(包括人类)生活遗址通常是天然洞穴，对^{41}Ca进入体内起到屏蔽作用，这对于测年是非常有利的。通过对遗址动物遗骸化石中^{41}Ca与^{40}Ca比值的测量，并与初始值进行比较，就能估算出动物的生存年代。即使初始^{41}Ca与^{40}Ca的比值不是恒定的，也可以通过其他测年方法进行校正。所以，应用^{41}Ca作为科技考古工具具有广阔的发展前景。

5.4.4　^{41}Ca 定年问题

目前限制^{41}Ca考古定年的主要是测量灵敏度低和样品制备难，难以对自然环境中的样品进行测定。自然界中 $R_{Ca(41/40)}$ 的饱和值仅为 8×10^{-15}，因此要实现考古定年，对 ^{41}Ca 测量灵敏度 $R_{Ca(41/40)}$ 至少需要达到 10^{-15}。但在 ^{41}Ca 的加速器质谱仪测量中，由于 ^{41}Ca 的同量异位素 ^{41}K 的干扰，使得 ^{41}Ca 的高灵敏度测量一直都难以实现。1981 年法国的 Raisbeck 等[10]提出并验证了利用 CaH_2 样品形式，并从离子源引出 CaH_3^-，由于 KH_3^- 极不稳定，从而大大降低了 ^{41}K 的干扰。紧接着，D. Fink 等在以色列的 14UD 加速器质谱仪装置上用离子源引出 CaH_3^-（离子源内在金属钙的表面上喷 NH_3）的方法成功地测量了 ^{41}Ca，其测量灵敏度约为 5×10^{-13}。若要解决实际问题，10^{-13} 的灵敏度还是不够高的，主要原因是 CaH_3^- 的束流强度太低（小于 100 nA）。为了提高 ^{41}Ca 的测量灵敏度，美、法等国的研究人员进行了多方面的努力。1986 年，美国宾州大学的 Middledon 等在强流负离子溅射源上采用 CaH_2 样品的化学形式，从离子源引出 CaH_3^- 的束流强度为 5～10 μA，采用这一方法，使 ^{41}Ca 的测量灵敏度大大提高，可以达到 10^{-15}。但是，由于氢化物制备非常繁复，且制样条件苛刻，并且制备的 CaH_2 非常容易潮解，难以保存，所以对于大规模的样品测量难以实现。随后，Kubik 等[18]证明了采用 CaF_2 样品形式，离子源引出 CaH_3^- 离子是一种较好的选择，这种方法不仅样品制备简单方便，而且束流较大，亦可以有效压低同量异位素 ^{41}K 的干扰。采用 CaF_2 样品形式[19]仅仅适用于加速器端电压大于等于 5 MV 的加速器质谱仪系统，$R_{Ca(41/40)}$ 的探测限可以达到 10^{-15}。对于加速器端电压 3 MV 的加速器质谱仪系统，$R_{Ca(41/40)}$ 的探测限在 10^{-14} 量级[20]。近年来，由于加速器质谱仪系统的小型化发展，基于小型 AMS-^{41}Ca 的测量研究也逐步兴起[21-22]。但是，这些小型装置对于 $R_{Ca(41/40)}$ 的探测限仅为 10^{-11}～10^{-12}。这对于生物医学示踪也许可以满足要求，但是对于考古样品来说是远远不够的。

针对定年样品中 $R_{Ca(41/40)}$ 太低这一问题，1981 年 Raisbeck 和 Yiou 提出了“预富集”的设想，尽管他们做了一些预富集的试验，但是，由于加速器质谱仪实验条件所限，并没有得到验证。1987 年 Henning 等把样品富集 150 倍，并且应用充气磁铁分离技术，成功地使 $R_{Ca(41/40)}$ 的检测下限达到了 2×10^{-14}。

关于 ^{41}Ca 的考古和定年，其核心是测量问题。目前，加速器质谱仪对于 ^{41}Ca 测量的丰度灵敏度是 10^{-14}，自然界中 ^{41}Ca 的丰度也在 10^{-14} 范围。因此，必须将测量灵敏度提高到 10^{-16} 以上，或者将自然界里的 ^{41}Ca 进行同位素富集，富集到 10^{-12} 才能够开展考古工作。2015 年，中国原子能科学研究院姜山团队与南京大学陈洪渊院士研究了富集自然界^{41}Ca的方法，拟采用电化学方法开展^{41}Ca同位素富集。该方法的主要问题是：难以准确地得到^{41}Ca富集因子，即不能够给出富集了多少倍的数据。

2017年姜山等提出ECR－AMS系统，其丰度灵敏度能够达到10^{-16}，从而实现了自然界里^{41}Ca的测量。ECR－AMS测量^{41}Ca的关键有两点，一是提高钙离子的束流强度，二是更有效压低同量异位素^{41}K的干扰。前期的研究得到肯定的结果，引出$^{40}Ca^{+10}$离子束流强度能够达到15 μA(粒子微安)以上。采用$CaSO_4$蒸气进样可以有效压低K_2SO_4。另外引出$^{41}Ca^{+10}$离子，能够大幅度压低$^{41}K^{+10}$离子。因为对于$^{41}Ca^{+10}$而言，只是剥离掉外面两层的电子，而$^{41}K^{+10}$外边两层有9个电子，＋10电荷态就需要进入第三层，这样得到$^{41}K^{+10}$离子的难度就增加了。因此与加速器质谱仪相比，ECR－AMS的束流强度和压低同量异位素都已改进许多。有关ECR－AMS的原理、结构和特点等请见第2章的2.6.2节。ECR－AMS测量^{41}Ca在考古中的应用将会在2020年前后随着ECR－AMS的建成而开展。

参考文献

[1] Libby W F, Anderson E C, Arnold J R. Age determination by radiocarbon content: world-wide assay of natural radiocarbon[J]. Science, 1949, 109(2827): 227－228.

[2] Damon P E, Donahue D J, Gore B H, et al. Radiocarbon dating of the shroud of turin[J]. Nature, 1989, 337(6208): 611－615.

[3] Timothy J A J, Donahue D J, Magen B, et al. Radiocarbon dating of scrolls and linen fragments from the judean desert[J]. Atiqot, 1996, 28(1): 85－91.

[4] 仇士华. 夏商周年表的制订与^{14}C测年[J]. 第四纪研究，2001(1): 79－83.

[5] Reimer P J, Baillie M G L, Bard E, et al. IntCal09 and Marine09 radiocarbon age calibration curve, 0－5000 years cal BP[J]. Radiocarbon, 2009, 51(4): 1111－1150.

[6] Reimer P J, Bard E, Bayliss A, et al. IntCale13 and Marine13 radiocarbon age calibration curves 0－50,000 years cal BP[J]. Radiocarbon, 2013, 55(4): 1869－1887.

[7] Schaub M, Büntgen U, Kaiser K F, et al. Lateglacial environmental variability from Swiss tree rings[J]. Uuaternary Science Reviews, 2008, 27(1－2): 29－41.

[8] Hua Q, Barbetti M, Rakowski A Z. Atmospheric radiocarbon for the period 1950－2010[J]. Radiocarbon, 2013, 55(4): 2059－2072.

[9] Piperno D R. Standard evaluations of bomb curves and age calibrations along with consideration of environmental and biological variability show the rigor of phytolith dates on modern neotropical plants: Review of comment by Santos, Alexandre, and

Prior[J]. Journal of Archaeological Science, 2016, 71: 59 - 67.
[10] Lal D, Arnold J R. Tracing quartz through the environment[C]. Proceedings of the Indian Academy of Science (Earth and Planetary Science) , 1985, 94(1): 1 - 5.
[11] Granger D E, Kirchner J W, Finkel R C. Quat ernary downcutting rate of the New River, Virginia, measured from differential decay of cosmogenic ^{26}Al and ^{10}Be in cavedeposit ed alluvium[J]. Geology, 1997, 25(2): 107 - 110.
[12] Shen G J, Gao X, Gao B, et al. Age of Zhoukoudian Homo erectus determined with $\frac{^{26}Al}{^{10}Be}$ burial dating[J]. Nature, 2009, 458: 198 - 200.
[13] 沈冠军,邵庆丰,Granger D. $\frac{^{26}Al}{^{10}Be}$埋藏测年法及其在我国早期人类遗址年代研究中的应用[J]. 人类学学报,2009,28(3): 292 - 299.
[14] 那春光,孔屏,黄费新,等. 原地生成宇宙成因核素^{10}Be 和^{26}Al 样品采集及处理[J]. 岩矿测试,2006,25(2): 101 - 106.
[15] 李海旭. 宇生核素$\frac{Al}{Be}$埋藏测年法铝化学分析程序的改进[J]. 岩矿测试,2013,32(4): 555 - 560.
[16] Yamaguchi Y. Possible use of ^{41}Ca in nuclear dating[J]. Progress in Physical Geography, 1963, 30(4): 567.
[17] Raisbeck G M, Yiou F. Possible use of ^{41}Ca for radioactive dating[J]. Nature, 1979, 877: 42 - 44.
[18] Kubik P W, Elmore D. AMS of ^{41}Ca using the CaF_3 negative ion[J]. Radiocarbon, 1989, 31(3): 324 - 326.
[19] Rugel G, Pavetich S, Akhmadaliev S, et al. The first four years of the AMS-facility DREAMS: Status and developments for more accurate radionuclide data[J]. Nuclear Instruments and Methods in Physics Research Section B, 2016, 370: 94 - 100.
[20] Wallner A, Forstner O, Golser R, et al. Fluorides or hydrides? ^{41}Ca performance at VERA's 3 - MV AMS facility[J]. Nuclear Instruments and Methods in Physics Research Section B, 2010, 268(7 - 8): 799 - 803.
[21] Vockenhuber C, Schulze-König T, Synal H A, et al. Efficient ^{41}Ca measurements for biomedical applications [J]. Nuclear Instruments and Methods in Physics Research Section B, 2015, 361: 273 - 276.
[22] Carlos V V, José María L G, Manuel G L, et al. ^{41}Ca measurements on the 1 MV AMS facility at the Centro Nacional de Aceleradores[J]. Nuclear Instruments and Methods in Physics Research Section B, 2017, 413: 13 - 18.

第6章
加速器质谱仪在地学中的应用

1977年，美国 Rochester 大学和加拿大 Mc-Master 大学的科学家将一台离子加速器作为高能质谱计，在测量同位素丰度方面获得了前所未有的灵敏度。这种分析方法就是加速器质谱技术(AMS)，它最初应用于自然界中有机样品^{14}C的探测。随后加速器质谱仪广泛地应用于^{10}Be、^{14}C、^{26}Al、^{36}Cl、^{41}Ca和^{129}I等长寿命放射性核素在样品中的同位素丰度比值的测定。如今加速器质谱仪的研究范围已经涉及地球科学、生命科学、考古学、天体物理、材料科学、海洋科学和环境科学等方面。加速器质谱仪在地球科学中的应用尤为广泛，涉及地质年代、水文、海洋、冰川、古气候等领域[1]。本章主要介绍加速器质谱仪在地球科学研究中的原理和相关应用。

6.1 地学中应用的理论基础

测量原位地壳物质^{10}Be、^{14}C、^{26}Al和^{36}Cl的次级宇宙射线已被证明是最有价值和最成功的加速器质谱仪应用之一。通过加速器质谱仪可以测量的地球物理过程有大陆风化，渣土运输，岩石表面暴露年龄、侵蚀，冰川退缩和前进、构造抬升，陨石撞击，火山爆发和流动等。随着用原位地表材料的宇宙成因核素测定岩石表面的暴露史的实现，地壳研究提升到了一个新的层面。加速器质谱仪提供的半衰期和产生速率范围广泛适用于第四纪晚期和更新世晚期的地貌调查。

原地宇生核素在岩石中的产生速率随距地表深度增加呈指数递减，它们的产生速率可表达为

$$P = P_0 e^{\frac{-\rho t}{\Lambda}} \tag{6-1}$$

式中，P 为不同地表深度 X(cm)的岩石中 ^{10}Be 和 ^{26}Al 的产生速率($g^{-1}\cdot a^{-1}$)；ρ 为岩石的密度(g/cm^3)；Λ 为宇宙射线在岩石中的平均吸收自由程(g/cm^2)。

特定地点的岩石中宇宙成因核素的浓度将取决于：① 宇宙成因核素的半衰期；② 在岩石暴露时期内岩石接受宇宙射线辐射的几何特征；③ 岩石的暴露时间。

岩石中一种宇宙成因核素浓度的瞬时变化可用微分方程表达：

$$dN=(P-\lambda N)dt \tag{6-2}$$

式中，N 为宇宙成因核素在岩石中的浓度(g^{-1})；λ 为放射性核素衰变常数(a^{-1})；t 为岩石的暴露时间(a)。

对于最简单的情况，即在无风化-侵蚀、沉积和构造升降的稳定地面，以及稳定的核素产生速率和初始浓度为 0 的情况下，由式(6－2)得

$$N=\frac{P}{\lambda(1-e^{-\lambda t})} \tag{6-3}$$

然而，这种理想的状况在自然界中是少见的，仅对于那种现在仍可见擦痕的冰川、断层和滑坡等摩擦面可能如此。由于地面遭受风化-侵蚀或接受沉积，我们感兴趣的样品接受的宇宙射线通量往往是变化的。因此，有必要分别阐明在地表经历了持续的风化-侵蚀、沉积和构造升降情况下，岩石中累积宇宙成因核素的浓度。

(1) 在风化-侵蚀作用下，距地表某一现今深度处，岩石宇宙成因核素具有一定的初始浓度时，有

$$N=N_0e^{-\lambda t}+\frac{P}{(\lambda+\mu\varepsilon)(1-e^{-(\lambda+\varepsilon\mu)t})} \tag{6-4}$$

式中，N_0 为宇宙成因核素的初始浓度(g^{-1})；μ 为 $\frac{\rho}{\Lambda}$ 值(cm^{-1})；ε 为风化-侵蚀速率(cm/a)

(2) 在沉积作用下，当覆盖的沉积物达到一定的厚度时，有

$$N=N_0e^{-\lambda t}+\frac{P}{(\lambda-\mu\varepsilon)(1-e^{-(\lambda-\varepsilon\mu)t})} \tag{6-5}$$

式中，s 为沉积速率(cm/a)。

(3) 在较稳定的构造抬升和风化-侵蚀作用下，式(6－1)显示宇宙成因核

素产生速率随海拔高度而变化，但在一定的海拔高度范围内其产生速率可近似地处理为与海拔高度呈指数增长。此时由式(6-4)得

$$N = N_0 e^{-\lambda t} + \frac{P}{\left(\lambda + \mu\varepsilon + \frac{\alpha}{h}\right)(1 - e^{-(\lambda + \varepsilon\mu + \frac{\alpha}{h})t})} \tag{6-6}$$

式中，α 为扣除了风化-侵蚀速率之后的净抬升速率(cm/a)；h 为标准化的海拔高度$\frac{P_0}{dP_0/dy}$(cm)。

需要说明的是，在式(6-1)～式(6-6)中各个相同的符号分别具有相同的物理含义和单位，尤其在式(6-2)～式(6-6)中的宇宙成因核素产生速率 P 与式(6-1)的表达相同。

从上述各式中可以看出，岩石中宇宙成因核素的浓度不但与地磁纬度海拔高度有关，而且与岩石暴露于地表的时间、地表风化-侵蚀速率或沉积速率，以及构造活动地区的升降速率等具有确定的函数关系。因此，运用宇宙成因核素在地表岩石中的分布特征能够对地表形成和演化进行定量研究。

6.1.1　原位核素法

原位核素法是一种直接放射性测年技术。在这种情况下，暴光历史意味着岩石暴露于宇宙射线所经历的时间以及在暴光期间的平均侵蚀率的估计。它与其他辐射技术不一样，基于长寿命原始放射性核素(K-Ar，Ar-Ar，Rb-Sr 和 U 系列不平衡)或使对象变成固体系统，即封闭同位素输入系统。

原位核素法效果最好的时间周期是 5 ka～5 Ma，可识别的侵蚀速率为 0.1～10 mm/ka。它有助于为地貌测年技术标准库填补空白。加速器质谱仪的灵敏度确定了该方法测量下限约为 5 ka。短期辐射一定会产生低浓度的宇宙成因核素，高水平、高分析精度的加速器质谱仪测量并不需要最理想的大样本。在千年以上的时间尺度，侵蚀经常对所观察到的浓度有重要影响。其原因是侵蚀的进行，效应感兴趣的材料接近表面而且接收到越来越高的宇宙射线通量。因此，即使是在最简单的情况下，原位核素法通常也必须确定两个参数：年龄和侵蚀速率。估算侵蚀速率可以通过大型的质量守恒方法：大陆向海洋的排放，沉淀负担、贮藏或者通过地貌参数提供的基岩侵蚀速率和近期景观变化间接分析[2]。若地区经历长时间暴光(年龄长达几百万年)或低侵蚀速

率(0.1 mm/ka),则最好采用^{10}Be和^{26}Al的研究。相反,对于^{41}Ca和^{14}C,其半衰期远短于^{10}Be、^{26}Al、^{36}Cl,因此更适合侵蚀速率很高的地区。鉴于钙质岩石和碳酸盐(白云石、石灰石)侵蚀速率高,测量原位核素^{41}Ca能提供关于高侵蚀速率的有用信息[3]。然而,在若干白云石样品测量中原位核素^{41}Ca有着非常低的浓度[4],而原位核素^{14}C样品制备非常困难,阻碍了这两个放射性同位素的应用进展[4]。

6.1.2 沉积物

沉积物(sediment)为任何可以由流体流动所移动的微粒,并最终成为水或其他液体底下的一层固体微粒。沉积作用(sedimentation)即为混悬剂(suspended material)的沉降过程(settling)。沉积物亦可以由风成过程(eolian processes)或冰川搬运形成。沙漠的沙丘及黄土是风成运输及沉积的例子。冰川的冰碛石(moraine)矿床及冰碛(till)是由冰所运输的沉积物。简单的重力崩塌制造了如碎石堆、山崩沉积及喀斯特崩塌特色的沉积物。每一种类型的沉积物有不同的沉降速度,依据其大小、容量、密度及形状而定。江河、海洋及湖泊均会累积产生沉积物。这些物质可以在陆地沉积或是在海洋沉积。陆生的沉积物由陆地产生,但是也可以在陆地、海洋或湖泊沉积。沉积物是沉积岩的原料,沉积岩可以包含水栖生物的化石。这些水栖生物在死后被累积的沉积物所覆盖。未石化的湖床沉积物可以用来测定以前的气候环境。

地质学家通常使用考古学上广泛使用的^{14}C测年方法(radiocarbon dating)对沉积物样品的年龄进行断代测量。沉积物测年样品的收集以及沉积物选择条件如下。

(1) 被收集沉积物必须尽可能多地含有可用于定年的碳(少量碳酸盐、植物根和植物毛细根须)。

(2) 从泥块中提取有意义的黑泥物质、木头或者木炭成分。

(3) 隔离沉积物中单一的可确认的微小物质(如烟灰、木炭、树枝树叶等)。

(4) 在无任何可辨别的有机成分情况下,对薄的刨面片段获取尽可能高的垂直年龄分析。

沉积物的^{14}C年代测定有着广泛的应用,尤其在更新世-全新世地质时期、晚更新世和全新世期间的冰期、古气候、古环境变化、海平面变化、各地区的沉积率、海浸-海退时间等研究方面是重要的手段之一。许多情况下样品量并不缺乏,但由于深海钻孔取样数量受到限制,加上生物扰动使沉积层次受到干扰，^{14}C 年代测定需要选用单一品种的样品，数量就十分有限。因此取样只需几毫克碳的 AMS-^{14}C 法在深海钻孔的沉积物研究中应用颇多。

6.1.3　就地生成

宇宙成因核素产生于宇宙线引发的核反应。宇宙线中约有 85%的质子、14%的 α 粒子和 1%的重核子。起源于太阳的宇宙线(SCR)粒子特征能量为 10～100 MeV，注量率(flux)较大。起源于太阳系外的宇宙线称为银河宇宙线(GCR)，其粒子特征能量为 1～10 GeV，注量率较小，宇宙线穿过物质(如地球大气)时损失能量，引发核反应或者电离。GCR 高能粒子可引发核子-核子反应，并产生次级粒子。次级粒子的能量一般小于 500 MeV。次级粒子可以进一步引发核反应，形成簇射。SCR 粒子能量较低，仅在上层大气或者陨石等固体表层引发核反应。GCR 粒子则可以贯穿大气层，直达海平面，并进一步深入地表。宇宙成因核素的产生机制有两种：一种是高能粒子引发的散裂反应，此时入射粒子的能量一般在 50 MeV 以上。如 ^{10}Be 主要是高能宇宙线与大气层中氮和氧的散裂反应，^{26}Al 则主要是高能宇宙线与大气层中氩的散裂反应。由于大气层中氩的丰度很低，^{26}Al 与 ^{10}Be 的产量比约为 4×10^{-3}。另一种是低能(初级或次级)宇宙线粒子入射靶核形成激发态复合核，然后通过发射粒子退激而生成。如大气中的 ^{14}C 主要是宇宙线次级中子在大气 ^{14}N 上的(n，p)反应所产生的。

宇宙成因核素主要有大气层、地球外与就地产生三种模式。地球外的宇宙成因核素进入地球的渠道有陨石、宇宙尘以及宇航员带回(如月球样品)。就地产生的宇宙成因核素是由贯穿大气层的高能宇宙线在地表岩石中引发核反应而产生的，如氧和硅的散裂反应还可产生 ^{26}Al。

6.1.4　空间校正因子

虽然银河宇宙射线到达地球时各向同性，但在地球表面上所测得的次级宇宙线强度在很大程度上取决于地球磁场纬度的变化(即截止磁刚度)。这个截止磁刚度是宇宙射线可以进入大气的最低磁刚度(或有效能量)。地球两极的截止通量比在赤道的低，通量增加的主要原因是低能量质子和 α 粒子的比例会导致产生速率变高。另外，宇宙线通量穿过大气时会衰减，使得高海拔的地区获得较高宇宙线通量及较高产生速率。这种由海拔上升引起的增强随着纬度的增加表现得更加明显。产生速率随着测量的海拔和纬度的不同而不同。

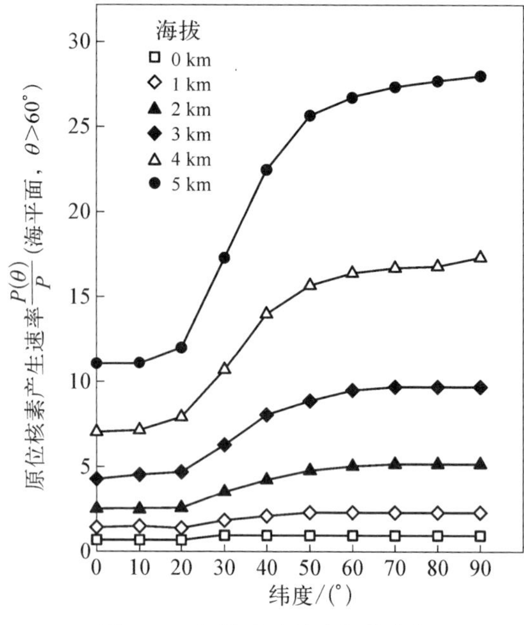

图 6-1 原位产生速率与纬度和海拔高度的变化函数

因此，在不同地点，为了确定一个暴露年龄，需要转换到同一纬度和海拔来校正产生速率。在图 6-1 中，我们给出不同纬度和海拔的产物曲线。产生速率已归一化到海平面及纬度大于60°的高纬度地区。例如，在纬度为 25°的地方，海拔从海平面上升到 2 km，产生速率增加了约 2 倍，而在两极地区，这个增加量达到了 4 倍。应当指出的是，拉尔(Lal)的校正曲线没有考虑到极低变化和受大气影响的温度[5]。

μ 介子对宇生核素产生速率的影响并没有得到很好的研究。Bilokon 等人[6] 1989 年的理论表明，在对流层低层 μ 介子纬度变化类似于其他核子。因为 μ 介子比核子有着较大的自由程(二者的自由程分别为 250 g/cm^2 与 150 g/cm^2)，原位产生速率受 μ 介子的影响，这在较低的海拔地区更为明显。

样品位置和周边地貌会显著屏蔽磁通量，因此在有遮掩地区的一个样品的总通量相对于平坦、开阔的表面要少。这种磁通减少被认为是几何屏蔽的结果。很大纬度范围内的宇宙射线的角度分布由公式 $F(\theta)=\sin 2.3\theta$ 得出，其中，θ 是相对于水平面的入射角。因此，在浅层轨迹中磁通强度小。此外，因大气中最厚部分屏蔽了这些轨迹，许多情况下校正是可以忽略不计的。

已知暴露年龄地区的样品可以用来确定原位放射性核素的绝对产生速率，但根据定义，这仅仅是平均时间的产生速率。它们的宇宙成因核素含量有效整合了在它们暴露年龄期间的宇宙射线通量。在通量是恒定的简单情况下，充分考虑地貌因素，一个地点推断(校准)出的产生速率可以转换并用于另一个地点。实际上，在地球表面宇宙射线通量呈现出“长期变化”，即随着时间的推移而变化。因此，测量一个经历过 10 ka 照射地区的产生速率的结果可能并不准确。建模研究长期变化的产生速率是提高原位核素测年法准确度的一个重要方面。影响宇宙射线通量到达地球表面的因素是：① 太阳活动的主要因素；② 地球地磁极的位置；③ 地球的磁偶极子的振幅。银河系宇宙射线通量和地磁场强度的短期太阳能调制（<200 a）会被更长寿命的宇宙成因核素标准序列平均掉。

如图 6-1 所示，原位产生速率是变化的纬度和海拔高度的函数 $P(\theta)$ 归一化到海平面高纬度产生速率 P（纬度大于 60°）。宇宙射线通量随纬度和海拔变化的多项式参数来源于 Lal[5] 的研究。

海洋核心和火山岩地磁强度记录显示出在过去 140 ka 地球磁场的长期变化。当时的平均时间磁场强度是今天强度的约 0.7 倍，而全新世的综合平均磁场强度是今天的 1.2 倍。Clarke 等人（1995 年）[7] 及 Clapp 等人（1996 年）[8] 提出了一种方法：把磁场强度变化的记录转换成与时间相关的产生速率记录。具体来说，在暴露的任一时刻，他们选择指定有效古纬度的样品地点的古地磁强度，假定在该纬度今天测的地磁强度也是一样的，假定变化（减少）的磁场强度可以通过一个横向移动（朝向极）简单地表示。对于每一个古纬度和时间间隔，Lal[5] 应用产物比例规则来获得瞬时产生速率，步骤的顺序在内华达山脉 ^{10}Be 和 ^{26}Al 原位校准图 2A 至 2C 中给出。结果表明，年轻的校准地点（小于 20 ka）最容易受过去磁场变化的影响，并且这种影响在高海拔和低纬度地区（小于 40°）最大。

在稳态条件下，产生速率简单地与原位浓度有关（即 $P = C\lambda$），假设侵蚀可忽略不计。Brown 等人[9] 1991 年从南极洲 Arena Valley 发现的大冰碛中提取了饱和浓度的 ^{26}Al，并推断出该地区产生速率为 35 $g^{-1} \cdot a^{-1}$。这个结果的 10% 误差范围内与 Nishiizumi 等人[10] 得到的结果一致，该结果通过测量内华达山脉一个原位 11 ka 冰碛样品得到。由于 ^{26}Al 和 ^{10}Be 两个都是高能散裂产物，它们的产生速率（约 6.1 $g^{-1} \cdot a^{-1}$）基本上不随时间自由变化，而且可以推断出 ^{10}Be 在过去 11 ka 年的产生速率为过去的 2～3 Ma 的平均值。

Bierman 等人[11] 1996 年关于新泽西州劳伦冰盖的漂浮冰川的研究（放射性碳测量年龄为 21.5 ka BP）中，推算得出的 ^{10}Be 和 ^{26}Al 产生速率比 Brown 等人[12] 在 1992 年的估计值和 Nishiizumi 等人[10] 在 1989 年的测量值低 20%。Clarke 等人[7] 1995 年重新评估内华达地区的冰碛年龄为 14 ka，推算得出的 ^{10}Be 和 ^{26}Al 产生速率同样比 Nishiizumi 等人的测量值低 20%，因此关于劳伦冰盖和内华达山脉的两个校准数据达成了一致。两种情况下，就如预期的那样，^{26}Al 与 ^{10}Be 产量的比例是不变的。关于原位核素 ^{36}Cl 产物受射线通量变化的影响一直没有较系统地研究。^{36}Cl 系列校准样品年龄范围从 5 ka 到 1 Ma 以上，同时区间内也采用放射性碳和 Ar－Ar 方法作为补充校准时间方法。

如图 6－2 所示，图(a)中 M 为古地磁强度，M_0 为标准化的现地磁强度，可用于内华达山脉的产物地点校准；图(b)来源于图(a)的有效古地磁强度；图(c)为由古纬度确定的时间相关的产生速率比例归一化到现在的产生速率[7]。

图 6－3 所示为从南极南龙达讷山脉的样品中用^{10}Be 和^{26}Al 推导得出的暴露年龄。极高的宇宙成因原位浓度表示有着长时间暴露年龄(约 1 Ma)和极低的侵蚀速率(约 10^{-1} cm/a)[13]。

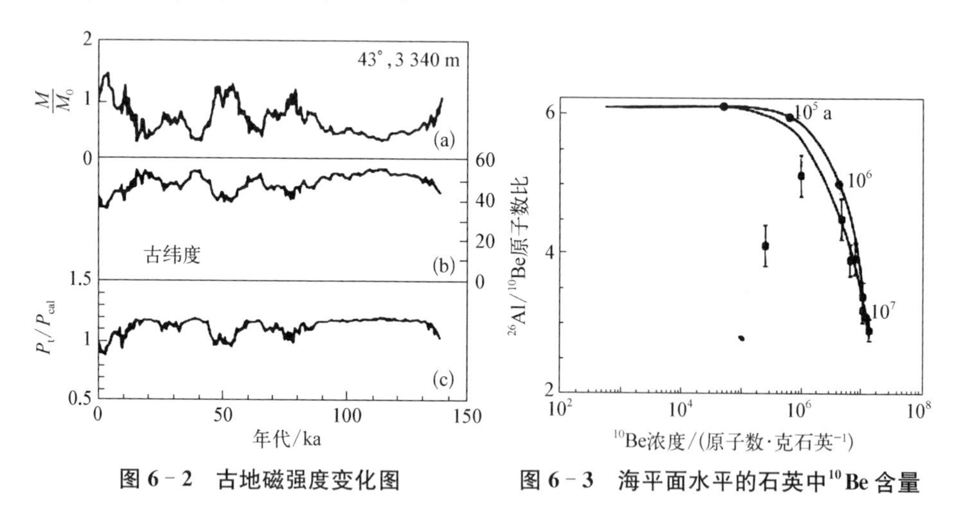

图 6－2　古地磁强度变化图　　图 6－3　海平面水平的石英中^{10}Be 含量

6.1.5　地下产量和深度分布

在地壳下的核子成分的衰减长度 $\Lambda(g/cm^2)$ 呈指数性下降，因此原位产物随深度的函数表达式为 $P(深度)=P(面)e^{-\rho x/\Lambda}$。它的值不仅取决于材料的性质也取决于地理环境。$\Lambda$ 的出现取决于纬度，因为地磁场会筛选出低能量的宇宙射线。高纬度地区能让更多的低能量宇宙射线到达地球表面，在赤道地区则变少。低能量粒子在地下短距离内被衰减了，因此 Λ 值会降低，实际上这是所有能量粒子的平均衰减长度。

这种趋势已通过定量测量地下 1 m 范围内^{10}Be 和^{26}Al 衰减深度分布得到证实[12]，纬度大于 50°的条件下截止刚度保持恒定，衰减长度 150 g/cm^2 (相当于多数岩石约 50 cm 深处)被学术界广泛采用。在赤道地区，衰减长度比上述地区增加约 30%，达到了 190 g/cm^2（约 65 cm 深处）。在浅层采样地区，衰减长度的这种差异影响不大。例如，在两极 5 cm 深处的样品相对于一个在赤道的类似样品产物仅有 2%的降低。值得一提的是，地下的^{10}Be 和^{26}Al 衰减长度曲线接近平行，体现出地下^{26}Al 与^{10}Be 的产生速率比例基本保持恒定。含量随深度呈指数降低。由于铍和铝两个产物随深度降低有着相同的衰减，在岩石中其产物比值随深度改变不显著，使得其在地面比值并不十分依赖于侵蚀过程（见图 6 - 4）。

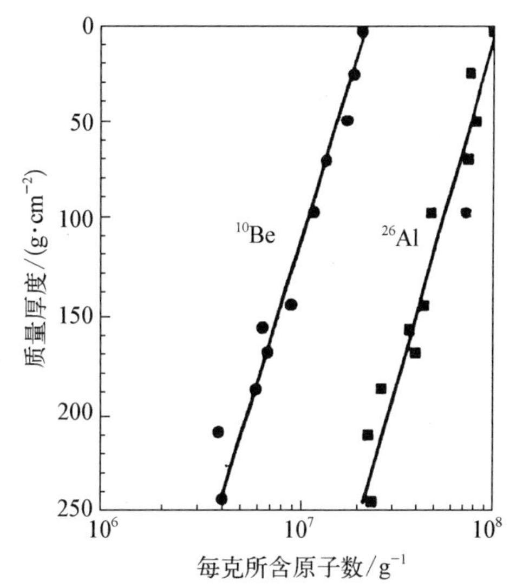

图 6 - 4　南极岩石中^{10}Be 和^{26}Al 散裂产物的宇宙射线产物含量随质量厚度的衰减函数

上述调查突出了^{10}Be 和^{26}Al 研究相比于^{36}Cl 之间的本质区别。^{10}Be 和^{26}Al 只能由散裂产生，它们产物的预期衰减几乎是一样的。它们的浓度随时间的变化主要取决于与其相对的半衰期。因此，从一个最小暴露地点（零侵蚀）移动到一个侵蚀平衡（无限暴光）的暴露地点时，^{26}Al 与^{10}Be 的产量比值不超过 10%，这有着限制其动态范围的意义。所以，用加速器质谱仪精确测量^{26}Al 和^{10}Be（低于 2%水平）需要改善模型来估计暴露年龄。与此相反，^{36}Cl 除了其散裂的产物模型，也能通过缓慢的 μ 介子和热中子俘获产生。散裂主要决定了在接近地表的深度分布曲线形状；在更深处（超过 3 m），其余的模式占主导地位。每种模式的深度特性明显不同，因为不同深处各自的源磁通性能不同。

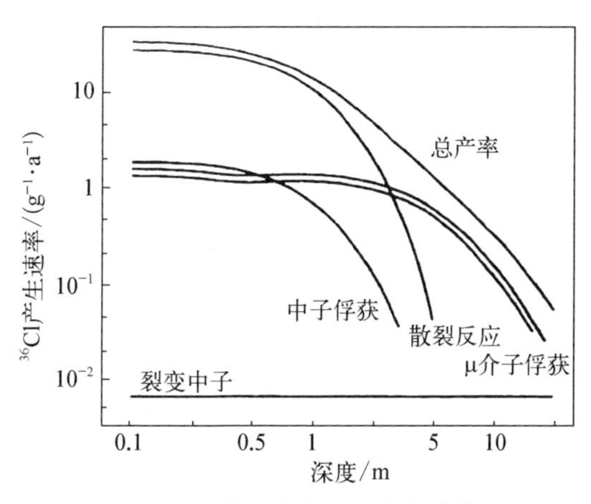

图 6 - 5　^{36}Cl 产物深度分布计算

如图 6 - 5 所示，Stone 等人[14] 1994 年做了方解石中^{36}Cl 产物随深度分布的模型评估，该模型中假定钙含量为 40%，钾含量可忽略，氯含量为百万分之六十。在深约 3 m 的地方，三种产生方式(钙的负 μ 介子俘获,氯中子的俘获,钙的散裂反应)对总^{36}Cl产额贡献相当。显然,对于低钙和高氯岩石样品,通过中子捕获反应方式得到的^{36}Cl占绝大部分。^{36}Cl产率同时也受不同海拔和纬度的影响,相关矫正计算工作已由Zreda 等人[15]在文献中列明。

6.2 地质与地貌

通过加速器质谱仪技术可以测量的地球物理过程有大陆风化,渣土运输,岩石表面暴露年龄、侵蚀,冰川退缩和前进、构造抬升,陨石撞击,火山爆发和流动等。随着用原位地表材料的宇宙成因核素测定岩石表面的暴露史的实现,地壳研究被提升到了一个新的层面。加速器质谱仪提供的半衰期和产生速率范围广泛适用于第四纪晚期和更新世晚期的地貌调查。

6.2.1 地层年代

地层时代划分,也可称地层年代划分,是国际上流行的地层划分依据之一。地层时代划分是以形成年代作为依据,在某一特定的地质时间间隔内所沉积的一套地层作为年代地层单位。年代地层单位之间的界限应为沉积等时面或同时沉积面。确定等时面的方法包括生物地层学(根据标准化石)、同位素年代学(适用于寒武纪的深层变质地层)、古地理(海陆变迁)、古地磁(适用于寒武纪以后的地层)和古气候等。一般情况下,层面和不整合面都可作为年代地层界面。现阶段,我国普遍采用宇、界、系、统、阶五级作为年代地层单位,相对应的地质时代为宙、代、纪、世、期、时。其中宙、代、纪、世是国际性的地质时间单位,期和时是区域性的地质时间单位。

6.2.2 暴露年龄与侵蚀速率

加速器质谱仪技术在地质年代学中应用最普遍的是测量地表暴露年龄。假定在地表暴露之前宇宙成因核素的初始浓度为零,它们在岩石中的浓度积累将主要取决于暴露时间和侵蚀速率。因此,通过测量这些核素在岩石中的含量,可以定量估计出岩石的暴露条件和暴露年龄。宇宙射线在地表产生的宇宙成因核素浓度随深度的增加而减少,因此矿物颗粒中累积的宇宙成因核素的浓度反映了其埋藏地的侵蚀速率。侵蚀速率低说明矿物颗粒在地表的暴露时间长,相应地,其宇宙成因核素浓度较高。在确定侵蚀速率时公认的假设是：岩石长期暴露地表后，由于宇宙射线的照射，地下产生的宇宙成因核素的浓度达到稳定状态，此时侵蚀速率为常数。在这种情况下，侵蚀速率可通过测量单个核素而确定。^{10}Be、^{26}Al 和^{36}Cl 是加速器质谱仪测量暴露年龄最常用的核素，其中^{10}Be 和^{26}Al 主要是从石英样品中提取，而^{36}Cl 的来源要广泛得多。Handwerger 和 Lal 等[16-17]通过测量石英和方解石中原地产生的^{14}C 的含量，给出了矿石的暴露年龄。根据一种核素得到的暴露年龄，需要假定该地区宇宙成因核素在岩石和矿物中的产生率是已知的，但是已知产生率的不确定性为 5%～10%，这限制了测量的精确度。虽然有些宇宙成因核素不能与其他稳定同位素充分混合均匀，但如果两种宇宙成因核素在特定环境中的行为类似，则可能具有恒定的相对比值。同时测量这样两种核素可以消除宇宙射线强度引起的变化。在多种地质条件下，石英中^{26}Al 和^{10}Be 是测量暴露年龄和侵蚀速率的理想核素对。Nishiizumi 等[13]利用^{26}Al/^{10}Be 浓度比值研究了南极基岩的暴露年龄和侵蚀速率，发现不同环境下的侵蚀速率具有较大的差异，这些样品的最小暴露年龄都在 20 万年左右，平均侵蚀速率为 10^{-5} cm/a。中国原子能科学研究院[18]、广西师范大学、中国地质科学院岩溶科学研究所合作利用^{36}Cl 对广西天坑的暴露年龄和侵蚀速率进行了研究，结果表明广西天坑群的形成时间分布于距今几万～几十万年的第四纪地质年代[19-20]。

当一个物体(例如陨石)在一定的注量率的宇宙线中暴露一段时间后，其中某种宇宙成因核素的含量为

$$C=\frac{Q}{\lambda}(1-\mathrm{e}^{-\lambda T}) \tag{6-7}$$

式中：Q 为该核素的产率；λ 为该核素的衰变率；T 为暴露年龄。当 $T \ll T_{\frac{1}{2}}$ 时，C 随 T 呈近似线性增长；当 $T > 3T_{\frac{1}{2}}$ 时，C 趋向于饱和，核素的产生与衰变接近平衡。对于地外天体，其暴露时间通常足够长，可接近于达到放射性平衡。有时陨石是来自某个天体的碎片，此时产率应加屏蔽修正，$Q = kQ_{\mathrm{s}}$。这里 Q_{s} 为天体表面该核素的产率；k 为屏蔽因子，取决于暴露表面的深度。当陨石落到地面后，大气层对宇宙线起到屏蔽作用，此后宇宙成因核素的含量主要由衰变决定：

$$C=\frac{kQ_{\mathrm{s}}}{\lambda}(1-\mathrm{e}^{-\lambda T})\mathrm{e}^{-\lambda t} \tag{6-8}$$

式中：t 是陨石的居地年龄(terrestrial age)。由于 k、T、t 均为未知数，故需测量

三种宇宙成因核素，如^{10}Be、^{26}Al和^{36}Cl，才能解出陨石的暴露年龄和居地年龄。

近年来，测量陨石暴露年龄的方法已应用于就地问题和地表侵蚀问题的研究。考虑到侵蚀因素后，式(6-7)应该改写为

$$C=\frac{Q}{\lambda+\varepsilon\mu}(1-e^{-\lambda T}) \tag{6-9}$$

式中：$\mu=\frac{\rho}{\Lambda}$ (cm^{-1})，ρ为岩石的密度(g/cm^3)，Λ为宇宙射线在岩石中的平均自由程(g/cm^2)；$1/\mu$为宇宙射线吸收的平均自由程，在岩石中约为50 cm；ε为侵蚀速率(cm/a)。利用几种不同的核素，可以同时确定暴露年龄和侵蚀速率。在这类应用中，产率的变化不像在衰变测年法中那样敏感，这是因为其在公式中以积分的形式出现。一般来说，宇宙成因核素的就地产率远低于地外产率，故在式(6-8)中可以忽略就地产率的影响。

6.2.3 埋藏年龄

如果碎屑物在地表长时间暴露后被深埋，使之与宇宙射线相隔离，在该碎屑物中将不会有新的宇宙成因核素产生，它们的浓度将随着时间变迁逐渐降低。目前测量沉积物的埋藏年龄的前提是假定沉积物在埋藏前不受侵蚀作用。采用双核素定年时，通过测量沉积物石英中原地生成的$^{26}Al/^{10}Be$浓度比值以及^{10}Be的浓度，就可以估算出沉积物的埋藏年龄。^{10}Be和^{26}Al的测年范围为10万～500万年，对于目前的测量水平，当探测限在10万年时，其不确定度为100%。采用单核素定年时，沉积物石英中的^{14}C是最佳待测核素。由于^{14}C的半衰期短，其测年的上限为5万年[17]。

宇宙成因核素埋藏测年基于在同一岩石或矿物中的宇宙成因核素对是以固定比值生成的，但是这一核素对分别具有不同的半衰期。例如^{10}Be核素对在地表石英矿物中的生成速率比值是固定的，不受纬度和海拔的影响[13]。石英矿物在地表暴露一定时间后，被埋藏至不再受宇宙射线影响的深度，由于石英中的^{26}Al和^{10}Be核素分别具有不同的半衰期(^{10}Be的半衰期为1.36 Ma、1.387 Ma或1.34 Ma，而^{26}Al为0.716 Ma或0.71 Ma)，两核素浓度比值会随着时间而降低，据此可以用$^{26}Al/^{10}Be$浓度比值来测定沉积物的埋藏年龄。用加速器质谱测量埋藏沉积物中石英的^{26}Al和^{10}Be核素浓度，并计算其比值，就可以计算出相应沉积物的埋藏年龄。当然，在不同地质条件下，其计算原理与

方法也不尽相同。目前有4种基本方法：暴露-埋藏图解法、深度剖面法、等时线法以及$^{26}Al-^{21}Ne$和$^{10}Be-^{21}Ne$法。

暴露-埋藏图解法是假定石英在地表暴露一定时间后被埋藏到不再受宇宙射线影响的深度，在经过一段时间后可计算出^{10}Be浓度及^{26}Al与^{10}Be的比值，再由此作图可直接得出埋藏年龄及古侵蚀速率。深度剖面法是从一个垂直剖面上采集多个样品，假定所有沉积物是快速沉积的，那么剖面上不同深度的样品具有相同时间的年龄和侵蚀速率，由此即可求出样品的埋藏年龄和侵蚀速率。等时线法是假设被埋藏的沉积物具有相同的核素继承量，没有受到地表侵蚀，且沉积物在埋藏前暴露时间短，同时上覆沉积物非常厚。根据以上条件可得出^{26}Al与^{10}Be的线性关系，且其斜率大小只与埋藏时间有关。通过测量不同深度上样品的核素浓度，就可求出斜率，进而计算出埋藏年龄。$^{26}Al-^{21}Ne$和$^{10}Be-^{21}Ne$法是运用了类似暴露-埋藏图解法得到这两种核素对所计算的埋藏年龄，与^{26}Al和^{10}Be核素对测年法相比，$^{26}Al-^{21}Ne$和$^{10}Be-^{21}Ne$埋藏测年技术在测年范围和测年准确性上均有所提高。

6.2.4　样品采集

许多实际的研究问题需要考虑何时决定采样策略以及何地采集样本。同位素的选择取决于对暴露史的时间尺度估计和提供的岩石类型。砂岩和花岗岩适用于^{10}Be和^{26}Al的研究，石灰岩方解石以及钙、钾丰富长石则适用于^{36}Cl研究。生产速率随纬度、海拔和地表以下深度的变化而变化，这些参数也需要精确记录。多数学者认为“表面”样品深度至多在5～10 cm范围内。周边地形特征也应记录，以评估宇宙射线通量的减少量。靠近彼此并且已经预测到经历相同的暴露史的样品应收集以检查内部是否一致。对^{10}Be和^{26}Al，样品质量应用最终分离和浸出后获得的10～50 g纯石英矿物计算。^{36}Cl则更加复杂。通过氯的中子捕获以及钙、钾的散裂产生的^{36}Cl，处理过程中可以不必加入氯载体。例如，对两个或两个以上的加速器质谱仪目标，50 g花岗岩含有百万分之两百天然的氯，这将提供足够的AgCl（10 mg氯）。

为了切合实际，确定暴露年龄或侵蚀速率所需要的采样数量和类型对采样点的地貌环境正确理解是必不可少的。暴露程度取决于所继承的宇宙线含量；改变表面的方向、被雪或杂物覆盖以及受到大型侵蚀（即剥落）都可能改变模型的暴露史，因此必须逐案看情况。一般研究表明，在选择样品中较老的表面需要更加细心，大样品更容易估计真正的年龄和扩散。

一个“简单”的暴光情况下会设想样品表面：

(1) 受持续的照射下迅速暴露。

(2) 从预暴露期间起不包含宇宙线含量。

(3) 几何形状保持不变。

(4) 不与大气中的放射性核素交流。

冰抛光和岩石侵蚀的存在表明它们曾经发生过最小风化。大石头随着时间变化较少有机会调整方向。采样远离陡坡的水平表面或中央区域的以米为单位大小的巨石可以减少几何因素对生产速率的影响。因为岩石-大气边界的中子泄漏，后者对^{36}Cl热中子产物的情况尤其重要。积雪对^{36}Cl研究是重要的，因为水的吸收性质，40 cm 厚的积雪减少了在岩石表面入射中子通量。未风化的、非破裂的岩石更可能保留原位核素产物[11]。

精心设计的样品还原和提取技术可以用来区分原位产物和普通类别的放射性同位素。由于石英通过散裂反应可同时产生两个重要长寿命核素^{10}Be和^{26}Al，因此石英作为 AMS 断代样品被普遍采用。石英是一个密闭的晶体结构，因此它不受到大气中的^{10}Be的渗透。否则，大气中的^{10}Be会掩盖原位产生的^{10}Be。石英的主要成分是硅和氧，它们分别充当^{26}Al和^{10}Be的μ子和快中子引起的散裂产物的独立目标。值得注意的是，与此相反，铝在地壳中有着高丰度，但纯化的石英通常只含有微量的稳定的铝(在小于百万分之一百的水平)。造成的结果是该^{26}Al原位信号通过载体铝稀释后未达到加速器质谱仪检测限的最低水平。石英出现在大多数的岩石类型中并具有良好的浓度。石英的提取采用重型液体选矿技术，在系统连续溶出或浸出的产物中需要去掉石英中的大气铝矿物和^{10}Be的部分。原位有效水平可在除去25%～50%的石英之后得到。

对于^{36}Cl，样品处理较为复杂。Zreda 等人[15]在 1991 年描述的方法和 Bierman 等人[21]在 1995 年描述的方法有着显著不同。前者是通过大量岩石溶出提取总的^{36}Cl(来自散裂和中子捕获的^{36}Cl)，而后者描述的^{36}Cl分离方法则是在石英流体中俘获稳定的氯中子。建立两种技术动机在于：通过比较^{36}Cl在表面和浅层深处中子捕获产物都可以通过测量单一宇宙成因核素来获得侵蚀速率和暴露年龄相关信息，这是用^{10}Be或^{26}Al的散裂产物不可能完成的。但是，每种^{36}Cl方法有着各自的难处。对于大宗岩溶解，因其散裂产物和热中子产物共享，所以需要对岩石样本中的钙、钾和氯含量精确地测量。此外，为了估计天然氯可用中子的吸收分数，必须对具有高的热中子反应截面元素（如铁、锰、钆、钐、硼等）的丰度进行评估。对于后一种方法，去除石英流体包裹体是复杂的，从相邻矿物质中浸出^{36}Cl散裂产物也有风险。

不同于石英，含氯矿物容易被大气中的^{36}Cl形成的次生矿物包裹。难以确定是否存在着大气^{36}Cl的污染，因为两者都有基本相同的水平。但是，在大多数情况下，大气中的^{36}Cl污染可通过清洗碳酸盐或黏土去除。适合^{36}Cl测量的矿物不一定适用于^{10}Be与^{26}Al产量比值的测量。因此，要分析同一岩石中的^{10}Be与^{26}Al产量比值和^{36}Cl的含量，往往要分析岩石中不同矿物成分。

6.3　海洋

加速器质谱仪技术在海洋科学中的应用非常广泛，涉及沉积物年代、海洋示踪、海洋生产力等领域。

6.3.1　沉积物年代

海洋沉积物(marine sediments)是指各种海洋沉积作用所形成的海底沉积物的总称，它是以海水为介质沉积在海底的物质。沉积作用一般可分为物理、化学和生物 3 种不同过程，由于这些过程往往不是孤立地进行，所以沉积物可视为综合作用产生的地质体。传统上，按深度将沉积划分为近岸沉积(0～20 m)，浅海沉积(20～200 m)，半深海沉积(200～2 000 m)，深海沉积(＞2 000 m)。海洋是巨大的汇水盆地，是最终的沉积场所。海洋沉积物主要来源于大陆，河流、冰川和风等营力每年将数百亿吨的物质搬运到海洋并沉积下来。另外，海洋侵蚀作用的产物、火山物质、宇宙物质等也是海洋沉积物的重要组成部分。海洋的沉积作用区域可进一步划分为滨海、浅海、半深海和深海几个环境分区。

在海洋学中，加速器法测^{14}C可望有广泛的应用（见表 6 - 1），如用来研究海水中溶解有机质成因、测定悬浮颗粒年代、研究底栖动物食物源及深海沉积物中有机质成因。对沉积物底栖有孔虫的中古混合速率以及深海沉积物中浮游有孔虫的 $CaCO_3$ 的溶解量等的研究，尤其是对悬浮粒子的研究，近几年来被海洋学家所重视。

表 6-1 ^{14}C 在海洋学中的应用[22]

	测定对象	研究课题	测量要求
海水	溶解的无机碳	研究海洋循环	高精度
	溶解的有机碳	研究成因问题	小样品
	悬浮颗粒	测定年龄	小样品
活生物体沉积物	珊瑚生长“年龄”	研究核弹排放 ^{14}C 历史	高精度
	底栖动物	食物源	小样品
	浮游有孔虫	溶解量	小样品
沉积物	有机质	研究成因	小样品
	底栖有孔虫	研究混合速率	小样品

刘广山等[23]提出了海底多金属结核和结壳所能涵盖的时间尺度为 10～100 Ma，刚好是 ^{129}I 测年的时间尺度，多金属结核和结壳是合适的 ^{129}I 测年介质的观点。利用 ^{210}Pb 的放射性测定百年内沉积事件的方法是近十年来才发展的一种较可靠的新技术，也是地质年代学中有发展前途的方法之一。海洋沉积物的形成年代与沉积速率的资料，无论在研究海洋沉积作用的过程中还是进行海洋工程建设、开发海洋资源或调查海洋污染史等都具有重要的意义[24]。

6.3.2 海洋示踪

地球的旋转、潮水的作用、温度和盐度的差别及风的影响，使海洋形成一个动态的系统。由于海水中含有大量的氯，^{36}Cl 与 Cl 丰度比低于加速器质谱仪的探测限，可用于海洋研究的宇宙成因核素有 ^{10}Be、^{14}C、^{26}Al 和 ^{129}I。目前加速器质谱仪技术在海洋领域的应用主要有以下方面：①利用核爆 ^{14}C 标记 CO_2，研究大气与表层海水的碳交换模型和交换速率；②测量宇宙成因核素，了解很长时间内海洋物理、化学和生物过程；③测量湖水、海水、海藻中的 ^{129}I，进行核燃料再处理设备的废物示踪；④测量 ^{10}Be 和 ^{26}Al，研究海底沉积物、结核、结壳和海底火山。2004 年，Shen 等[25]用 ^{14}C 测量我国北海雷州半岛西南部灯楼角的珊瑚礁。结果表明，在全新世高温期至少存在 9 次高频率、大幅度的气候突然变冷事件，为全新世高温期的高频气候不稳定性演化模式提供了新的证据。Alfimov 等[26]测量了从北大西洋到波罗的海的横断面中 ^{129}I 的浓度，指出波罗的海海水中的 ^{129}I 是经过海底从北大西洋迁移而来。

6.3.3 海洋生产力

海洋初级生产力，也称海洋原始生产力，指浮游植物、底栖植物及自养细菌等通过光合作用制造有机物的能力，一般以每日(或每年)单位面积所固定的有机碳或能量来表示[g(C)/(m^2 · d)或 kcal/(m^2 · h)]。据苏联学者马尔科夫(K. K. Markov)1980年计算，世界海洋浮游植物的初级生产力达 4.3×10^{10} t(C)/a。H. 施罗德于1919年第一个简单地报道了定生藻类的初级生产力。1927年，T. 盖尔德和 H. H. 格兰首先应用测氧法，即黑白瓶法测定了海洋初级生产力。该法用黑、白瓶分别测定光合生物进行呼吸作用所消耗的氧和进行光合作用所释放的氧，根据其差别计算出初级生产力。1952年，E. 斯蒂曼-尼尔森提出^{14}C测定方法。该法的灵敏度比测氧法高出约100倍，且不需要长时间暴光培养，尤其适合于测定贫营养的大洋区的初级生产力，因而被海洋学家选用为测定初级生产力的常规方法。20世纪60年代以来，采用液体闪烁计数器提高了对^{14}C的测定效率。但测氧法和^{14}C法只能测定不连续水样中的光合作用速率，很难了解海洋浮游植物初级生产力全貌。鉴于浮游植物中的光合色素直接参与光合作用，通过叶绿素 a、b、c 含量比例的测定，可以分析样品中的种类组成，根据叶绿素 a 的含量，可以间接地推算出初级生产力。因此，国际上现已广泛采用叶绿素含量测定法。叶绿素含量的测定法有分光光度法和荧光光度法两种。20世纪70年代以来，遥感技术的发展加快了海洋初级生产力的调查研究步伐。一些学者根据海洋生态系的平均生产力值，绘出了全球海洋初级生产力图。不少学者还根据生物的和非生物的参数，对初级生产力进行了数学模拟研究[27]。

6.4 冰川

有“固体水库”之美誉的冰川提供了全球75%的淡水资源[28]，而近年来全球气候变暖，大部分地区冰川呈现退缩趋势，对山地和山麓平原的水文、地貌、植被、土壤以及绿洲的生成和人类活动有着重要影响。通过加速器质谱仪技术可以很好地测量冰川退缩和前进、搬运等地质过程。

6.4.1 沉积年代

由于冰碛物中缺少其他相关测年物质并且其他测年方法不能满足其所测

年代的要求，宇宙成因核素埋藏测年技术已逐渐成为研究冰碛物或与冰期相关的沉积序列的一个重要手段。Balco 等利用等时线法研究了美国密苏里州的冰碛物-古土壤序列。该序列由 5 期冰碛物和古土壤组成，冰碛物代表了冰期，而古土壤则代表了间冰期，同时也是宇宙成因核素产生和积累的时期。古土壤被上覆的冰碛物埋藏后，放射性核素就开始衰减。

南极大陆的保留在全球气候变化中起着举足轻重的作用；然而，它的在冰和冰川层保存完好的气候记录，还没有被人完全记录和理解。围绕着南极洲冰川动态变化的冰川地质历史和年代表一直有争论。用^{26}Al 和^{10}Be 测量暴露的岩石和地表的原位测年技术在许多应用中被证明是重要的测年手段。

对大陆和极地间冰期过渡时期的时间表和幅度的详细认识，在破译全球气候的动态变化中必不可少。然而海洋的气候记录随着 $\delta^{18}O$ 同位素的时间尺度被广泛接受而确立，同样地，缺乏一个明确的测年技术直到现在也不确定大陆的记录，因此许多重要的地质结构的暴露史很难评估。原位方法的发展改变了这种情况，通过它可以更可靠地获得更新世冰川古气候历史记录。

在对泰勒冰川的研究中，最年轻和最古老的冰碛之间仅有很小的高度差，这表明自上新世晚期到更新世早期泰勒冰川的最大增厚仅为 300～500 m（相对于目前冰级）。Nishiizumi 等人[13] 1991 年也得出类似结果，通过研究 Allan Hills 的 4 个基岩样品（样品位置靠近冰缘地带），得到的暴露年龄为 0.5～1 Ma。两组的结果表明，南极东部冰原在过去的 1～3 Ma 中体积变化甚微。在南极原位数据中最突出的特点之一就是都有着极低的侵蚀速率，样品经历不同的暴露史的范围为 0.1～0.5 mm/ka。这与那些侵蚀速率为 10 mm/ka 的温带地区有明显不同（Bierman，1994 年）。Brown 等[9] 1991 年系统地讨论了宇宙成因核素^{3}He 的分类，以估计 Arena Valley 中年轻的第四纪的冰碛年龄。他们对从年龄小于 0.1 Ma 的样本中观察到的^{3}He 和^{10}Be 都有着相同的看法。

6.4.2 冰川消融与气候变化

20 世纪 50 年代以来，我国西部大部分地区冰川退缩，如天山[29]、祁连山[30]、昆仑山区[31]等都出现不同程度的冰川退缩现象。由于区域性气候差异影响，冰川退缩差异明显，对区域可持续发展的影响也不尽相同，因此，研究冰川面积变化及差异性具有重要的现实意义。天山是亚洲最大山系之一，位于准噶尔盆地和塔里木盆地之间，西起乌兹别克斯坦的乌加穆斯山，东至我国新疆哈尔里克山，全长 2 450 km，宽 100～400 km[32]，对新疆当地乃至全国的淡水资源及经济发展具有重要影响。天山东部地区处于天山山脉东段最敏感地区，对进一步研究天山冰川乃至我国西部地区冰川退缩及气候变化具有重要作用。

冰川消融是冰的融化和蒸发引起的冰川消耗现象，是冰川物质消耗的主要方式，其数量取决于冰川所在纬度（温度）和冰面污染程度。冰川消融的方式有冰面消融、冰内消融和冰下消融，以冰面消融为主。我国是世界上山地冰川最多的国家之一，主要分布在西部高原和高山地区，那里也是许多大江大河的发源地。此外，冰川是我国西部干旱绿洲的命脉。冰川变化直接影响绿洲地区的生存和发展，也影响大江大河水资源的补给。研究显示，自 20 世纪 90 年代以来，在气候变暖的大背景下，我国和世界的冰川都处于消融退缩状态。

上新世晚期末次冰消期的观点表明干谷的沙漠至少从上新世早期就持续存在，然而这并没有地貌和其他地质年代学证据的支持。高山冰碛序列的年表在气候变化的时间分辨率精度上，比那些大型大陆冰盖更好控制，因为前者响应气温和降水的变化更为快速。高斯等人 1995 年使用从约 60 块巨石和 6 块基岩样本中的精确原位^{10}Be 测量，测出在怀俄明州 Wind River 弗里蒙特湖流域的大冰期时间约为(21.7+0.7) ka，持续了约 6 ka。这个结论是与当地^{14}C 的测得时间 20～15 ka BP 非常吻合。美国蒂科姆湖冰碛 10 个大花岗闪长岩巨石中^{10}Be 的暴露年龄范围为 11.4～13.8 ka(+5%)（高斯等人，1995 年），与 Younger-Dryas 的周期重合。该冰碛与 Younger-Dryas 提供的相关性证据表明，该冷却事件可能是全球性的。

6.5　地下水

同位素示踪地下水运动基于传统的水化学方法逐渐发展而来。地下水中存在着多种环境同位素，不同条件下形成的地下水具有不同的同位素特征，这些特征记录了地下水起源和演化的历史，同位素水文地质学是以参与水循环的这些环境同位素作为标记，从宏观和微观上阐明水文地质学的过程机理。随着同位素应用研究的深入，地下水补给的系统性研究获得了相对突破性的进展。Münnich 等[33]首先把^{14}C 方法引入地下水测年，并建立了地下水的^{14}C 测年方法。目前，地下水^{14}C 测年是地下水测年技术中最为成熟的，在全世界许多地区得到广泛应用，在评价地下水补给和不同空间尺度的地下水循环中起到了独特的作用。地下水年龄是表征地下水循环和更新强度的重要指标。

了解可更新与不可更新地下水资源的分布对地下水开发战略的制订是非常重要的，更新强度较大的年轻地下水一般赋存于浅层含水层中，驻留时间在几十年到几百年之间，对这些地下水测年，主要方法是利用^{3}H及其衰变产物^{3}He[34]。干旱和半干旱地区地下淡水多数是年龄很老的地下水，这些地下水称为“化石水”或“古水”。由于对其分布和储量情况不十分清楚，很难评价其可利用性及其开采后的相关环境变化，通过地下水同位素测年可以了解其分布和开采后的变化，制订合理的开发战略。在区域尺度地下水流系统中，地下水驻留时间长，常用的测年方法是地下水溶解无机碳(DIC)的放射性^{14}C测年法。在过去的30年中，该方法研究取得了许多进展，开发了校正地下碳反应的新数值方法，如：Plummer等[35]编制的NETPATH模型软件。除利用溶解无机碳^{14}C测年之外，以Murphy等[36-37]为代表的研究者测定溶解有机碳(DOC)中的^{14}C，并测定了Middendorf含水层中溶解有机碳和无机碳组分，详细分析了碳同位素存在的化学形式、生物活性之间的相互联系。

地下水^{14}C方法不仅提供了水的驻留时间、水流速率，而且提供了关于古水文和古气候变化的信息。干旱区水资源对气候变化异常敏感，这些地区古水文学的研究有助于区别目前补给和古补给的地下水，从而判断地下水资源是否已过量开采或采掘。大型盆地的承压含水层，其驻留时间可能相当长，可以作为古气候记录档案[38]，与其他高分辨率的古气候信息载体不同，地下水中的同位素及化学记录具有可以直接获取古气温、古降水量和蒸腾量、气团循环以及大陆性气候等特定信息的优势，尤其是惰性气体比率已经成为其他信息载体所不具备的测定过去温度的可靠手段，这是地下水古气候档案最独特的贡献。目前，地下水正在成为继冰芯、黄土、大洋沉积物、孢粉、树木年轮等之后的又一新的气候变化信息载体，在这方面的研究中，国外学者依托加速器质谱技术，获得了大量原创性的成果，地下水的加速器质谱^{14}C测年技术是获得这些高精度古气候记录的可靠年代学标尺所不可缺少的支撑技术。

我国在20世纪80年代末期由北京大学以一台EN串列静电加速器为基础建立了加速器质谱仪系统，为夏商周断代工程提供了重要的技术支撑。此后30多年来，中国原子能科学研究院、北京大学、中国科学院上海应用物理研究所、中国科学院地球环境研究所等分别开展了加速器质谱研究工作。截至目前国内引进了10余台加速器质谱仪，开展了我国核物理科学、地质科学、环境科学、考古学和生物医学等方面的研究，建立了西安加速器质谱中心。在地质科学和环境科学方面，以北京大学[39]和西安加速器质谱中心为代表，率先开展了环境样品的^{14}C、^{10}Be、^{26}Al和^{129}I等研究[40-41]。我国地下水加速器质谱测年的研究仅在中国原子能科学研究院开展过尝试性的^{36}Cl方法测定华北平原地下水的年龄[42]，2004年中国地质科学院水文地质环境地质研究所与海德堡大学环境物理研究所合作，开展了华北平原地下水加速器质谱测年研究，并得到德国基金和国家自然科学基金资助。

6.5.1 地下水年龄

地下水年龄主要是指水在含水层中停留的时间，即大气降水或地表水从进入地下径流时起，一直持续到其在采样点出现时止，在这一全过程中，水在透水岩石的孔隙和裂隙中停留的有效时间。由于地下水年龄实际测定方法和手段不同，其又分为相对年龄与绝对年龄两种。地下水年龄可准确反映地下水实际运动和溶质迁移规律，在近年来的地下水研究过程中，诸多学者都通过地下水年龄这一指标，对地下水运动形式和迁移规律进行研究。研究表明，地下水绝对年龄不仅会受地下水混合作用影响，还会受气、水、岩等相关自然因素影响，与此同时，其也会受人类社会实践活动等因素影响[43]。研究和查明地下水年龄，对地下水循环和再生过程、地下水污染速度、地壳内水化学成分分带性、水的成因类型和水资源评价，以及油气田、盐类和金属矿床等方面无论在理论研究上还是在实际应用上均具有重要意义。

6.5.2 地下水^{14}C测年

地下水^{14}C测年的基本原理是应用地下水中的溶解无机碳作为示踪剂，以^{14}C测定地下水中溶解的无机碳的年龄。一般认为地下水的无机碳与土壤CO_2隔绝后便停止了与外界^{14}C的交换，所以地下水^{14}C年龄一般指地下水和土壤CO_2隔绝至今的年代。年龄是根据地下水的^{14}C浓度和补给时浓度（源项）之间的差别来计算：

$$t = -8\,267\ln\left(\frac{A}{A_0}\right) \tag{6-10}$$

式中，t为距今的年数（a BP）；A为测试样品的总溶解无机碳的^{14}C含量；A_0为补给时初始的总溶解无机碳的^{14}C含量[33]。

地下水的^{14}C测年使用的半衰期为5 730 a。由于包气带和含水层中发生的各种地球化学作用于水动力弥散影响，地下水^{14}C测年不可能得到高分辨率的年龄。

在地下水补给过程中，地下水中多数^{14}C受到^{14}C含量小于100 pMC(pMC表示现代碳百分比)的碳来源影响，导致^{14}C的初始输入浓度不等于100 pMC，这些碳源包括：

(1) 来自降水和生物成因的土壤带CO_2的活碳。大气中的^{14}C以H_2CO_3的形式进入地下水，由于大气CO_2分压比地下水的分压小得多，因此通常忽略大气CO_2的^{14}C对地下水的贡献量。在植被稀少、土壤渗透性好的干旱区，大气CO_2可能是地下水系统^{14}C的主要来源。一般来说，工业革命以前补给的地下水A_0等于100 pMC，工业革命后至大气核试验前A_0小于100 pMC，大气核试验开始后A_0大于100 pMC。

(2) 来自土壤带矿物风化和碳酸盐矿物溶解产生的死碳。通过风化作用和溶解作用进入地下水的碳几乎不含有^{14}C，因此，地下水中大多数的死碳来自矿物风化或溶解。通常，影响^{14}C初始输入A_0的主要作用是硅酸盐矿物的水解和碳酸盐矿物的溶解。

由于硅酸盐不含碳，因此，其水解不直接向地下水中释放碳。但是，硅酸盐水解作用可以导致土壤矿物中次生碳酸盐沉淀，如果这些次生矿物随后溶解，将影响A_0。当这些次生矿物年龄小于50 000 a时，可能含有活碳，当这些矿物溶解时，由于总溶解碳增加，^{14}C含量通常被稀释，导致A_0小于100 pMC。

(3) 来自同位素交换反应的死碳。在含水层中，液相CO_2、H_2CO_3、HCO_3^-和CO_3^{2-}可能与气相CO_2和H_2CO_3发生同位素交换，这些作用不改变地下水溶解碳的总量，但是可以改变地下水中的^{14}C含量。当水在含水层中传输时，CO_2和H_2CO_3中的碳被地下水中的碳交换，由于同位素交换导致的^{14}C富集比^{13}C富集约大2倍，因此，^{13}C常用来校正^{14}C测年结果。

(4) 其他作用的影响。其他许多因素也可以影响当地地下水的碳含量，通常包括硫酸盐还原、火山活动、甲烷生成、碳酸岩变质、有机质的厌氧生物化学降解等。当这些作用发生时，由于不知道其对系统^{14}C总贡献量，因此，很难解释^{14}C数据。

除此之外，含水层中不同年龄地下水沿流动途径的混合以及碳质量的转移可以改变地下水溶解无机碳和^{14}C浓度，在这种情况下，地下水中的^{14}C浓度不能代表自补给以来的时间。许多地球化学模型可以用来校正这种影响[44-45]，因此，确定的^{14}C年龄仅是地下水真实年龄的近似，称为模型年龄，这意味着年龄确定具有不确定性。应该注意的是，校正模型是针对某种主要的地球化学作用而简化的，任何模型都不具有普遍意义。最好的方法是尽可能采集更多的野外信息，应用各种模型校正并且对比校正结果，分析得出能够代表地下水系统的模型年龄。

6.6　地质学其他应用

加速器质谱仪自1977年产生以来，经历了快速发展，到如今加速器质谱仪技术在地学上的应用已经不仅仅在地质地貌、海洋、冰川、地下水等方面起着重要作用。加速器质谱仪的产生对地质学研究有着划时代的意义，在研究地质事件和环境过程中有着优越性。我国有着广袤的国土和丰富多彩的自然环境和地貌环境，利用加速器质谱仪技术能很好地研究我们国家自然环境的变化和地质地貌的变化。

6.6.1　冲击环形山和火山岩

从地壳受撞击构造的年龄中可以得到地球穿过陨石轨道频率的相关信息。这些年龄在某些情况下可以通过直接测量形成的环形山的相关残留陨石的宇宙成因核素获得。此外，受影响的时间可以通过地壳岩石的原位测年法确定。Phillips等人在1991年用环形山壁大型块状物体作为样品所测量的^{36}Cl的暴露年龄为(49.7+0.9)ka；Nishiizumi等人[13]在1991年用亚利桑那州的陨石坑喷出物作为样品来获取$^{10}Be-^{26}Al$的浓度，得到暴露年龄为(49.2+1.7)ka。这两个结果与(49+3)ka的公认平均年龄非常吻合。

由于原位产生速率是一定的，通过测量冷却后的火山岩的暴露年龄就可以确定火山的暴露年龄。由于钾的低含量和大气氩的污染，年轻的火山喷发地点通常被证明是难以用钾/氩方法测量年龄的。Phillips等人在早期原位方法中，以美国不同地段具有不同年龄的火山验证^{36}Cl方法的可行性。Zreda等[15]在1991年从11个最新喷发的圆锥体熔岩样本中确定^{36}Cl原位暴露年龄。Zreda等对取自美国内华达州南部的Lathtop Wells火山附近的火山岩和火山灰中^{36}Cl的含量进行测定，得到它们的平均暴露年龄为(81±7.9)ka，但是不能从数据中得出Lathtop Wells火山的多次爆发时间。

6.6.2 土壤和沙漠

用石英石中原位生$^{10}Be-^{26}Al$核素研究全球沙漠变化已经非常普遍。撒哈拉、墨西哥、纳米比亚沙漠的^{10}Be的有效暴露年龄是70～100 ka，而与之对应，从4个澳大利亚沙漠中，收集到石英暴露年龄范围为100～800 ka。各沙漠地区石英中$^{26}Al-^{10}Be$的核素测定比值为2～4，不同的比值揭示了沙丘各自不同的复杂埋藏和暴露历史。沙漠沙石和周边基岩中^{10}Be的浓度比值也可以用来解释沙漠地貌的相对稳定性。另外，半干旱地区土壤硬结成岩的钙质结砾岩的^{36}Cl分析也可提供相关地区的历史气候条件信息。

参考文献

[1] 沈承德，易惟熙，刘联璠，等. 加速器质谱计在地球科学中的应用[J]. 核技术，1988(7)：3-9.

[2] Bierman P R. Using in situ produced cosmogenic isotopes to estimate rates of landscape evolution: areview from the geomorphic perspective[J]. Journal of Geophysical Research: Solid Earth, 1994, 99(B13): 885.

[3] Fink D, Middletion R, Klein J, et al. ^{41}Ca: measurement by accelerator mass spectrometry and application[J]. Nuclear Instruments and Methods in Physics Research Section A, 1990, B52: 601.

[4] Middleton R, Fink D, Klein J, et al. ^{41}Ca concentrations in modern bone and their implications for dating[J]. Radiocarbon, 1989, 30: 315.

[5] Lal D. Cosmic ray labelling of erosion surface: in situ production rates and erosion models[J]. Earth and Planetary Science Letters, 1991, 104: 424.

[6] Bilokon H, Castagnoli G C, Castellina S C, et al. The flux of vertical negative muons stopping at depths of 0. 36 - 1 000 g/cm[J]. Journal of Geophysical Research: Solid Earth, 1989, 94(12): 145.

[7] Clark D H, Bierman P R, Larsen P. Improve in situ cosmogenic chronometers[J]. Quaternary Research, 1995, 44: 366.

[8] Clapp E, Bierman P. COSMO - CALLBRA: a program for calibrating cosmogenic exposure ages[J]. Radiocarbon, 1996, 38(1): 151 - 152.

[9] Brown E T, Edmond J M, Raisbeck G M, et al. Examination of surface exposure ages of Antarctic moraines using in situ produced ^{10}Be and ^{26}Al[J]. Geochimica et Cosmochimica Acta, 1991, 55(8): 2269 - 2283.

[10] Nishiizumi K, Winterer E L, Kohl C P, et al. Cosmic ray production rates of ^{10}Be and ^{26}Al in quartz from glacially polished rocks[J]. Journal of Geophysical Research: Solid Earth, 1989, 94: 17907.

[11] Bierman P, Larsen P, Clapp E, et al. Refining estimates of ^{10}Be and ^{26}Al production

rates[J]. Radiocarbon, 1996, 38(1): 149.

[12] Brown E T, Edmond J M, Raisbeck G M, et al. Effective attenuation lengths of cosmic rays producting ^{10}Be and ^{26}Al in quartz: implications for exposure age dating [J]. Geophysical Research Letters, 1992, 19(4): 369.

[13] Nishiizumi K, Kohl C P, Arnold J R, et al. Cosmic ray produced ^{10}Be and ^{26}Al in Antarctic Rocks: exposure and erosion history[J]. Earth and Planetary Science Letters, 1991, 104(2-4): 440-454.

[14] Stone J, Allan G L, Fifeld L K, et al. Limestone erosion measurement with cosmogenic ^{36}Cl in calcite—preliminary result from Austuralia [J]. Nuclear Instruments and Methods in Physics Research Section A, 1994, 92: 311.

[15] Zreda M G, Phillips F M, Elmoer D, et al. Cosmogenic ^{36}Cl production rates in terrestrial rocks[J]. Earth and Planetary Science Letters, 1991, 105: 94.

[16] Handwerger D A, Cerling T E, Bruhn R L. Cosmogenic ^{14}C in Rocks[J]. Geomorphology, 1999, 27(1): 13-24.

[17] Lal D, Jull A J T. In situ cosmogenic ^{14}C: production and examples of its unique applications in studies of terrestrial and extraterrestrial processes[J]. Radiocarbon, 2001, 43(2B): 731-742.

[18] Dong K, Li S Z, He M, et al. Methodological study on exposure date of Tiankeng by AMS measurement of in situ produced cosmogenic Cl-36[J]. Nuclear Instruments and Methods in Physics Research Section B, 2013, 294: 611-615.

[19] Shen H, Sasa K, Meng Q, et al. Exposure age dating of Chinese tiankengs by ^{36}Cl-AMS[J]. Nuclear Instruments and Methods in Physics Research Section B, 2019, 459: 29-35.

[20] Shen H, Sasa K, Meng Q, et al. ^{36}Cl preparation method for Chinese Karst samples (Tiankeng)[J]. Nuclear Instruments and Methods in Physics Research Section B, 2019, 458: 126-129.

[21] Bierman P R, Gillespie A, Castellina S C D. Estimating erosion rates and exposure ages with ^{36}Cl produced by neutron activation[J]. Geochimica et Cosmochimica Acta, 1995, 59: 3779.

[22] 沈承德. 地质年代学第十三讲：加速器质谱系统同位素年代测定及其应用[J]. 地质地球化学，1983(5): 63-68.

[23] 刘广山，纪丽红. ^{129}I的海洋放射年代学及其他应用研究进展[J]. 台湾海峡，2010，29(1): 140-147.

[24] 苏贤泽，马文通，徐胜利，等. 海洋沉积物的铅-210地质年代学方法[J]. 台湾海峡，1984，3(1): 50-58.

[25] Shen C, Yi W, Yu K F, et al. Holocene megathermal abrupt environmental chan, ges derived from ^{14}C Dating of a coral reef at Leizhou Peninsula South China Sea[J]. Nuclear Instruments and Methods in Physics Research Section B, 2004, 223-224: 416-419.

[26] Alfimov V, Aldahan A, Possnert G, et al. Concentrations of ^{129}I along a transect

from the North Atlantic to the Baltic Sea[J]. Nuclear Instruments and Methods in Physics Research Section B, 2004, 223 - 224: 446 - 450.

[27] 裴绍峰,Laws E A,叶思源,等. 利用^{14}C标记技术测定海洋初级生产力的刍议[J]. 海洋科学,2014,38(12): 149 - 156.

[28] Houghton J T, Jenkins G J, Ephraums J J. Climate change 1995: The science of climate change[M]. Cambridge: Cambridge University Press, 1996.

[29] 伍光和,上田丰,仇家琪. 天山博格达山脉的自然地理特征及冰川发育的气候条件[J]. 冰川冻土,1983,5(3): 1 - 13.

[30] 王叶堂,侯书贵,鲁安新. 近40年来天山东段冰川变化及其对气候的响应[J]. 干旱区地理,2008,31(6): 813 - 818.

[31] 刘艳,张璞. 基于遥感的径流丰枯与高山区积雪关系分析: 以天山玛纳斯河流域为例[J]. 水土保持研究,2010,17(3): 44 - 48.

[32] 刘潮海,谢自楚. 天山冰川作用[M]. 北京: 科学出版社,1998.

[33] Münnich K O. Messungen des ^{14}C-Gehaltes von hartem Grundwasser [J]. Naturewissenschaften, 1957, 44: 32 - 33.

[34] Solomon D K, Schiff S L, Poreda R J, et al. A validation of the ^{3}H/^{3}He method for determining groundwater recharge[J]. Water Resources Research, 1993, 29(9): 2951 - 2962.

[35] Plummer L N, Prestemon E C, Parkhurst D L. An interactive code (NETPATH) for modeling net geochemical reactions along a flow path[M]. Reston VA: US Geological Survey, 1991.

[36] Murphy E M, Davis S N, Long A, et al. Characterization and isotopic composition of organic and inorganic carbon in the Milk River Aquifer[J]. Water Resources Research, 1989, 25(8): 1893 - 1905.

[37] Murphy E M, Davis S N, Long A, et al. ^{14}C in fractions of dissolved organic carbon in ground water[J]. Nature, 1989, 337(6203): 153.

[38] Fontes J C, Garnier J M. Determination of the initial ^{14}C activity of the total dissolved carbon: A review of the existing models and a new approach[J]. Water Resources Research, 1979, 15(2): 399 - 413.

[39] 孙红芳,王海芳,刘元方,等. ^{14}C - AMS在生物医学研究中的应用[J]. 核技术,2001,24(9): 748 - 753.

[40] 张丽,武振坤,宋少华,等. 原地宇宙成因核素暴露测年方法中石英的提取[J]. 岩矿测试,2012,31(5): 780 - 787.

[41] 周卫健,范煜坤,侯小琳,等. 加速器质谱^{129}I分析及其在环境、地质研究中的应用[J]. 第四纪研究,2012,32(3): 373 - 381.

[42] 刘存富,王佩仪,周炼,等. 河北平原第四系地下水^{36}Cl年龄研究[J]. 水文地质工程地质,1993,6: 35 - 38.

[43] 李忠媛. 地下水研究中地下水年龄的应用分析[J]. 黑龙江水利科技,2017,45(1): 111 - 114.

[44] Mook W G. The dissolution-exchange model for dating groundwater with ^{14}C[M]//

Interpretation of environmental isotope and hydrochemical data in groundwater hydrology. 1976.

[45] Pearson Jr F J, White D E. Carbon-14 ages and flow rates of water in Carrizo Sand, Atascosa County, Texas[J]. Water Resources Research, 1967, 3(1): 251 - 261.

第7章
加速器质谱仪在生命科学和药物开发中的应用

加速器质谱技术(AMS)作为20世纪70年代末兴起的一种超灵敏的核分析技术,主要用于测量极少量的长寿命放射性同位素与稳定同位素的同位素丰度比。加速器质谱仪非常适用于利用长寿命放射性核素进行生物示踪研究[1],与传统的衰变计数法相比,它具有更高的检测灵敏度,可对样品中少至10^3～10^5个的原子进行测量,而且所需样品量少,测量时间短。

碳是生命的基本元素,钙也是生命活动不可缺少的营养元素。^{14}C和^{41}Ca是两个可用加速器质谱仪进行高灵敏度测量的、同时也是具有很高辐射安全性、特别适合同位素标记和生物示踪研究的长寿命放射性同位素。近年来,加速器质谱仪应用于生物医学研究的进展十分引人注目,形成了一个专门领域"Bio-AMS",即利用加速器质谱法进行的生命科学研究。自1990年美国劳伦斯利弗莫尔国家实验室(LLNL)首次采用^{14}C示踪加速器质谱仪方法研究致癌物2-氨基-3,8-二甲基咪唑并(4,5-f)喹噁啉(MeIQx)与小鼠体内DNA的加合作用以来,加速器质谱仪逐渐应用于生物医学的诸多方面,包括毒理学、营养学、药理学、生理学及生物化学等,并在研究广度和深度上不断扩展和创新;测定的同位素主要为^{14}C和^{41}Ca,还包括了^{26}Al、^{32}Si、^{99}Tc、^{151}Sm、^{79}Se和^{244}Pu等其他长寿命放射性同位素。

近年来加速器质谱仪在新药开发方面也呈现出非常大的潜力,其价值得到世界各国药品监管部门的认可和推荐。随着Bio-AMS研究的日益发展,需要进行测量的生物样品种类和数量迅速增加,这样就促进了对Bio-AMS专用设备的需求。1998年英国约克大学建成了一台专门用于药物筛选研究的5 MV珠链式静电加速器质谱仪。国际制药业也认识到了加速器质谱仪对新药开发的促进作用,并尝试开展商业化应用。美国Accium BioSciences公司安装了一台在药物非临床研究质量管理规范(GLP)环境下运行的 NEC 500 kV 串联加速器质谱仪。英国葛兰素史克(GSK)公司拥有更低端电压的 NEC 250 kV 加速器质谱仪,其^{14}C 样品分析能力可与美国 Xceleron 公司装备的 5 MV 加速器质谱仪相媲美。

本章主要介绍加速器质谱仪在生命科学和药物开发方面的技术进展及应用,亦对 Bio - AMS 的发展前景给予简要评价。

7.1 生物样品制备和^{14}C - AMS 测量技术

Bio - AMS 分析技术需要对待测样品进行化学转化,以制备成适当的待测靶物质,因而不能保持和给出原始待测物的化学结构信息。可以将待测生物样品用其他技术进行提取、分离和检测,再将所得的各个微量组分制备成石墨靶,进行^{14}C - AMS 测量。高效液相色谱(high performance liquid chromatography, HPLC)分离技术与加速器质谱仪的离线联合实验技术已经成功用于生物医学和药学研究,加速器质谱仪测量的生物样品可以来自低剂量化合物的活体暴露试验以及各种药物活体试验。待测组分可以是分离出的原始化合物及其代谢产物、与生物大分子的加合产物或者原始药物及其代谢产物。

常规^{14}C - AMS 分析需要对样品进行烦琐、费时的石墨化处理,这在很大程度上制约着加速器质谱仪实验室的生物样品测试能力。Bio - AMS 研究中,从生物体系中收集或分离得到的一些待测成分的量往往很少,一般在微克级,因此建立和发展微量生物样品的制样技术是一个很重要的环节。美国劳伦斯利弗莫尔国家实验室(LLNL)的研究人员以低于现代^{14}C 本底的三丁酸甘油酯作为载体,来防止样品中的微量^{14}C 在制样过程中的损失。目前市场上已经有商品化的样品石墨化装置,可以实现制样过程的自动化,这有助于提高加速器质谱仪实验室的运行效率。

尽管离线 HPLC - AMS 方法已将 HPLC 分离的特异性和高效性与加速器质谱仪检测的高灵敏特性进行了很好的结合,但是每一次色谱分离过程都会产生数个或几十个甚至更多的组分,而对每一个组分进行加速器质谱仪测量就要经过冗长和烦琐的石墨转化流程,这种情况严重影响 Bio - AMS 的分析检测效率。

要显著提高加速器质谱仪测试生物样品的速度,就需要革新离子化技术。

近些年来发展的二氧化碳(CO_2)离子源技术，避免了样品石墨化步骤；再发展适当的色谱接口以及液相(LC)样品燃烧组件，将允许气相色谱(GC)、LC等分离技术与加速器质谱仪在线联用，实现对色谱分离后的^{14}C标记分子及其降解、代谢产物的快速化学结构确认和^{14}C定量分析。在21世纪初美国麻省理工学院(MIT)专门为一台生物学专用加速器质谱仪设备研制了一套气体进样离子源，可以实现GC或HPLC与加速器质谱仪的在线联用。该系统采用端电压为1 MV的小型串列加速器，设备体积仅为3.5 m×1.5 m×1 m，可容纳于通常规模的实验室中。在气相色谱与气体进样离子源之间装有一个填充有氧化铜粉的石英管作为氧化池，工作时用圆柱形马弗炉加热该氧化池至700～750℃，可在此将从色谱柱中随载气流出的有机化合物转化为CO_2气体，然后送入加速器质谱仪设备的铯溅射负离子源。从HPLC色谱柱中流出的组分则被一个氧化铝纤维催化板中装载的氧化铜粉末接收。加热蒸发溶剂后，用红外激光加热可将非挥发性有机化合物快速燃烧转化为CO_2气体，再随同氦载气送至加速器质谱仪的铯溅射负离子源，燃烧产生的CO_2被钽烧结块吸附，然后引出C^-束流。然而该GC-AMS系统总体效率只有0.1%～0.3%(从CO_2到C^-的转化效率约为8%，$^{14}C^{2+}$离子的传输效率约为3%)，存在样品间记忆效应，同位素比检测限约为现代碳的^{14}C与^{12}C同位素比检测限的100倍，仍有待提高[2]。该实验室进而在GC分离柱后增加了一个T形接口，GC分离后的气体流出物经T形管分流，同时被引入一台新增加的MS和原有加速器质谱仪进行分析，MS可以测定GC分离出的组分的质谱结构信息或者检测所选定的离子。这样就能同时获得被^{14}C标记的组分的化学结构和^{14}C同位素浓度，提高Bio-AMS的分析能力[3]。

美国伍兹霍尔海洋研究所开发了用于GC-AMS系统的微波等离子体C^+离子源，GC分离出的有机组分经燃烧产生的CO_2在微波等离子体气氛中生成C^+、O^+、CO^+、${CO_2}^+$等正离子，继而含碳的正离子在电荷交换管式炉中与金属镁发生反应转变为C^-离子。该气体接收离子源的总效率为0.21%，产生的低能$^{12}C^-$离子束流强度可接近150 μA，接近传统的石墨靶离子源[4]。

近年来LLNL发展了一套在线HPLC-AMS系统，或者称为液相样品加速器质谱仪(LS-AMS)[5]。从在线HPLC流出的液相样品喷在一条带有周期性压痕的、经过高温除碳和氧化过的镍带上，然后镍带在程序控制下移动，将样品带入干燥炉，在氦气气氛中和一定温度下将溶剂蒸干，剩下的非挥发性待测组分继续随镍带移动，进入燃烧炉，在氦气和氧气气氛中经高温燃烧成为

CO_2。CO_2 气体通过一根熔融石英毛细管送入加速器质谱仪的气体接收离子源，进行加速器质谱仪测量。该系统实现了 HPLC 样品的实时分析，不仅能显著提高分析速度，而且避免了石墨化制样过程对添加非碳载体的需求，提高了分析灵敏度。LS - AMS 能够分析纳克量级的生物医药样品，分析多肽时的定量检测限可以低至 50×10^{-21} mol^{14}C/色谱峰。

毫无疑问，色谱-加速器质谱仪在线联用技术的发展将会大大简化分析流程，提高样品分析通量，极大地推动 Bio - AMS 应用研究迈上新的台阶。目前 HPLC - AMS 方法已经不仅成功地应用于环境低剂量毒物及其体内代谢产物与生物大分子加合物的分离和分析、药物的药理药代研究，而且正在开辟着崭新的新药开发模式。

7.2 生物医学基础科研

高灵敏度的加速器质谱仪在生物医学基础研究中有着独特的应用价值，涉及毒理学、营养学、药理学、生理学、疾病诊断以及生物化学等诸多方面。

7.2.1 毒理学研究

毒理学研究是早期 Bio - AMS 的主要应用领域。许多外源性化学毒物或致癌分子进入生物体内，能够与体内的生物大分子，如细胞内的 DNA、蛋白质通过共价键形成加合物。加合物修饰的 DNA 若无法被生物体修复或者被错误修复，就有可能导致一系列细胞生物学行为的改变，并最终导致体细胞突变或恶变。由于大多数化学致癌物进入机体主要是通过形成 DNA 加合物的途径导致 DNA 损伤，研究 DNA 加合物的化学致癌机制具有重要的意义。然而在缺少高灵敏度检测技术的情况下，常规毒理学研究无法直接评判极低剂量暴露水平下或环境剂量水平下外源化学毒物对机体的分子作用机制。对低剂量水平的毒物作用效应的认识，主要是从高剂量实验所得结果外推得到的。这种外推的结果有可能并不能代表真实的低剂量效应。高灵敏度的 Bio - AMS 分析技术则可以用来解决这一难题。

1) 致癌化合物与生物大分子的加合作用研究

在生物医学领域中，检测 DNA 加合物的常规方法主要有免疫法、荧光法、普通质谱法和^{32}P 后标记法，其中应用最广的是^{32}P 后标记技术，其检测灵敏度为 1 个加合物/($10^8\sim10^{10}$ 个核苷酸)。然而作为一种更先进的技术，加速器质谱仪检测DNA加合物的灵敏度可达到1个加合物/(10^{11}～10^{12} 个核苷酸)，比其他方法至少要高两三个数量级，是目前检测灵敏度最高的方法，解决了检测极低剂量DNA、蛋白加合物的难题，为低剂量毒理效应的研究提供了直接而有力的手段。1990年LLNL报道了致癌物MeIQx与小鼠体内DNA加合作用的^{14}C示踪-加速器质谱仪研究结果[6]。此后加速器质谱仪技术在毒理学研究中得到了比较多的应用。

2-氨基-1-甲基-6-苯基咪唑[4,5-b]吡啶(PhIP)和MeIQx都是有致癌性、致突变性的多环胺类化合物，存在于烹饪尤其是过度烧烤后的肉类食物中。PhIP通常是肉食中浓度最高的多环胺类，可达到几百倍的10^{-9}的水平。给予处于哺乳期的雌性F344大鼠口服每千克体重50 ng、500 ng和1 000 ng的PhIP，用加速器质谱仪测定乳房组织、肝脏、血液、胃容物、乳汁以及吮吸乳汁的幼鼠肝脏中的PhIP含量[7]。结果发现在所有剂量条件下，乳汁中存在PhIP及几种PhIP的代谢物。另一组大鼠同时给予每千克体重500 ng的PhIP和每千克体重500 μg的具有化学预防性的食品添加剂叶绿酸。结果发现^{14}C-PhIP在大鼠乳汁和胃容物中的分泌量分别增加了32%和35%，而血液和乳房组织中PhIP的含量降低了47%和68%。该研究表明，哺乳期大鼠在接受相当于人类饮食水平的PhIP暴露时，PhIP及其代谢物存在于乳汁中，并且其他饮食成分能够影响PhIP在乳汁喂养的后代体内的分布。

人体MeIQx暴露量估计为几纳克/(人·天)～几微克/(人·天)。给予啮齿类动物和人口服^{14}C-MeIQx示踪剂后，用加速器质谱仪测定各组织中^{14}C-MeIQx-DNA加合物的水平。结果发现器官中总MeIQx水平依次为肝脏≫肾脏>胰腺>大肠>血液。在相同的暴露剂量和时间点，人类比啮齿类动物大肠中MeIQx-DNA加合物的水平高10倍左右，暗示人类大肠对MeIQx的基因毒性更为敏感。除了高的慢性暴露剂量的情况，体内加合物水平一般与摄入剂量成正比[8]。

LLNL利用加速器质谱仪技术，对肿瘤病人和大鼠体内^{14}C标记的PhIP和MeIQx的代谢和大分子加合作用进行了比较。口服两种示踪剂后，患者相比大鼠，大肠组织中DNA加合物的水平更高，并且代谢物分布谱和尿排泄量都有差别。这些结果建议人类与啮齿类实验动物对杂环胺类的代谢行为是不同的，因而用啮齿类作为人体风险评估的动物模型可能是不可靠的[9]。

在另一项研究中，五名大肠癌志愿者在肿瘤切除手术前48～72 h摄入了相当于饮食剂量的^{14}C-PhIP。在不同时间点收集了生物样品，并分离提取了白蛋白、血红蛋白和白细胞 DNA。加速器质谱仪测定结果显示这些成分中存在 PhIP 加合物，而且白细胞 DNA 加合物不稳定，在 24 h 内解离。PhIP 在大肠中有存留，含量一般在 42～122 pg PhIP/(g 组织)，PhIP 与大肠中的蛋白和 DNA 形成加合物，正常水平为 35～135 加合物/(10^{12} 核苷酸)，而肿瘤组织中的 PhIP 加合物水平明显偏高[10]。

我国北京大学也利用加速器质谱仪分析技术开展过环境有毒物质与生物大分子加合作用的研究。小鼠动物实验结果显示，^{14}C 标记的硝基苯与小鼠血红蛋白、DNA 在体内能形成加合物，并且随着剂量的增加，加合数也明显增加[11]。杜慧芳[12]利用加速器质谱仪在分子水平研究甲基叔丁基醚及其代谢产物叔丁醇与小鼠体内生物大分子 DNA 和蛋白质的剂量响应关系和时间效应关系，以深入研究醚类添加剂的基因毒性及毒理。结果首次发现^{14}C 标记的甲基叔丁基醚能与小鼠肝 DNA、血红蛋白 Hb 在体内形成加合物，且在实验浓度范围内有很好的线性响应关系。

2) 化疗药物与生物大分子的加合作用研究

一些化疗药物可能具有预防癌症的作用，然而化疗药物的 DNA 加合性质也可能限制其作为预防性药物的潜力。可以利用加速器质谱仪研究低剂量化疗药物与生物大分子的加合作用，结果有助于评判该药物是否有潜力用于癌症的化学预防或者其致癌风险。他莫昔芬是一种乳腺癌化疗药，通过加速器质谱仪分析[13]发现了^{14}C 标记的他莫昔芬能够与雌性大鼠肝脏 DNA 形成剂量依赖性的加合物，在 0.1～1 mg/kg 范围内具有线性关系，该剂量范围与女性患者接受的治疗剂量[20 mg/(人・天)]相近。并且还发现该示踪药物也存在于其他器官，如子宫和消化道。肝脏 DNA 经酶水解和 HPLC 分离，然后用加速器质谱仪测量各组分，结果显示^{14}C 在核苷酸中的插入量小于 2%，并且大于 80%是以非极性产物的形式存在的。然而^{14}C 标记的托瑞米芬与剂量相当的他莫昔芬相比，与 DNA 的加合量明显减少，并且不形成非极性加合物。当用人、大鼠或小鼠肝脏微粒体进行体外实验时，发现他莫昔芬和托瑞米芬都能与小牛胸腺 DNA 形成 NADPH 依赖性加合物，提示在适当的情况下，他莫昔芬能够转化为反应性中间体。进一步的研究[14]发现，病人在手术前大约 18 h 单次口服治疗剂量的^{14}C 标记的他莫昔芬柠檬酸盐后，无恶性转移的子宫内膜和肌层组织中的 DNA 加合物水平分别为(237±77)加合分子/(10^{12} 核苷酸)和(492±112)加合分子/(10^{12} 核苷酸)，蛋白质加合物水平分别为(10±3)fmol/mg 和(20±4)fmol/mg。这些结果表明单次口服的他莫昔芬在人子宫中的加合物水平低于长期服用的结果[15 000～130 000 加合分子/(10^{12} 核苷酸)]，推测人体子宫内较低的他莫昔芬加合物水平不大可能会造成子宫内膜癌。用类似的方法测定 10 名病人单次口服^{14}C 标记的他莫昔芬后结直肠组织中的药物 DNA 加合物水平，结果发现 3 名病人的样本中有 DNA 加合物，含量为 1～7 加合分子/(10^9 核苷酸)[15]。

3) ^{14}C 放射免疫分析和^{14}C 后标记分析

^{14}C-AMS 也适用于毒物分子的^{14}C 放射免疫分析和^{14}C 后标记分析，这两种方法可以避免在活体实验中应用^{14}C 示踪剂。用加速器质谱仪对叠氮胸腺嘧啶(AZT，一种逆转录酶抑制剂)进行^{14}C 放射免疫分析，所得标准曲线的浓度范围可达 4 个数量级[16]。Goldman 等[17]报道了用于测定苯并[a]芘-DNA 加合物的^{14}C 后标记方法。苯并[a]芘 r7-t-8-二醇-9，10 环氧化物(BPDE)是苯并[a]芘的代谢中间体，将 DNA 与 BPDE 反应的产物进行酶法降解，然后用免疫亲和色谱富集所产生的核苷酸加合物，再用^{14}C-乙酸酐与核苷酸加合物进行反应得到^{14}C 标记的核苷酸加合物，最后经 HPLC 纯化，进行加速器质谱仪分析并推测苯并[a]芘-DNA 加合物的浓度。

7.2.2　营养学研究

营养学研究在分析技术方面具有特别高的要求。首先，为了仿照通常的每日消费量，被研究的营养物质的摄入量一般需要控制在微克量级。其次，与药学领域不同，营养物质的摄入量有必要与体内该物质的存有量加以区别。同位素标记法经常用来进行此类研究，但是稳定同位素，如用^{13}C 和^{2}H 标记很难提供有足够高同位素丰度的营养物质样品以满足接近日常摄入量研究的需求。通常应用稳定同位素标记营养物质的研究，只能对该分子的体内动力学行为给出粗略的描述。低辐射风险的长寿命放射性同位素标记和加速器质谱仪分析技术则可以克服这些局限性，允许在较长的时间尺度内，对相当于饮食水平或更低剂量的营养物质分子的体内动力学进行定量分析。国际上已有多项应用了加速器质谱仪分析技术的临床营养物质研究。

为评价脂肪异常吸收的程度，瑞典隆德大学开展的一项加速器质谱仪研究[18]给予 3 名健康男性口服了混在含 20 g 脂肪食物中的 2 000 nCi ^{14}C-甘油三酯。用加速器质谱仪测定受试者呼气中的^{14}C-CO_2，结果发现大约 30%的摄入剂量很快在体内清除，而其余部分则在体内转化得非常缓慢。这项较早期的加速器质谱仪营养物质研究所用的^{14}C 剂量水平要比当前的加速器质谱仪营养学研究高约十倍以上，而且没有测定血、尿和粪便样品以定量评价摄入剂量的系统分布或排泄情况。

叶酸是属于维生素 B 家族的人体必需营养成分，具有参与核酸生物合成、形成和维持新生细胞等多种重要作用。加州大学戴维斯分校的营养学家利用^{14}C标记和加速器质谱仪分析技术，较为全面地进行了叶酸的人体吸收和动力学研究[19-20]。1 名健康男性成人口服生理剂量的^{14}C-叶酸(含 35 μg、100 nCi^{14}C)后，在 202 天内收集了血浆、血红细胞、尿液和粪便样品。加速器质谱仪测量结果表明，^{14}C-叶酸在服用后 10 min 出现在血浆中，但直到 5 天后才出现在血红细胞中。在血浆中的^{14}C-叶酸在血红细胞生成期标记了大约 0.4%的血红细胞(平均每个细胞标记了 130 个^{14}C原子)，该标记在随后的 100 天内逐渐降低，半衰期约为 130 天，接近于受试者约 125 天的血红细胞寿命，据此推断少量^{14}C-叶酸在骨髓处参与了血红细胞形成，通过多聚谷氨酸化反应而滞留在血红细胞内。这种活体生化合成中的 DNA 或特定蛋白标记技术所能达到的定量检测限要比稳定同位素方法低数个数量级。在 24 h 内通过粪便排出的^{14}C大约为 9%，随后的 41 天内只有大约 0.1%的剂量随粪便缓慢排出。42 天内随尿液排出的剂量则约有 10%。

随后美国加州大学组织的一项叶酸营养学研究[21]利用加速器质谱仪技术测定了 13 名健康成人(包括 6 名女性和 7 名男性)口服溶解在水中的 100 nCi、0.5 nmol^{14}C-蝶酰谷氨酸和 79.5 nmol 蝶酰谷氨酸之后，收集的 40 余天代谢样品，包括血浆、血红细胞、尿液和粪便中的^{14}C丰度和占摄入剂量的比例。结果发现^{14}C-蝶酰谷氨酸的表观吸收率为 79%。代谢动力学模型表明只有 0.25%的血浆叶酸到达骨髓处。大约 33%的内脏蝶酰谷氨酸转化成了聚谷氨酸形式。体内大于 99%的叶酸存在于内脏，并且在内脏中主要是以蝶酰谷氨酸的形式存在的(98%)，内脏蝶酰谷氨酸不仅是血浆中蝶酰谷氨酸形式的叶酸的来源，而且是血浆中对氨基苯甲酰谷氨酸的前体。

植物类胡萝卜素是全球范围内原维生素 A 的主要食物来源，β-胡萝卜素是最普通的原维生素 A 化合物。加州大学戴维斯分校用加速器质谱仪研究了β-胡萝卜素的代谢动力学特征[22]。给予一名健康男性口服与膳食剂量相当的 306 μg、200 nCi^{14}C标记的β-胡萝卜素，在 209 天内不同时间点收集血浆样品，萃取和 HPLC 分离后，用加速器质谱仪对各组分，包括^{14}C-β-胡萝卜素、^{14}C-视黄酯、^{14}C-视黄醇和几种^{14}C-视黄酸类分子进行测定。结果表明，血浆中出现^{14}C标记的时间是在口服示踪剂 5.5 h 后，^{14}C-视黄酯和^{14}C-视黄醇在口服示踪剂后的 24 h 内动力学行为大致相同，血浆中^{14}C-视黄醇的浓度在减弱之前的 28 h 内呈线性增加；在 48 h 内经粪便排出的剂量为 57.4%。血浆中浓度-时间曲线揭示有 53%的人体吸收的^{14}C-β-胡萝卜素转变成了维生素 A，推测由 β-胡萝卜素转化成的视黄酯和 β-胡萝卜素类似，都在肝脏内随极低密度脂蛋白发生了二次分泌过程。

加州大学戴维斯分校的营养学家还调查了维生素 A 补充剂对^{14}C-β-胡萝卜素代谢行为的影响[23]。2 名成年人口服了 1 nmol、100 nCi 的^{14}C-β-胡萝卜素，在第 53 天开始每日摄入 1 万单位的维生素 A 补充剂（3 000 μg 视黄酯）并维持至在第 74 天再次给予^{14}C 示踪剂后的两星期。然后继续摄入剂量减半的维生素 A 补充剂至 6 个星期。结果发现维生素 A 补充剂能够增强^{14}C-β-胡萝卜素的表观吸收率并大大减少由尿液排出的剂量，以及降低吸收相中^{14}C 标记的视黄酯与 β-胡萝卜素的比例。在另一项研究中有 8 名健康成年人口服了 1.01 nmol、100 nCi 的^{14}C-β-胡萝卜素[24]。在不同代谢时间收集血浆、粪便和尿液样品，用 HPLC 分离出血浆中的 β-胡萝卜素、视黄酯和视黄醇等组分。加速器质谱仪测量结果显示^{14}C 示踪剂的表观消化率为（53±13）%，按服用示踪剂 7.5 天后每天粪便中^{14}C 剂量变化的斜率估计的代谢性粪便清除率只有（0.05±0.02）%摄入剂量/d；30 天内由尿液清除的^{14}C 总剂量则较小且有一定波动性[（6.4±5.2）%]。示踪剂摄入后早期血浆中^{14}C 主要的存在形式为^{14}C-视黄酯。

叶黄素是存在于深绿色叶菜中的一种氧化了的类胡萝卜素。高摄入叶黄素有可能降低老年性黄斑变性的风险，但目前对叶黄素在人体内的代谢行为缺乏深入了解。加州大学戴维斯分校曾开展了一项关于叶黄素体内代谢行为的^{14}C 标记-加速器质谱仪分析研究[25]。1 名普通成年女性受试者口服了混在橄榄油和香蕉奶昔中的^{14}C 标记的叶黄素（125 nmol、36 nCi ^{14}C）。服用示踪剂前收集了血液、尿液和粪便，以确定^{14}C 丰度基线值。服用示踪剂后则采集了血液样品至 63 天以及粪便和尿液至 2 个星期。^{14}C 加速器质谱仪测量结果发现，血浆首次出现^{14}C 标记是在摄入示踪剂 1 h 后，并在 14 h 达到最高浓度，大约为 2.08%的摄入剂量/（L 血浆）。血浆中^{14}C 的动力学模式未展示乳糜微粒/极低密度脂蛋白（肠）峰，这与以前在同一受试者身上进行的研究[23]所揭示的^{14}C-β-胡萝卜素的动力学行为不同，表明血浆脂蛋白对叶黄素和 β-胡萝卜素的作用方式不同。血浆中叶黄素的清除半衰期大约为 10 d。在服用示踪剂后的 2 d 内分别由粪便和尿液排出 45%和 10%的^{14}C 摄入剂量。

维生素 B_{12} 是一种水溶性维生素，具有维护脑和神经系统正常功能、促使血细胞形成的重要作用，人体缺乏维生素 B_{12} 可能导致神经和血液方面的病症。加速器质谱仪分析技术可以用于研究 B_{12} 的人体吸收和代谢动力学行为，有助于确定适当的可调节维生素 B_{12} 吸收和发挥正常功能的饮食或药物。利用肠道沙门氏菌在需氧条件下培养两种维生素 B_{12} 的前体，甲基维生素 B 和 ^{14}C-二甲基苯并咪唑可以生物合成 ^{14}C 标记的维生素 B_{12}[26]。给予 1 名健康男性与饮食剂量相当的、纯的 ^{14}C-维生素 B_{12}（含 59 nCi ^{14}C）。用加速器质谱仪测定随后收集的血浆、粪便和尿液样品。结果发现血浆 ^{14}C 浓度在给予示踪剂后 7 h 达到最大值，7 d 内从尿液和粪便中排出的 ^{14}C 为给予的 ^{14}C 剂量的 15.9%。而且血浆中 ^{14}C 的动力学行为与预计的维生素 B_{12} 的一致。

加速器质谱仪分析技术也可以用来定量研究人体中的维生素 E，如 α-生育酚的吸收和代谢行为。自然界生成的 α-生育酚是一个简单的立体异构体，也称为 RRR-α-生育酚。而化学合成的 α-生育酚是 8 种立体异构体的混合物，也称为全外消旋-生育酚。这两种化合物可能具有不同的体内行为。在加州大学戴维斯分校开展的一项交叉设计研究中[27]，一名男性口服了 1.82 nmol、101.5 nCi 的[5-$^{14}CH_3$]-RRR-α-生育酚乙酸酯，3 个月后又口服了 1.667 nmol、99.98 nCi 的[5-$^{14}CH_3$]-全外消旋-α-生育酚乙酸酯，并且在不同时间点采集血液并收集尿液和粪便。用 HPLC 对各样品进行分析分离，并离心分离血液中的脂蛋白，用加速器质谱仪测定各组分中的 ^{14}C 浓度。结果表明，全外消旋-生育酚与 RRR-α-生育酚有相同的吸收度（约为 0.775）。尿液是示踪剂清除的主要途径。人体吸收的 ^{14}C 示踪剂的 90% 是以 α-2(2-羧乙基)-6-羟基苯并二氢呋喃的形式存在的，高密度脂蛋白是对 ^{14}C 富集程度最低的脂蛋白。结合动力学模型估计肝脏有两个维生素 E 贮存库，有 93.8% 流向肝脏动力学贮存库 B 的 RRR-α-生育酚又回到了血浆中，而同样返回到血浆中的全外消旋-生育酚只有 80%，这近 14% 的差别是由于后者发生了程度更大的降解和清除。RRR-α-生育酚在肝脏动力学贮存库 A 和血浆中的停留时间分别是全外消旋-生育酚的 1.16 倍和 2.19 倍；并且前者在血浆、肝外组织和肝脏动力学贮存库 B 中的稳态分布浓度或含量分别是后者的 6.77、2.71 和 3.91 倍。

在一项近期开展的维生素 E 营养学加速器质谱仪研究[28]中，12 名健康成年人，男女各半，口服了 1.81 nmol、100 nCi 的[5-$^{14}CH_3$]-RRR-α-生育酚，随后完整收集尿液和粪便达 21 天，并在 70 天内不同时间采集了血样。基于对样品中的 RRR - α -生育酚浓度的测量以及 ^{14}C 加速器质谱仪分析的结果，该研究建立了一个包含 11 个贮存室、3 个延迟室以及尿液和粪便贮藏池的动力学模型。结果发现 RRR - α -生育酚的生物利用度为 81.6%。估计 α -生育酚在最慢的转化室中的停留时间和半衰期分别为(499±702)天和(184±48)天。RRR - α -生育酚在人体内的总存贮量为 220 μmol[11±3)g]，在脂肪组织中的水平估计为 1.53 μmol/g(657 μg/g)。还发现每日摄入 9.2 μmol 的 RRR - α -生育酚能够维持 23 μmol/L 的血浆浓度。这些结果提示维生素 E 的每日实际需要摄入量可能低于当前推荐的剂量，这为以后对每日摄入量推荐值的更新提供了重要资料。

7.2.3　体外生物试验

同位素标记技术在体外生物学试验中有着非常重要而广泛的应用。鉴于体外试验在一般情况下不太限制同位素的用量，常规分析技术往往比较便宜、方便，并且也具有足够高的分析灵敏度，因而体外试验通常并不需要用到加速器质谱仪技术。然而在特定的体外生物试验中，加速器质谱仪分析技术可以发挥超高灵敏度的优势。如第 7.2.1 节提及的 ^{14}C 放射免疫分析和 ^{14}C 后标记分析法[16-17]。用加速器质谱仪对叠氮胸腺嘧啶(AZT)进行的 ^{14}C 放射免疫分析的标准曲线的浓度范围可达 4 个数量级[16]。加速器质谱仪可以作为酶联免疫吸附分析(ELISA)的检测手段，对 ^{14}C 标记的抗体进行定量测定[29]。由于加速器质谱仪技术本身超高的灵敏度，这种 ELISA - AMS 分析技术的灵敏度实际上只取决于抗体的亲和力(K_d 值)，这种方法对除草剂莠去津和 2,3,7,8 -四氯二苯并二噁英的检测限分别为 2.0×10^{-10} M 和 2.0×10^{-11} M，与标准 ELISA 方法相比，灵敏度提高了一个数量级。

北京大学的加速器质谱仪团队曾经将 ^{14}C 标记的毒物分子用于细胞实验，利用加速器质谱仪分析技术研究细胞水平上的分子与 DNA 的加合作用，以评价毒物的潜在遗传危害和致癌性。该方法在探讨 DNA 加合物的形成与化学致癌的其他细胞生物学特征的关系时具有一定的价值。如苯并芘为典型的化学致癌物，其致癌机制与苯并芘- DNA 加合物的形成有关。通过建立 ^{14}C -苯并芘标记物的细胞示踪-加速器质谱仪检测方法，为细胞水平化学致癌机制及调控的研究提供可靠手段[30]。

加速器质谱仪分析技术也可以用于肿瘤细胞学试验。用 0.2 pg/mL～

2 μg/mL 的^{14}C 标记的化疗药阿霉素培养肿瘤细胞一定时间后，用加速器质谱仪对细胞内的阿霉素浓度进行定量分析[31]，结果发现加速器质谱仪和 HPLC 荧光分析法相比，分析灵敏度提高了 5 个数量级。

中国原子能科学研究院的加速器质谱仪团队进行了多项^{41}Ca 细胞示踪-加速器质谱仪研究，结果表明这种方法可以用于评价体外细胞钙转运，特别是骨细胞对骨矿物质的吸收作用(详见第 7.4 节)。

7.2.4 呼气试验

血液检查、尿液检查、粪便检查是医生和公众熟悉的三大实验室检查。还有一种称之为呼气实验的实验室检查，已广泛用于消化系统疾病的诊断。所谓呼气试验，是指通过直接测定呼气成分或在摄入特定药物后测定呼气中的标志性气体，实现对受试者机体生理、病理状态的非侵入性判断，具有无创、简便及可定量检测的优点。一些含碳有机小分子在人体内可以受细菌作用或因脏器的某种生理作用转化为 CO_2 或其他气体。用放射性的^{14}C 或富集的非放射性的^{13}C 同位素预先标记这些分子，然后检测受试者呼出的气体中的同位素浓度，就可以诊断受试者是否感染了细菌或某个脏器的生理功能是否正常。如^{14}C 或^{13}C 标记的呼气试验诊断尿素试剂可用于检测胃幽门螺杆菌(Hp)感染、辛酸试剂可用于检测胃排空时间、甘油三油酸酯试剂可用于测定胰腺外分泌功能、嘧塞西啶试剂可用于测定肝脏储备功能[32]。

^{14}C 标记-加速器质谱仪分析技术可以用于呼气试验诊断试剂的长期药代动力学和相关辐射剂量学研究。瑞典隆德大学在这方面进行过多项研究。在一项人体胃幽门螺杆菌检测试验中[33]，有 9 名成人和 8 名儿童各分别口服了 2 970 nCi 和 1 480 nCi 的^{14}C -尿素，随后收集呼气和尿液样的期限分别长达 180 天和 40 天。用加速器质谱仪和液闪计数法对收集的呼气和尿液中的^{14}C 含量进行了测定，结果发现 16 名受试者是 Hp 阴性的。这些受试者的^{14}C 摄入剂量的回收率为(91.1±3.9)%。成人和儿童在 72 h 内通过尿液分别排出了(88.3±6.2)%和(87.7±5.0)%的^{14}C 摄入剂量，呼出的^{14}C 只占较小份额。成人和儿童在 20 天内分别呼出了(4.6±0.6)%和(2.6±0.3)%的^{14}C 摄入剂量。利用 ICRP 模型计算了各个器官的吸收剂量和有效剂量，结果表明膀胱受到的吸收剂量最大，对成人和年龄在 7～14 岁间的儿童而言，分别为(0.15±0.01)mGy/MBq 和 0.14～0.36 mGy/MBq。该试验中成人和儿童收到的有效剂量分别只有(2.1±0.1)μSv 和 0.9～2.5 μSv。因此，从辐射防护的角度

判断，没有必要对任何人包括儿童限制进行^{14}C-尿素呼气试验诊断。同一团队还在7名3～6岁儿童中展开了低剂量^{14}C-尿素示踪-加速器质谱仪临床研究，结果也得出了类似的结论[34]。

碳同位素标记的甘油三油酸酯试剂可用于调查脂肪异常吸收。在一项人体研究中[35]，两名成年男性志愿者口服^{14}C-甘油三油酸酯后，收集了呼气、尿液和粪便并采集腹部脂肪样品。经加速器质谱仪分析，结果发现两人呼气中的^{14}C剂量分别是摄入剂量的73%和55%，按三室模型计算，^{14}C标记药物在各室的半衰期分别为1 h、2 d和150 d。从尿液中排出的^{14}C剂量大约为24%，几乎都是来源于摄入后的24 h内；48 h内从粪便中排出的^{14}C剂量大约有2%。^{14}C药物在脂肪中的半衰期在137～620天范围内。吸收剂量计算结果表明，正常成人的脂肪组织受到的最大辐射剂量为1.5～7.0 mGy/MBq。因此从辐射安全角度看，没有必要对摄入量为0.05～0.1 MBq的^{14}C-甘油三油酸酯呼气试验进行限制。

用^{14}C标记的甘氨胆酸和木糖进行的呼气试验在临床上用于诊断肠道疾病如小肠内细菌过度生长。一项临床研究中有18名受试者包括患者和志愿者，分成两组，每组8人，各摄入了^{14}C-甘氨胆酸和^{14}C-木糖[36]。^{14}C-甘氨胆酸组在长至一年的时间里，从呼气、尿液和粪便中回收的^{14}C份额分别为(67±6)%、(2.4±0.4)%和7.6%(1名受试者)。而^{14}C-木糖组从尿液排出的^{14}C份额最多，为(66±2)%，从呼气中排出的则有(28±5)%，对两名受试者摄入示踪剂后收集的72 h粪便的分析表明，通过粪便排出的^{14}C的份额不显著。而对于^{14}C-甘氨胆酸组，辐射吸收剂量最高的器官是大肠(1.2 mGy/MBq)。^{14}C-木糖组的脂肪组织接受的辐射吸收剂量为0.8 mGy/MBq。估计两组的有效剂量分别为0.5 mSv/MBq和0.07 mSv/MBq。对于摄入量为0.07～0.4 MBq的这两种^{14}C示踪剂呼气试验，从辐射安全角度看，没有必要对成人进行限制。

呼气试验诊断具有非侵入式的优点，但目前上市的诊断试剂品种稀少，未来有很大的发展潜力。^{14}C标记-加速器质谱仪分析技术可以在新型呼气试验诊断试剂的长期药代动力学和安全性研究中发挥重要作用。

针对临床呼气试验样品对高灵敏度和快速分析的需求，中国原子能科学研究院加速器质谱仪团队利用自主研发的单机静电小型^{14}C-AMS装置，对^{14}C标记示踪的呼气试验测试方法进行了研究，采用幽门螺杆菌感染患者和胃排空功能测量等实际样品，研究了样品制备和加速器质谱仪测量流程，首次建立了呼气样品^{14}C的小型化加速器质谱仪快速测量方法；采用碳酸钙进样实现了对胃功能障碍患者排空样品的^{14}C-AMS测量，简化了制样程序。通过与红外光谱法和胃闪烁显像法测量结果比较，验证了加速器质谱仪测量方法的可行性，在摄入剂量水平方面具有明显优势。

1）幽门螺杆菌（Hp）感染诊断

Hp是人类最常见的致病菌之一，其感染呈全球分布，Hp感染与多种临床疾病密切相关，世界卫生组织已将Hp确定为Ⅰ类致癌因子。Hp感染者口服一定剂量的^{13}C或^{14}C标记的尿素，将被Hp的高活性尿素酶水解生成$^{13/14}C$-碳酸氢根离子（$H^{13/14}CO_3^-$）和氨离子（NH_4^+），$H^{13/14}CO_3^-$可经胃吸收进入血液，最终引起呼出的气体中$^{13/14}CO_2$含量明显升高。因此，口服$^{13/14}C$-尿素后出现呼气$^{13/14}CO_2$明显升高可诊断Hp感染。目前临床上测定^{13}C示踪的呼气CO_2的碳同位素比需要用气体同位素比值仪或红外光谱测定仪，而测定^{14}C示踪的呼气CO_2的放射性活度使用的是液体闪烁计数法。

^{13}C属于稳定性核素，对人体安全，但存在天然本底高，示踪灵敏度和仪器分析灵敏度都比较低的缺点。而放射性^{14}C的天然本底低，示踪灵敏度高。测量^{14}C可用液体闪烁计数法和^{14}C-AMS方法。与液体闪烁计数仪测量衰变计数不同，加速器质谱仪测量的是原子个数，测量灵敏度高，对于长寿命的^{14}C的测量具有绝对的优势。^{14}C-AMS的超高灵敏度可以大大降低受试者的摄入剂量，将辐射剂量减少到可以忽略不计。

加速器质谱仪与液体闪烁计数仪测量^{14}C探测能力对比估算：

目前^{14}C-尿素呼气试验（^{14}C-UBT）的液体闪烁计数法测定中，$^{14}CO_2$吸收液对CO_2的饱和吸收量为4 mmol，则呼气中碳原子总数量$=4\ \text{mmol}\times 6.02\times10^{23}/\text{mol}=2.4\times10^{21}$个。

液体闪烁计数法的阳性检测限为100 dpm/mmol，扣除统一本底为40 dpm/mmol。活度$A=\dfrac{(100+40)\times4}{60}=9.3\ \text{Bq}$。根据放射性衰变公式$N=\dfrac{A}{\lambda}$$\left(\text{其中衰变常数}\lambda=\dfrac{\ln2}{T_{1/2}}，T_{1/2}\text{为}^{14}C\text{半衰期}，T_{1/2}=5\,730\ \text{a}\right)$。$^{14}C$原子总数$N=\dfrac{A\times T_{1/2}}{\ln2}=\dfrac{9.3\times5\,730\times365\times24\times3\,600}{\ln2}=2.4\times10^{12}$。

液体闪烁计数法测量时$^{14}C/^{12}C$原子个数比为1×10^{-9}。

加速器质谱仪测量：$^{14}C/^{12}C$ 相对丰度灵敏度可达 10^{-15}，应用于^{14}C-UBT呼气样品测量，检测限只要略高于自然生物本底（1×10^{-12}）即可，如果选择阳性探测限 5×10^{-12}，加速器质谱仪测量法灵敏度要高于液体闪烁计数法约200倍，由此可将^{14}C剂量降低至$\frac{1}{200}\sim\frac{1}{100}$。

^{14}C标记示踪剂体内稀释估算：

若口服1粒^{14}C标记尿素胶囊，尿素相对分子质量为60，按目前市面销售的^{14}C标记尿素胶囊中尿素总量为1 mg计，则胶囊中的碳总量为

$$\text{总碳原子个数}=\frac{1\times10^{-3}\times6.02\times10^{23}}{60}=1.0\times10^{19}$$

口服1粒尿素胶囊^{14}C活度为0.75 μCi，折算成^{14}C原子个数为

$$N=\frac{A}{\lambda}=\frac{0.75\times10^{-6}\times3.7\times10^{10}}{\dfrac{\ln 2}{5\,730\times365\times24\times3\,600}}=7.24\times10^{15}$$

由此得出，口服1粒尿素胶囊^{14}C丰度为$\frac{7.24\times10^{15}}{1.0\times10^{19}}=7.24\times10^{-4}$。

目前^{14}C-UBT呼气试验中口服胶囊后30 min左右受试者呼气中$^{14}CO_2$达到高峰，这时用CO_2集气瓶（氢氧化海胺和酚酞溶液）收集1～3 min即达到饱和，大约4 mmol，则收集的这4 mmol CO_2中碳原子总数为 $4\times6.02\times10^{20}=2.4\times10^{21}$，用液闪测量，如果大于100 dpm/(mmol CO_2)，则认为阳性患病，这时^{14}C的活度 $A=\frac{100\times4}{60}=6.67$ Bq。^{14}C原子总数 $N=\frac{A}{\lambda}=\frac{A\times T_{\frac{1}{2}}}{\ln 2}=\frac{6.67\times5\,730\times365\times24\times3\,600}{0.693}=1.74\times10^{12}$ 个，则液闪测得^{14}C丰度比$=\frac{1.74\times10^{12}}{2.4\times10^{21}}=7.24\times10^{-10}$，所以口服标记试剂到体内的$^{14}C$丰度为 7.24×10^{-4}，呼出^{14}C丰度为 7.24×10^{-10}，相当于被体内稀释至$\frac{1}{10^{6}}$。

中国原子能科学研究院加速器质谱仪实验室采用石墨还原法对^{14}C-UBT试验呼气进行样品制备并制靶，然后进行^{14}C加速器质谱仪测量。研究

表明，加速器质谱仪测量对比液闪测量可以降低至约$\frac{1}{100}$的给药剂量。按目前0.75 μCi尿素的常用剂量和降低至约$\frac{1}{100}$后计算，采用加速器质谱仪方法检测Hp感染推荐摄入^{14}C-标记尿素胶囊的活度为7.5 nCi，口服尿素胶囊25 min后采集呼气约200毫升/袋，根据标准样品、空白样品及本底气体的加速器质谱仪测量结果可给出Hp感染检测结果。采用加速器质谱仪检测Hp感染所需^{14}C标记药物剂量极少，对人体更安全和环保，加速器质谱仪技术在胃病学诊断中有潜在的应用价值。

2）胃排空试验

胃蠕动将胃内容物排入小肠的过程称为胃排空。胃排空过程是胃肠运动过程的重要部分，是反映胃运动功能的主要指标，检测胃排空可为相关疾病的诊治提供有价值的信息，在临床上具有重要的应用价值。目前，临床上对胃排空测定方法主要有侵入式和非侵入式两大类。前者包括插管法、测压法、染料稀释法等；后者则有磁共振、核素显像、呼气试验等。后者更为理想。目前，放射性核素^{99m}Tc胃闪烁显像法由于是在生理状态下的直接观察，被视为胃排空测量的金标准，但辐射剂量大（3～5 mCi ^{99m}Tc/次）、检测时间长、成本高等，未能广泛推广。^{13}C-辛酸或^{14}C-辛酸呼气试验方法由于其无放射性、非侵入性、非技术人员依赖性、安全性高等优点，患者易于接受，具有广阔的应用前景。

目前，呼气试验测定胃排空主要包括两类：① ^{13}C-辛酸、^{14}C-辛酸或^{13}C-螺旋藻呼气试验测定固相胃排空；② ^{13}C-乙酸盐呼气试验测定液相胃排空。呼气试验间接测量胃排空的基本原理是：进食^{13}C或^{14}C示踪剂标记的试餐，示踪剂在胃内不被消化吸收，原形和试餐排入小肠并迅速完全吸收，肝脏迅速将示踪剂代谢生成$^{13}CO_2$或$^{14}CO_2$，然后从肺呼出。在这一系列过程中，胃排空是一个限速步骤，定期测量呼气$^{13}CO_2$或$^{14}CO_2$浓度变化便可间接反映胃排空速率[37]，如图7-1所示。

中国原子能科学研究院加速器质谱仪实验室的实验方案为：从合作单位医院消化科选取5名志愿者，他们都有临床症状如早饱、厌食、恶心、呕吐等，分成两组，A组3名志愿者做^{14}C-辛酸呼气试验（^{14}C-OBT）和用做对照的^{13}C-辛酸呼气试验（^{13}C-OBT），B组2名志愿者做^{14}C-OBT和^{99m}Tc胃闪烁显像试验。

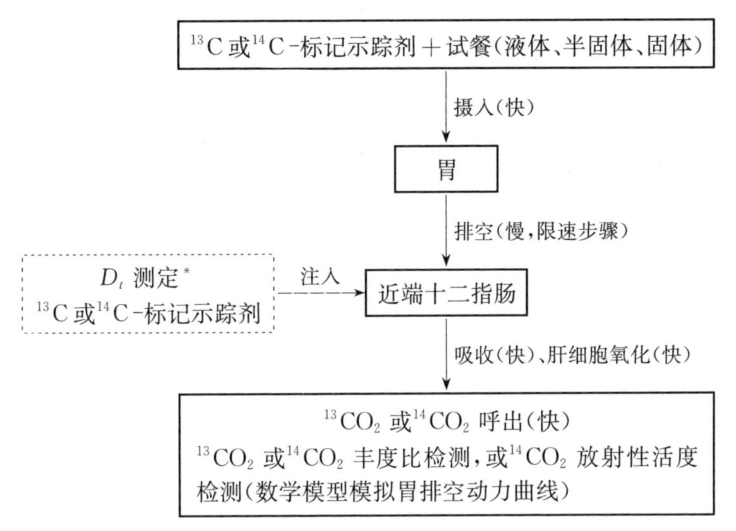

图 7－1　$^{13}CO_2$ 或 $^{14}CO_2$ 呼气试验间接测量胃排空的基本原理

注＊：虚线部分表示“分离模型”还必须另外测定胃后 $^{13}CO_2$ 或 $^{14}CO_2$ 呼出速率 $D(t)$，通过正常人群值套用，不必每例测定。

检测方法如下：

A 组：A 组志愿者试验前禁食 6 h，在服试餐前先吹底气，10 min 内将试餐(含 75 mg ^{13}C -辛酸和 0.01 μCi ^{14}C -辛酸)进食完毕，然后 1 h 内每 15 min 采集双份气样 1 次，2 h 起每 20 min 采集双份气样 1 次，持续 4 h；用红外光谱仪测定各气样 $^{13}CO_2$ 浓度，^{14}C - OBT 气样带回加速器质谱仪实验室进行样品制备与测量，测定各气样 $^{14}CO_2$ 浓度，根据 $^{13}CO_2$ 和 $^{14}CO_2$ 浓度值绘制胃排空动力学曲线。

根据公式 $y_1=at^b e^{-ct}$，$y_2=m(1-e^{-kt})^{\beta}$ 回归求出 a、b、c、m、k、β，最后得出半排空时间和排空系数。y_1 表示时间在 t 时的呼出速率，y_2 表示时间在 t 时的累积呼出率。

为了更为可靠地反映 ^{13}C 或 ^{14}C -标记化合物在体内的代谢率，消除个体 CO_2 产量对浓度的影响，将比浓度校正为采样时刻 $^{13}CO_2$ 或 $^{14}CO_2$ 呼出速率表达，即某一时刻的呼出量占总摄入剂量的百分比，用 PCD 表示，单位是 %dose/min 或 %dose/h，PCD 即呼出速率曲线，又称代谢速率曲线，反映 ^{13}C 或 ^{14}C 标记化合物在体内的代谢速度变化趋势。

B 组：B 组志愿者试验前禁食 6 h，在服药前先吹底气，5 min 内将试餐(含 ^{14}C -辛酸 0.01 μCi 标记底物和 5 mCi ^{99m}Tc)后仰卧，对胃部进行显像，每 5 min 采集 1 帧，每帧采集 60 s，共 1.5 h，同时采集 ^{14}C - OBT 呼气样品，0.5 h

内每 5 min 采气样 1 次，0.5 h 起每 30 min 采气样 1 次，持续 4 h；将样气带回加速器质谱仪实验室进行样品制备与测量，测定各气样$^{14}CO_2$ 浓度，绘制胃排空动力学曲线(公式同上)。比较三种方法测量结果相关性。

^{14}C-OBT 和^{13}C-OBT 对比试验中，^{13}C-辛酸钠示踪剂为固体粉末，均匀撒在煎的鸡蛋表面并夹于两片面包间；^{14}C-辛酸钠示踪剂为液体，掺混于小米粥里。^{14}C-OBT 和^{99m}Tc 胃闪烁显像对比试验中，^{99m}Tc 与^{14}C-辛酸钠均为液体，均匀注射到煎蛋里并夹于两片面包间。采集各个时刻呼气样品，记录红外光谱测量$^{13}CO_2$ 数据以及胃闪烁显像数据，将采集的^{14}C-OBT 呼气样进行碳酸盐法制样，将呼气样品通过 25 mL 饱和氢氧化钙溶液，生成碳酸钙沉淀，将烘干后的碳酸钙与 375 目铁粉以 1∶3 比例混合装靶进行加速器质谱仪测量分析，通过对标准样品、空白样品及本底气体测量值综合分析，最后推导出胃半排空时间和排空系数。加速器质谱仪测量结果趋势与红外光谱结果符合，而且统计性比红外光谱要好，且不受本底干扰；与^{99m}Tc 胃闪烁显像结果对比，基本符合，且大幅降低放射剂量，从而证明利用加速器质谱仪测量^{14}C-OBT 呼气样品可以测定胃排空。

7.2.5 生物材料研究

加速器质谱仪技术可以用来测定^{14}C 标记的生物材料包括纳米药物载体的生物降解和清除特性，以及微型缓释药物装置的药物释放性质。

通过多次给予小猪静脉注射^{14}C-脯氨酸可以使得小猪的小肠黏膜下层带有明显的^{14}C 标记[38]。将^{14}C 标记的小猪黏膜下层制备成支架材料，用于实验狗受损膀胱的修复。在手术后不同时间牺牲动物，用加速器质谱仪和液闪计数法测定经小肠黏膜下层材料修复的膀胱组织的^{14}C 含量，结果揭示手术 3 个月后，重建组织中的^{14}C 含量降低到了初始值的 10%以下，小肠黏膜下层修复材料已经被正常的狗膀胱组织替代，说明该修复材料可以提供临时性的支撑，供受体组织快速重建而自身降解并经尿清除。

加速器质谱仪可以用来测定一种微电机药物释放装置的多种药物释放特性[39]。该装置具有多个蚀刻在硅质上的可装载不同药物的微室。用实验大鼠对装载了荧光素、^{14}C-甘露醇和^{14}C-卡莫司汀的该装置进行皮下药物释放实验，分别用荧光检测法、闪烁计数法和加速器质谱仪检测这几种示踪剂药物的释放量。相比注射给药方式，^{14}C-卡莫司汀从装置中主动释放的速率略减慢，达到稳态的血浆^{14}C 浓度的时间大约为 1 h。

我国目前生物纳米材料研究十分活跃。随着加速器质谱仪设备成本的下降，Bio-AMS分析技术在生物纳米材料研究中的应用值得期待。

7.2.6 利用核爆同位素脉冲峰的生物学研究

20世纪50年代的核武器试验造成了当时大气中^{14}C丰度的明显增加，形成了所谓的核爆同位素脉冲峰(bomb pluse)，导致当时的生物活体被动地接受了^{14}C标记。可以用加速器质谱仪技术测定生物分子或细胞中的^{14}C丰度，评价生物有机质转化速率，尽管并不容易确定个体的实际^{14}C暴露量。

通过用加速器质谱仪测量肺脏中弹性蛋白的^{14}C丰度，可以确定该蛋白的转化速率[40]。从弹性蛋白中分离出的D-天冬氨酸含量随年龄线性增加，表明肺实质弹性蛋白的老化对应于个体的老化。根据^{14}C丰度测量结果推算出成年人肺脏的弹性蛋白的平均碳滞留时间为74年(在95%置信区间内为40～174年)，支持肺脏弹性纤维具有很强的代谢稳定性，揭示了弹性蛋白对于维持正常肺脏结构的重要作用。该研究也是对人体特定组织细胞外基质转化速率的首次阐明。

随后，^{14}C加速器质谱仪技术也用于测定人心肌细胞、神经元、脂肪细胞和牙齿转化速率的研究[41]。

7.3 药物开发

加速器质谱仪作为一种高灵敏的分析技术，在药物的吸收、分布、代谢和排泄研究中，尤其是在药物的预筛选和临床药理研究中具有很大应用潜力。首先，加速器质谱仪对^{14}C的探测灵敏度比液闪法高5～6个数量级，研究中所应用的^{14}C剂量可减少至pCi～nCi量级。这样，一方面微剂量的^{14}C同位素示踪研究无须经过复杂的辐射防护安全机构的审批程序，同时还减少了放射性废物的处理费用，以及对昂贵的^{14}C标记化合物的消耗。其次，加速器质谱仪可以对多种候选药物进行快速筛选和人体临床实验，比如研究每一种药物与DNA的加合反应情况，从分子水平和实际使用剂量水平对其基因毒性大小做出比较和判断，避免了传统方法采取长期和高剂量动物实验来观察生物效应终点的缺陷。加速器质谱仪分析技术的引入使得人体吸收、分布、代谢和排泄(ADME)数据可以在Ⅰ期临床试验之中或之前就可以采集，帮助在药物开发早期进行决定性判断，有可能大幅度减少药物开发风险，也可以大大缩短药物面向市场的周期。尽管建造加速器质谱仪设备的先期资金投入很大，但是从推动药物的研究开发的长远利益来看，在医药领域应用加速器质谱仪仍是明智和经济的选择。

^{14}C 标记药物-加速器质谱仪分析技术在药物开发中的应用可以有多种不同的模式。按给予受试者的药物^{14}C 剂量高低，可以将^{14}C 标记药物的临床示踪研究划分成两种类型：① 传统或常规^{14}C 剂量药物研究；② 微小^{14}C 剂量药物研究。两者之间并非有一个确定的界限。但从实用的角度出发，前者的^{14}C 剂量一般大于 20 μCi，后者典型的^{14}C 剂量小于 250 nCi。加速器质谱仪分析技术在这两种类型研究中都有用武之地。在常规^{14}C 剂量药物研究中，加速器质谱仪可以用来对那些^{14}C 浓度低至用液闪计数法难以定量的样品进行测量，如在临床示踪研究后期的时间点所收集的全血和血浆样品，其中的^{14}C 浓度可能低于 70 DPM*/mL。加速器质谱仪完全允许对这些样品中的^{14}C 含量进行定量，甚至经常要求将待测样品用稳定碳同位素稀释至$\frac{1}{1\,000}\sim\frac{1}{100}$后再进行分析。对于微小^{14}C 剂量药物研究，样品中^{14}C 浓度的测量完全依赖于加速器质谱仪分析技术，并且，某些^{14}C 浓度高的样品也需要用稳定碳同位素稀释至数十分之一乃至上百分之一后，才能进行加速器质谱仪测量。

因为微小^{14}C 剂量药物研究中^{14}C 剂量处于 nCi 的水平，不会在动物体内引起值得关注的辐射剂量累积，一般认为没有必要在动物实验中对组织器官的辐射剂量学进行评价。需要注意，微小^{14}C 剂量药物研究还可以按药物化学剂量的高低进行细分。一种情形是药物的化学剂量也是微小的，这时^{14}C 标记药物的比活度也就比较高。另一种情形是药物的化学剂量与常规给予受试者的药物化学剂量相当，即相当于常规剂量的化学药物与微剂量的高比活度^{14}C 标记药物混合在了一起，这样最终的^{14}C 标记药物的比活度就相对较低。

在新药开发的临床试验中，微小剂量^{14}C 标记药物的化学剂量选择首先取决于候选药物所处的发展阶段。如果该候选药物已经成功申请了研究性新药(IND)，则临床试验中可以大致按照预期的药理学剂量进行给药。实际化学剂量的高低则依赖于临床前试验数据或其他证据所支持的该候选药物本身的特性。如果该候选药物尚未获得 IND 批准，在美国进行人体试验则可以按探索性新药(exploratory investigational new drug, Exp - IND)经美国食品药品

* DPM，每分钟衰变数。1 Bq=1 DPS，60 DPM=1 DPS。

监督局审批后进行微剂量或临床零期试验。满足 Exp－IND 的药物的化学剂量不超过 100 μg 或者预期能产生药理学效应的剂量的 1%。欧洲和日本也制定有根据有限的动物安全性研究开展人体微剂量研究的指南[42]。

理想的情况下，药物在亚药理剂量和药理剂量范围内具有线性的动力学行为。但实际上由于药物存在转运机制以及与生物大分子的结合力，药物在浓度很低的情况下，其动力学可能并不是线性的。应用加速器质谱仪分析技术的微剂量研究可以解答亚药理剂量与药理剂量之间的药代动力学线性关系问题。默克研究实验室应用 Bio－AMS 技术研究了一种临床前药物，7－(2－C－甲基－beta－D－呋喃核糖基)－7H－吡咯并[2,3－d]嘧啶－4－胺(7－deaza－2′－C－methyl－adenosine)分别以亚药理剂量(0.02 mg/kg)和药理剂量(1 mg/kg)通过口服或静脉注射给予实验狗后在药代动力学和药物沉积方面的相关性，以帮助判定是否有必要开展人体微剂量研究[43]。结果发现，该化合物具有多室动力学以及低的血浆清除特征，体内清除半衰期较长，口服生物利用度高。加速器质谱仪分析获得的亚药理剂量条件下的药代性质与利用传统方法，如液相色谱-串联质谱法和液闪计数法获得的 1 mg/kg 剂量条件下的结果具有相似性，表明该化合物在 50 倍的剂量范围内具有线性的药代动力学特性。加速器质谱仪技术为微剂量研究提供了传统分析技术难以企及的高灵敏手段。

许多药物的人体药代动力学性质难以根据体外细胞实验和动物实验进行预测。在一项人体志愿者研究中，比较了五种代表性药物，包括法华令、ZK253(先灵公司产品)、地西泮、咪达唑仑和红霉素在亚药理剂量和药理剂量给药情况下的药代动力学性质[44]。按交叉试验设计，志愿者接受了微剂量的一种^{14}C 标记药物(100 μg)，或者在分开的情况下接受了治疗剂量的一种^{14}C 标记药物，又或者同时接受了静脉注射的微剂量的^{14}C 标记的 ZK253、咪达唑仑或红霉素药物和口服的治疗剂量的该药物。HPLC－AMS 用来分析血浆样品中的^{14}C 标记药物。地西泮、咪达唑仑和 ZK253 这三种药物各自的微剂量和治疗剂量的药代动力学特征是一致的。对于法华令，可以比较好地估计其清除速率，但微剂量和治疗剂量条件下的分布体积有差别，这可能是由于组织对药物的亲和力较强，但容量有限。对口服的红霉素的微剂量研究没有发现血浆样品中有可检测出的药物，这可能是由于药物不耐受胃酸。测定的 ZK253、咪达唑仑和红霉素药物的绝对生物利用度与文献资料结果十分吻合。该研究结果表明适当应用微剂量研究，有可能帮助对候选药物进行早期选择。

在一项人体微剂量研究中，一名健康志愿者接受了 102 nCi^{14}C 标记的 520 ng 齐夫多定，加速器质谱仪被用于测定在药物作用部位，外周血单核细胞(PBMCs)中的浓度和药代动力学特征[45]。结果发现微剂量给药的齐夫多定的药代动力学参数绝大多数是在治疗剂量的药代动力学文献数据的 95%置信区间内或标准偏差范围内。齐夫多定在体内被迅速吸收和消除，具有一个主要的、聚集在 PBMCs 中的代谢产物。^{14}C 质量平衡分析表明，96 h 后仍有一部分具有长的清除半衰期的齐夫多定残留在体内。本研究的结果表明了加速器质谱仪作为高灵敏度分析技术，在应用痕量^{14}C 标记药物的药代动力学研究中具有重要价值。

欧盟曾于 2006—2008 年资助了 2.1 百万欧元的欧盟微剂量加速器质谱仪伙伴项目(EUMAPP)，用以评价微剂量方法对药物发展的作用以及如何适当运用该方法[46]。该项目的实验结果表明，利用静脉注射^{14}C 标记药物和加速器质谱仪分析得到的非索非那定的绝对生物利用度超过 30%，与文献仅基于口服药物实验得到的生物利用度数据接近。EUMAPP 评价过的六种不同类型的化合物的微剂量药代动力学数据可用于对药理剂量的动力学特征在 2～3 倍因子范围内做出估计。在这种情况下，微剂量实验结果允许对新型待测药物分子是否值得进一步发展做出决定性判断。

2013 年发表的文献[42]总结了 35 个药物的微剂量研究结果，发现 80%的药物的微剂量和治疗剂量的药代动力学参数在 2 倍因子范围内具有比例性。对于口服药物，大约 60%的药物具有此种比例性，而对于静脉注射药物，所有药物的药代动力学都有这种比例性。

微剂量研究及加速器质谱仪技术在制药界获得了越来越多的关注。但由于传统上临床前研究和临床研究是相当分离的两个阶段，微剂量研究在新药发展中的决定性判断作用可能需要由多学科人员组成转化研究团队来完成。就前景而言，微剂量加速器质谱仪技术不仅可以用于测定药代动力学，而且有可能用于研究药物-药物相互作用，或者寻找新的药物靶点。^{14}C 标记药物和加速器质谱仪分析技术也可以用于临床Ⅰ期试验，用于测定药物的药代动力学，质量平衡和确定代谢特征。基于加速器质谱仪分析还可以确定药物的绝对生物利用度。通过静脉注射方式给予受试者低于亚药理剂量的^{14}C 标记药物，以减弱或消除药理剂量静脉注射对其他给药途径如口服、皮下注射或肺部给药在药代动力学上的干扰，这样就能够区别^{14}C 标记药物浓度和药物总浓度，准确测定其他给药途径的药物绝对生物利用度。

7.4　^{41}Ca-AMS 在生物医学中的应用

钙是人体必需的营养元素，是骨健康的关键营养物。然而人们对钙的新陈代谢的了解大多来自对血液和尿液中与钙相关的其他生化分子的分析，这些数据一般缺乏个体准确性。用同位素示踪技术直接测定体内钙变化是获知个体钙代谢的最好办法。

7.4.1　^{41}Ca 生物示踪研究

钙的天然同位素中，除了丰度最大的^{40}Ca(96.9%)，丰度较小的其他几种稳定同位素可用于钙的生物示踪，但这些稳定同位素价格昂贵，另外其天然丰度并不太低(如^{46}Ca 天然丰度最小，为 0.004%，比放射性同位素^{41}Ca 的天然丰度高了 8 个数量级)，因此它们的示踪灵敏度也不够高。放射性的^{45}Ca和^{47}Ca 也可用于示踪实验，但这两种同位素的半衰期较短，限制了可用于示踪的时间，而且有较强的放射性。而^{41}Ca 作为生物医学示踪剂有多方面的优点：^{41}Ca 的天然丰度仅为 10^{-15}～10^{-14}，示踪灵敏度极高；^{41}Ca 的半衰期为 1.03×10^{5} a，适于长期示踪实验；衰变方式为轨道电子俘获伴随软 X 射线发射，不用担心辐射安全问题；$^{40}Ca(n,\gamma)^{41}Ca$ 反应的生成截面比较高(410 mb)，使得^{41}Ca 的制备较为容易。由于^{41}Ca 特有的衰变性质，用衰变计数法不能测定。由于存在同量异位素^{41}K 或分子离子^{40}CaH 的干扰，普通质谱仪也不能对^{41}Ca进行高灵敏测量。而加速器质谱仪技术具有排除同量异位素本底和分子离子本底干扰的能力，测量灵敏度可达 10^{-15} g^{41}Ca。因此很少量的^{41}Ca 就能够满足骨钙代谢示踪实验研究的需要。若将病人骨骼标记上^{41}Ca，通过测定按时间序列收集的尿样中的^{41}Ca 就能说明骨钙的流失情况。^{41}Ca 示踪-加速器质谱仪技术是测定治疗钙代谢疾病药物药效的有效工具，通过^{41}Ca 人体示踪研究也有助于提高人们对钙的吸收利用机理的认识。

1981 年法国 Raisbeck 等人[47]提出并进行了用 CaH_2 做靶样，离子源引出CaH_3^-的^{41}Ca 加速器质谱仪实验，^{41}K 的干扰被大大降低。随后美国宾州大学采用 CaH_2 靶样和强流负离子溅射源，能够引出 5～10 μA 的离子束流，使 $R_{Ca(41/40)}$ 的测量灵敏度提高至 10^{-15}[48]。

1990 年美国普渡大学首次将^{41}Ca 示踪-加速器质谱仪分析技术应用于生物医学研究[49]。给狗注射^{41}Ca 标记的草酸钙(9.0 kBq^{41}Ca/kg)。用加速器质谱仪方法测量动物的血、尿和粪便中^{41}Ca的含量。结果表明，^{41}Ca示踪法能够用于长期的骨代谢的观察；^{41}Ca示踪法的灵敏度比^{45}Ca示踪法要高两个数量级，灵敏度提高潜力则达8个数量级。

加拿大与以色列的科学家合作，首次开展了应用^{41}Ca示踪法监测人体骨钙消融的研究[50]。受试者静脉注射10 mL含407 Bq、125 ng ^{41}Ca的0.9%氯化钠水溶液，用加速器质谱仪监测尿样中的^{41}Ca，时间超过900天。结果发现，血、尿样中$R_{Ca(41/40)}$相近，$R_{Ca(41/40)}$在注射后的100天内从10^{-7}下降到10^{-11}，随后基本保持在10^{-11}的水平上。$R_{Ca(41/40)}$在短期内的随机变化超过统计误差，被推测为与月经周期有关。美国劳伦斯利弗莫尔国家实验室用^{41}Ca示踪法对人体骨钙代谢进行了研究[51]。25个受试者每人口服185 Bq的^{41}Ca，通过测量尿样中$R_{Ca(41/40)}$，发现短期内测量值有稳定性，并且对药物阿仑膦酸钠的治疗有显著响应。

近期在美国开展的一项人体^{41}Ca示踪试验[52]，首次用加速器质谱仪技术评价了饮食来源钙和维生素D与补充剂形式的钙和维生素D对人体骨钙代谢的影响。分别给予12名绝经后妇女口服100 nCi ^{41}Ca。经过180天的体内钙平衡期后，受试者随机地接受饮食来源的钙和维生素D补充(每日饮用4次牛奶或酸奶，大约摄入1 300 mg钙和400单位维生素D_3)，或者接受补充剂形式的钙和维生素D补充(每日口服含1 200 mg钙的碳酸钙片和400单位的维生素D_3片)，持续6周。然后停止钙和维生素D补充6周，再给予6周的钙和维生素D干预。每周收集受试者的24 h尿液样品，用加速器质谱仪测定其中的$R_{Ca(41/40)}$。结果发现，在两种不同的营养干预期间，$R_{Ca(41/40)}$随时间延长呈现明显的下降趋势，反映了干预造成骨流失速度减慢；但两种营养干预对骨代谢的影响没有明显差别。停止钙和维生素D补充期间，骨钙流失速度又会恢复干预前的水平。补充钙和维生素D的来源(饮食或片剂)不是影响骨钙代谢的因素。

中国原子能科学研究院的加速器质谱仪团队牵头在国内组织开展了^{41}Ca生物学示踪-加速器质谱仪研究[53-60]。该团队先后建立了$^{41}CaH_2$和$^{41}CaF_2$制靶流程[54-55]，研制了^{41}Ca同位素标准品，并在HI-13串联加速器质谱仪平台上实现了对生物样品中^{41}Ca同位素丰度的测定。2004年进行了石棉致细胞浆钙浓度变化的研究[54]，随后还通过体外细胞实验确认^{41}Ca示踪-加速器质谱仪技术能够分析不同条件下谷氨酸对体外培养细胞外钙内流的影响[57]，发现镓盐影响离体破骨细胞对骨矿物质的吸收作用[58]。

该团队还建立了利用^{41}Ca标记体内钙库和加速器质谱仪分析测定钙剂的

钙实际吸收率的方法。该方法能够确定粪便中内源性钙的百分比和钙剂的净吸收率[59]。将含^{41}Ca示踪剂的水溶液静脉注射进试验大鼠以标记体内钙库。待^{41}Ca在体内达到平衡后，即粪钙中^{41}Ca丰度与参比组织中的^{41}Ca丰度之比相对恒定后，喂食一定量的口服钙剂，选择适当的参比组织（如血浆）并测定其^{41}Ca丰度，即可将粪便中^{41}Ca的含量换算为粪便中内源性钙的排泄量，根据下列公式计算钙剂的净吸收率：

$$吸收率=\frac{1-(粪便中总钙量-粪便中内源性钙量)}{口服摄入的钙量}$$

在上述公式中，口服摄入的钙量是已知的，粪便中的钙量可以通过常规元素分析方法如原子光谱法测得。如何计算粪便中内源性钙量成为问题的关键，理想的计算方式如下：

$$粪便中内源性钙量=粪便中总钙量\times 粪便中^{41}Ca的丰度$$

该团队将^{41}Ca示踪-加速器质谱仪技术应用于骨质疏松动物模型的钙代谢动力学研究。静脉注射^{41}Ca-氯化钙示踪剂以标记体内钙库后，比较了骨质疏松模型大鼠与对照组的血液、尿液和粪便等样品中^{41}Ca丰度的差别[58]。联合北京中医药大学以^{41}Ca作为示踪剂进行了中药干预模拟失重大鼠钙代谢紊乱的研究，发现尾吊模拟失重可造成大鼠肠钙吸收显著下降，五加补骨方可不同程度改善模型大鼠肠钙吸收状况[60]。

7.4.2　低能加速器质谱仪测定^{41}Ca

由于存在较难排除的同量异位素^{41}K和同位素干扰，以前用于测定^{41}Ca的加速器质谱仪技术采用的都是比较高能的加速器（端电压≥5 MV）。如果紧凑型低能加速器质谱仪也具有足够好的$R_{Ca(41/40)}$测量灵敏度和准确性，则可以大大促进^{41}Ca的生物医学示踪研究和药学应用。奥地利维也纳大学的VERA实验室采用新的均一性极好的氮化硅吸收箔和改进的$\frac{\Delta E}{E}$离子探测器，利用端电压为3 MV的加速器，对$^{41}CaF_2$和$^{41}CaH_2$靶样成功进行了测量[61]。使用$^{41}CaF_2$靶时，$R_{Ca(41/40)}$本底水平低于10^{-13}；使用$^{41}CaH_2$靶时，$R_{Ca(41/40)}$本底水平低至10^{-15}，典型的测量精度为2%～5%。这表明具有更高离子传输效率的低能加速器质谱仪测量$R_{Ca(41/40)}$也能达到更高能量加速器质谱仪的灵敏度，并且前者在测量样品通量方面具有优势。

加拿大渥太华大学用端电压小于 2 MV 的低能加速器质谱仪对^{41}Ca的测量方法进行研究，调查了气体剥离条件对离子碎裂后产生的新离子化学形态的影响，以寻求降低^{41}K干扰的方法[62]。结果发现在 0.6～1.6 MV 加速器端电压条件下，大约有 10%的 CaF_3^- 转变为 CaF^+，而仅有 0.1%的 KF_2^- 转变为 KF^+。$R_{Ca(41/40)}$测量的本底水平为 10^{-11} 量级，用二次气体剥离有可能使灵敏度提高至 10^{-13} 甚至更高灵敏度。

荷兰应用科学研究组织（TNO）安装有一台生物医学专用的端电压为 1 MV 的加速器质谱仪设备。进行 $R_{Ca(41/40)}$ 分析时，系统的离子探测器还对^{39}K进行测量，按$\frac{^{39}K}{^{41}K}$天然比值 $\left(\frac{93.9\%}{6.7\%}=13.9\right)$ 进行^{41}K干扰的校正。该系统测量 $R_{Ca(41/40)}$ 的本底水平在 10^{-12} 量级，可以用于 $R_{Ca(41/40)}$ 在 10^{-11} 以上样品的测量；当 $R_{Ca(41/40)}$ 低于 10^{-11} 时，^{41}K 形成明显的干扰[63]。西班牙塞维利亚大学国家加速器中心（CNA）也拥有一台 1 MV 加速器质谱仪设备，在使用 CaF_2(Ag)靶材和氦气剥离的条件下，利用离子探测器探测^{39}K对^{41}K干扰并进行校正，得到的 $R_{Ca(41/40)}$ 本底范围为 5×10^{-12}～8×10^{-12}。该系统有可能对 $R_{Ca(41/40)}$ 在 10^{-8}～10^{-10} 范围内的样品进行准确测定[64]。

7.5 加速器质谱仪在生命科学中的应用展望

作为一种高度灵敏的分析技术，Bio - AMS 将在毒理学、营养学，尤其是药物开发等多个方面发挥重要的作用。Bio - AMS 是一种比较复杂的技术，它的应用和推广仍存在一些局限性。例如，加速器质谱仪测量只能获得同位素比，必须与其他生化分离方法相结合才能反映化学结构信息；制样流程仍显烦琐，效率较低，以及设备复杂，造价高。所需要的标记化合物或药物不易获得，标记技术和加速器质谱仪仪器技术都需要进一步提高。但更关键的是多数生物医学工作者和制药界很少有机会实际接触 Bio - AMS 技术，缺乏对 Bio - AMS 优势的充分了解，多学科的有机交叉和融合仍需加强。

但近几年来，随着加速器质谱仪仪器小型化成熟度的提高、色谱与加速器质谱仪接口技术的进步，Bio - AMS 步入了快速发展阶段。欧美药物监管部门和一些商业公司也在积极推进^{14}C标记药物-加速器质谱仪在新药开发中的应用新模式，这些因素合在一起，使得 Bio - AMS 具有非常美好的前景。我们也期待我国药物监管部门能够制定相应的零期试验指导文件，一些前瞻性制药企业能够引进、发展这一技术用于新药开发，以节省新药开发费用和时间，提高新药开发的成功率。这或许是我国在新药开发方面开创国际领先局面的一个很好的切入点。利用低能加速器质谱仪测量生物样品 ^{41}Ca 的技术仍在发展之中，如果能够克服大量样品测量的瓶颈，^{41}Ca 示踪加速器质谱仪技术将能够在钙代谢基础研究及相关药物研究中发挥重要的作用。

参考文献

[1] 孙红芳，王海芳，刘元方. 加速器质谱应用于生物医学研究的新进展[J]. 科学通报，2001，46(13)：1057 - 1058.

[2] Liberman R G, Tannenbaum S R, Hughey B J, et al. An interface for direct analysis of ^{14}C in non-volatile samples by accelerator mass spectrometry [J]. Analytical Chemistry, 2004, 76(2): 328 - 334.

[3] Flarakos J, Liberman R G, Tannenbaum S R, et al. Integration of continuous-flow accelerator mass spectrometry with chromatography and mass-selective detection[J]. Analytical Chemistry, 2008, 80(13): 5079 - 5085.

[4] Roberts M L, von Reden K F, McIntyre C P, et al. Progress with a gas-accepting ion source for accelerator mass spectrometry[J]. Nuclear Instruments and Methods in Physics Research Section B, 2011, 269(24): 3192 - 3195.

[5] Thomas A T, Stewart B J, Ognibene T J, et al. Directly coupled high-performance liquid chromatography-accelerator mass spectrometry measurement of chemically modified protein and peptides[J]. Analytical Chemistry, 2013, 85(7): 3644 - 3650.

[6] Felton J S, Turteltaub K W, Vogel J S, et al. Accelerator mass spectrometry in the biomedical sciences: applications in low-exposure biomedical and environmental dosimetry[J]. Nuclear Instruments and Methods in Physics Research Section B, 1990, 52(3 - 4): 517 - 523.

[7] Mauthe R J, Snyderwine E G, Ghoshal A, et al. Distribution and metabolism of 2-amino-1-methyl-6-phenylimidazo[4, 5 - b]pyridine (PHiP) in female rats and their pups at dietary doses[J]. Carcinogenesis, 1998, 19(5): 919 - 924.

[8] Turteltaub K W, Mauthe R J, Dingley K H, et al. MeIQx - DNA adduct formation in rodent and human tissues at low doses[J]. Mutation Research, 1997, 376(1 - 2): 243 - 252.

[9] Garner R C, Lightfoot T J, Cupid B C, et al. Comparative biotransformation studies of MeIQx and PhIP in animal models and humans[J]. Cancer Letter, 1999, 143(2): 161 - 165.

[10] Dingley K H, Curtis K D, Nowell S, et al. DNA and protein adduct formation in the colon and blood of humans after exposure to a dietary-relevant dose of 2-amino-1-methyl-6-phenylimidazo[4, 5 - b]pyridine[J]. Cancer Epidemiolgy Biomarkers and Prevention, 1999, 8(6): 507 - 512.

[11] 李宏利. 加速器质谱仪研究硝基苯与生物大分子的加合及饮食成分的阻断效果[D]. 北京：北京大学，2002.

[12] 杜慧芳. 加速器质谱仪研究无铅汽油添加剂 MTBE 及 TBA 与体内生物大分子化学作用[D]. 上海：复旦大学，2005.

[13] White I N, Martin E A, Mauthe R J, et al. Comparisons of the binding of[14C] radiolabelled tamoxifen or toremifene to rat DNA using accelerator mass spectrometry[J]. Chemico Biological Interactions, 1997, 106(2): 149 - 160.

[14] Martin E A, Brown K, Gaskell M, et al. Tamoxifen DNA damage detected in human endometrium using accelerator mass spectrometry[J]. Cancer Research, 2003, 63(23): 8461 - 8465.

[15] Brown K, Tompkins E M, Boocock D J, et al. Tamoxifen forms DNA adducts in human colon after administration of a single[14C]-labeled therapeutic dose[J]. Cancer Research, 2007, 67(14): 6995 - 7002.

[16] Vogel J S, Tunetaub K W. Accelerator mass spectrometry in biomedical research [J]. Nuclear Instruments and Methods in Physics Research Section B, 1994, 92(1 - 4): 445 - 453.

[17] Goldman R, Day B W, Carver T A, et al. Quantitation of benzo[a]pyrene-DNA adducts by postlabeling with 14C-acetic anhydride and accelerator mass spectrometry [J]. Chemico Biological Interactions, 2000, 126(3): 171 - 183.

[18] Stenstrom K, Leide-Svegborn S, Erlandsson B, et al. Application of accelerator mass spectrometry (AMS) for high-sensitivity measurements of $^{14}CO_2$ in long-term studies of fat metabolism[J]. Applied Radiation and Isotopes, 1996, 47(4): 417 - 422.

[19] Clifford A J, Arjomand A, Dueker S R, et al. The dynamics of folic acid metabolism in an adult given a small tracer dose of ^{14}C-folic acid[J]. Advances in Experimental Medicine and Biology, 1998, 445: 239 - 251.

[20] Buchholz B A, Arjomand A, Dueker S R, et al. Intrinsic erythrocyte labeling and attomole pharmacokinetic tracing of ^{14}C-labeled folic acid with accelerator mass spectrometry[J]. Analytical Biochemistry, 1999, 269(2): 348 - 352.

[21] Lin Y, Dueker S R, Follett J R, et al. Quantitation of in vivo human folate metabolism[J]. American Journal of Clinical Nutrition, 2004, 80(3): 680 - 691.

[22] Dueker S R, Lin Y, Buchholz B A, et al. Long-term kinetic study of β-carotene, using accelerator mass spectrometry in an adult volunteer[J]. Journal of Lipid Research, 2000, 41(11): 1790 - 1800.

[23] Lemke S L, Dueker S R, Follett J R, et al. Absorption and retinol equivalence of-carotene in humans is influenced by dietary vitamin A intake[J]. Journal of Lipid Research, 2003, 44(8): 1591 - 1600.

[24] Ho C C, De Moura F F, Kim S H, et al. A minute dose of ^{14}C - β - carotene is absorbed and converted to retinoids in humans[J]. Journal of Nutrition, 2009, 139 (8): 1480 - 1486.

[25] De Moura F F, Ho C C, Getachew G, et al. Kinetics of ^{14}C distribution after tracer dose of ^{14}C-lutein in an adult woman[J]. Lipids, 2005, 40(10): 1069 - 1073.
[26] Carkeet C, Dueker S R, Lango J, et al. Human vitamin B12 absorption measurement by accelerator mass spectrometry using specifically labeled ^{14}C-cobalamin[J]. Proceeding of the National Academy of Sciences of the United States of America, 2006, 103(15): 5694 - 5699.
[27] Clifford A J, De Moura F F, Ho C C, et al. A feasibility study quantifying in vivo human α-tocopherol metabolism[J]. American Journal of Clinical Nutrition, 2006, 84(6): 1430 - 1441.
[28] Novotny J A, Fadel J G, Holstege D M, et al. This kinetic, bioavailability, and metabolism study of RRR-α-tocopherol in healthy adults suggests lower intake requirements than previous estimates[J]. Journal of Nutrition, 2012, 142(12): 2105 - 2111.
[29] Shan G, Huang W, Gee S J, et al. Isotope-labeled immunoassays without radiation waste[J]. Proceeding of the National Academy of Sciences of the United States of America, 2000, 97(6): 2445 - 2449.
[30] 游冬青,孙红芳,邹鲁峰,等. 应用加速器质谱技术检测体外细胞中^{14}C标记的苯并芘-DNA加合物[J]. 第二军医大学学报,2002,23(4): 454 - 455.
[31] De Gregorio M W, Dingley K H, Wurz G T, et al. Accelerator mass spectrometry allows for cellular quantification of doxorubicin at femtomolar concentrations[J]. Cancer Chemotherapy and Pharmacology, 2006, 57(3): 335 - 342.
[32] 张厚德. 呼气试验[M]. 北京: 科学出版社,2007: 3 - 8.
[33] Leide-Svegborn S, Stenstrom K, Olofsson M, et al. Biokinetics and radiation doses for carbon-14 urea in adults and children undergoing the Helicobacter pylori breath test[J]. European Journal of Nuclear Medicine, 1999, 26 (6): 573 - 580.
[34] Gunnarsson M, Leide-Svegborn S, Stenstrom K, et al. No radiation protection reasons for restrictions on ^{14}C urea breath tests in children[J]. British Journal of Radiology, 2002, 75(900): 982 - 986.
[35] Gunnarsson M, Stenstrom K, Leide-Svegborn S, et al. Biokinetics and radiation dosimetry for patients undergoing a glycerol tri[1 - 14C] oleate fat malabsorption breath test[J]. Applied Radiation and Isotopes, 2003, 58(4): 517 - 526.
[36] Gunnarsson M, Leide-Svegborn S, Stenstrom K, et al. Long-term biokinetics and radiation exposure of patients undergoing ^{14}C-glycocholic acid and ^{14}C-xylose breath tests[J]. Cancer Biotherapy and Radiopharmaceuticals, 2007, 22(6): 762 - 771.
[37] Ghoos Y F, Maes B D, Geypens B J, et al. Measurement of gastric emptying rate of solids by means of a carbon-labeled octanoic acid breath test[J]. Gastroenterology, 1993, 104(6): 1640 - 1647.
[38] Record R D, Hillegonds D, Simmons C, et al. In vivo degradation of ^{14}C-labeled small intestinal submucosa (SIS) when used for urinary bladder repair[J]. Biomaterials, 2001, 22(19): 2653 - 2659.

[39] Li Y, Shawgo R S, Tyler B, et al. In vivo release from a drug delivery MEMS device[J]. Journal of Controlled Release, 2004, 100(2): 211-219.

[40] Shapiro S D, Endicott S K, Province M A, et al. Marked longevity of human lung parenchymal elastic fibers deduced from prevalence of D-aspartate and nuclear weapons-related radiocarbon[J]. Journal of Clinical Investigation, 1991, 87(5): 1828-1834.

[41] Bergmann O, Bhardwaj R D, Bernard S, et al. Evidence for cardiomyocyte renewal in humans[J]. Science, 2009, 324(5923): 98-102.

[42] Lappin G, Noveck R, Burt T. Microdosing and drug development: past, present and future[J]. Expert Opinion on Drug Metabolism and Toxicology, 2013, 9(7): 817-834.

[43] Sandhu P, Vogel J S, Rose M J, et al. Evaluation of microdosing strategies for studies in preclinical drug development: demonstration of linear pharmacokinetics in dogs of a nucleoside analog over a 50-fold dose range[J]. Drug Metabolism and Disposition, 2004, 32(11): 1254-1259.

[44] Lappin G, Kuhnz W, Jochemsen R, et al. Use of microdosing to predict pharmacokinetics at the therapeutic dose: experience with 5 drugs[J]. Clinical Pharmacology and Therapeutics, 2006, 80(3): 203-215.

[45] Vuong le T, Ruckle J L, Blood A B, et al. Use of accelerator mass spectrometry to measure the pharmacokinetics and peripheral blood mononuclear cell concentrations of zidovudine[J]. Journal of Pharmaceutical Sciences, 2008, 97(7): 2833-2843.

[46] Garner R C. Practical experience of using human microdosing with AMS analysis to obtain early human drug metabolism and PK data[J]. Bioanalysis, 2010, 2(3): 429-440.

[47] Raisbeck G M, Yiou F, Peghaire, et al. Symposium on accelerator mass spectrometry[J]. Argonne National Laboratory, IL (United States), ANL/PHY-81-1. 1981: 426-429.

[48] Hedges R E M, Hall E T Workshop on techniques in accelerator mass spectrometry [C]. Oxford: Oxford University, 1986, 82-88.

[49] Elmore D, Bhattacharyya M H, Sacco-Gibson N, et al. Calcium-41 as a long-term biological tracer for bone resorption[J]. Nuclear Instruments and Methods in Physics Research Section B, 1990, 52(3-4): 531-535.

[50] Johnson R R, Berkovits D, Boaretto E, et al. Calcium resorption from bone in a human studied by ^{41}Ca tracing[J]. Nuclear Instruments and Methods in Physics Research Section B, 1994, 92(1-4): 483-488.

[51] Freeman SPHT, Beck B, Bierman J, et al. The study of skeletal Ca metabolism with ^{41}Ca and ^{45}Ca[J]. Nuclear Instruments and Methods in Physics Research Section B, 2000, 172(1-4): 930-933.

[52] Rogers T S, Garrod M G, Peerson J M, et al. Is bone equally responsive to calcium and vitamin D intake from food vs. supplements? Use of 41calcium tracer kinetic

model[J]. Bone Reports, 2016, 5: 117 - 123.

[53] 姜山,何明,武绍勇,等.加速器质谱方法测量^{41}Ca及其在生物医学中的应用[J].原子核物理评论,2002,19(1): 66 - 69.

[54] Jiang S, He M, Dong K J et al. The measurement of ^{41}Ca and its application for the cellular Ca^{2+} concentration fluctuation caused by carcinogenic substances[J]. Nuclear Instruments and Methods in Physics Research Section B, 2004, 223 - 224: 750 - 753.

[55] Dong K J, He M, Wu S Y, et al. Application of ^{41}Ca tracer and its AMS measurement in CIAE[J]. Chinese Physics Letters, 2004, 21(1): 51 - 53.

[56] 李世红,姜山,何明,等.基于CaF_2靶样的加速器质谱测量生物样品中^{41}Ca的方法研究[J].高能物理与核物理,2005,29(12): 1210 - 1213.

[57] 袁媛,李世红,张东正,等.用^{41}Ca - AMS法测定谷氨酸毒性对PC12细胞外钙内流的影响[J].核技术,2006,29(11): 821 - 825.

[58] 李世红.$^{41}CaF_2$加速器质谱仪分析方法和骨钙代谢的^{41}Ca示踪研究[R].北京:中国原子能科学研究院,2006.

[59] 米生权,赵晓红,姜山,等.^{41}Ca标记骨质疏松大鼠体内钙库法评价市售钙剂钙吸收率的研究[J].营养学报,2008,30(1): 39 - 42.

[60] 胡素敏,周鹏,傅骞,等.五加补骨方对模拟失重大鼠消化道外源钙吸收的影响[J].中国中西医结合杂志,2009,29(8): 729 - 732.

[61] Wallner A, Forstner O, Golser R, et al. Fluorides or hydrides? ^{41}Ca performance at VERA's 3 - MV AMS facility[J]. Nuclear Instruments and Methods in Physics Research Section B, 2010, 268(7 - 8): 799 - 803.

[62] Zhao X L, Litherland A E, Eliades J, et al. Partial fragmentation of CaF_3^-at low MeV energies and its potential use for ^{41}Ca measurement[J]. Nuclear Instruments and Methods in Physics Research Section B, 2013, 294: 369 - 373.

[63] Klein M, Vaes W H J, Fabriek B, et al. The 1 MV multi-element AMS system for biomedical applications at the Netherlands Organization for Applied Scientific Research (TNO)[J]. Nuclear Instruments and Methods in Physics Research Section B, 2013, 294: 14 - 17.

[64] Vivo-Vilches C, López-Gutiérrez J M, García-León M, et al. ^{41}Ca measurements on the 1 MV AMS facility at the Centro Nacional de Aceleradores (CNA, Spain)[J]. Nuclear Instruments and Methods in Physics Research Section B, 2017, 413: 13 - 18.

第 8 章
加速器质谱仪在环境和资源科学中的应用

加速器质谱技术(AMS)是一门十分重要的现代核分析技术,它是加速器技术和质谱技术相结合的产物。随着人类的发展,人们赖以生存的地球环境日趋恶化,同时需要的资源日渐增多,环境污染和对资源的渴求成为人们关注的焦点。加速器质谱高灵敏的特点使得其在环境和资源科学中有了广泛的应用,尤其在核设施环境监测,资源分析等领域显示了广阔的应用前景。

本章选择性地介绍加速器质谱技术在环境和资源科学若干方面的应用前景和应用实例。

8.1 加速器质谱仪在环境中应用概述

自然界的放射性核素按照其产生的来源可以分为四类:宇宙成因核素、原始核素、放射性成因核素和人类核活动成因核素。对于同一种核素可能有不同成因的来源。宇宙射线及人类核活动产生许多长寿命放射性核素(如^{14}C、^{129}I、^{236}U及^{239}Pu等),这些核素广泛参与地球环境系统演化过程。加速器质谱为测量这些核素提供高灵敏的测量方法,同时也为研究这些核素参与的环境过程提供了一种有效手段。

8.1.1 自然界的宇宙射线成因核素

环境中的放射性核素主要来自自然和人类活动这两个过程。

对于原始核素,如地壳中存在一些重的放射性核素是早期宇宙产生的,它们形成了三个天然放射系。它们的母体半衰期都很长,与地球年龄(约 10^9年)相近或更长,因而经过漫长的地质年代后还能保存下来。它们成员大多具

有 α 放射性,少数具有 β 放射性,一般都伴随 γ 辐射,但没有一个具有轨道电子俘获和 β^+ 衰变。每个放射系从母体开始都经过至少十次连续衰变,最后都达到稳定的铅同位素。主要包括钍系、铀系、锕系(这三个是天然存在的)。人工合成的是镎系[1]。

α 粒子与轻核反应可以产生中子,产生的中子再与其他核发生核反应,如^{35}Cl(n,γ)^{36}Cl 岩石中的^{36}Cl 的来源之一就是这样产生的,这种产生方式是放射成因。

宇宙成因按照产生的场所有地外、地球大气、地球表面(就地)三个场所。地外主要有陨石。地球大气中高能宇宙射线与大气中的元素产生核反应。就地是大气中的宇宙射线穿过大气到达地表,与地表岩石发生反应。

宇宙成因核素包括^{3}H、^{10}Be、^{14}C、^{26}Al、^{36}Cl 和^{129}I。当然,人类核活动也能生成。这就是另一原因,将在下一小节分析。本小节简要分析这些核素在环境和资源科学领域的应用进展,分析其来源、分析方法和应用范围。

下面详细分析地球大气和就地成因核素的数学过程。

8.1.1.1 大气中的宇宙成因核素

宇宙射线(1～10 GeV)穿过大气时损失能量,引发核反应或者电离效应。高能粒子引发核反应产生次级粒子,次级粒子如果能进一步引发核反应,就形成簇射。

宇宙成因核素产生于宇宙射线引发的核反应。宇宙射线中约有 85%的质子、14%的 α 粒子和 1%的重核子。海拔高度为 h,地磁纬度为 θ,t 时刻,第 j 种靶核素,能量为 E 的第 k 种宇宙射线相互碰撞的截面为 σ_{jk},第 k 种宇宙射线的通量为 $\psi(h, \theta, t, E)$,则有

$$P(h, \theta, t)=\int_0^E\left[\sum_k \sum_j \psi(h, \theta, t, E)\sigma_{jk}(E)N_j\right]\mathrm{d}E \qquad (8-1)$$

式中,P 为大气中宇宙成因核素生成率;N_j 为第 j 种靶原子的个数;$\sum$ 为求各种原子的总个数。

宇宙成因核素的产生有两种机制:

(1) 散裂反应,例如氮和氧与高能粒子产生^{10}Be,氩和高能粒子产生^{26}Al 等。

(2) 形成激发态复合核,然后退激,放出粒子,如中子在宇宙中^{14}N(n,p)^{14}C、自然界中的氚、宇宙射线中的高能量的中子轰击氘核结合成氚。

^{10}Be是宇宙射线高能粒子与大气主要成分氮、氧原子核进行散裂反应的产物，其半衰期为1.6×10^6 a。同温层^{10}Be的产生率随着纬度的增加而增加。而对流层的^{10}Be产生率几乎保持稳定。约70%的^{10}Be产生于同温层，30%的^{10}Be产生于对流层。大气中产生的^{10}Be主要通过降水沉降到地面。

$$^{14}_{7}\mathrm{N}+n(\mathrm{p})\longrightarrow {}^{10}_{4}\mathrm{Be}+3\mathrm{p}(4\mathrm{n})+2\mathrm{n}(1\mathrm{n}) \tag{8-2}$$

$$^{16}_{8}\mathrm{O}+n(\mathrm{p})\longrightarrow {}^{10}_{4}\mathrm{Be}+4\mathrm{p}(5\mathrm{n})+3\mathrm{n}(2\mathrm{n}) \tag{8-3}$$

碘主要来源于宇生放射性核素、^{238}U自发裂变产生、反应堆排出的放射性"三废"、核燃料后处理厂气态流出物和液态流出物、大气层核试验放射性落下灰、地下核试验裂变产物。^{129}I在大气中的生长过程如下：

$$^{129}\mathrm{Xe}+\mathrm{n}\longrightarrow {}^{129}\mathrm{I}+\mathrm{P} \tag{8-4}$$

$$^{129}\mathrm{I}\longrightarrow {}^{129}\mathrm{Xe}+\beta^{-}+\gamma \tag{8-5}$$

主要宇宙射线就地产生的核素(^{10}Be、^{14}C、^{26}Al、^{36}Cl等)可以广泛用于环境科学的研究。

8.1.1.2　就地生成的宇宙成因核素

设在海拔为0处(即深度为0)的单位时间单位质量下放射性核素生成速率为$P(x=0,\ \theta,\ t)$，在无腐蚀的情况下深度为0处，单位质量下放射性核素生成浓度为$C(x=0,\ t)$，则有

$$C(x=0,\ t)=\frac{P(x=0,\ \theta,\ t)(1-\mathrm{e}^{-\lambda t})}{\lambda} \tag{8-6}$$

式中，λ为衰减常数[2]。

在深度为x处，有

$$\rho=\frac{m}{V}=\frac{m}{Sx}=\frac{\Lambda}{x} \tag{8-7}$$

做量纲分析：密度为$\rho(\mathrm{M}\cdot\mathrm{L}^{-3})$，深度为$x(\mathrm{L})$，宇宙射线衰减长度为$\Lambda(\mathrm{M}\cdot\mathrm{L}^{-2})$。

$$C(x,\ t)=\frac{P(x=0,\ \theta,\ t)\mathrm{e}^{\frac{-\rho x}{\Lambda}}(1-\mathrm{e}^{-\lambda t})}{\lambda} \tag{8-8}$$

其物理意义是地表(岩石)密度ρ越大，深度x越深，$C(x,\ t)$越小；Λ越大，

$C(x, t)$越大。总之密度大，衰减长度大；深度很小，在 x 处产生的放射性核素浓度也就很小。

此外加速器质谱测量最终浓度包含了由放射系产生热中子而生成的放射性核素，应该修正，因此要减去岩石中放射系自发裂变产生的单位质量岩石内的放射性核素浓度。

岩石表面暴露年龄为

$$t = \frac{-\ln\left(1 - \frac{\lambda C}{P}\right)}{\lambda} \tag{8-9}$$

若时间足够长，地表浓度为

$$C_0(x = 0, t \to \infty) = \frac{P(x = 0, \theta, t)}{\lambda} \tag{8-10}$$

引入每年腐蚀速率 ε，腐蚀后的浓度为

$$C_\varepsilon(x, t) = \frac{P(x = 0, \theta, t) e^{-\frac{\rho x}{\Lambda}} \left(1 - e^{-\left(\lambda + \frac{\varepsilon \rho}{\Lambda}\right) t}\right)}{\lambda + \frac{\varepsilon \rho}{\Lambda}} \tag{8-11}$$

若时间足够长时，地表浓度为

$$C_\varepsilon(x = 0, t \to \infty) = \frac{P(x = 0, \theta, t)}{\lambda + \frac{\varepsilon \rho}{\Lambda}} \tag{8-12}$$

腐蚀速率为

$$\varepsilon = \frac{\Lambda \lambda}{\left(\frac{C_0}{C\varepsilon} - 1\right) \rho} \tag{8-13}$$

宇宙射线粒子与大气圈和地球表面岩石不断反应生成大量宇宙成因的同位素，目前已知的宇宙成因核素有 40 多种[3]，比较熟知的有^{10}Be、^{14}C、^{36}Cl 等，宇宙成因核素按照形成的环境不同可以分成大气宇宙成因核素和地表岩石成因核素[4]。由于宇宙射线强度随着大气圈厚度增大而逐级递减，大气宇宙成因核素含量要远远高于地表岩石成因核素。直到 20 世纪 80 年代末，随着加速器质谱仪开始在地球科学中应用，地表岩石成因核素才在地表演化定量化研究中扮演重要角色。

^{10}Be 和 ^{26}Al 是最常利用的核素对，因为 ^{10}Be 和 ^{26}Al 具有较长的半衰期（分别为 1.5Ma 和 0.7Ma）[5]，所以适合于定量解释第四纪以来的地表演化、河流变迁、岩石定年等问题。而且两者具有相似的地球化学性质，可以在同一样品矿物中测定[6]。

宇宙成因核素作为示踪剂在环境研究中的应用极为广泛。

^{14}C 是宇宙射线和大气作用形成的，即 $^{14}N(n, p)^{14}C$，其半衰期为 5 730 a。^{14}C 测量以前多采用探测放射性强度的办法，即衰变法。一般要用数克样品的碳，最高年龄可测到 5 万年。用普通质谱测定长寿命放射性核素 ^{14}C，会遇到大量相同质量的分子和同量异位素如 $^{12}CH_2$、^{13}CH、^{14}N 等的干扰，使得 ^{14}C 无法被识别，然而加速器质谱能够克服上述困难。

加速器质谱仪测定 ^{14}C，只需要几毫克到几十毫克碳，而可测量的年龄可达 10 万年。对于小量样品，外来碳污染的控制及制样过程中各种可能污染的控制和克服是至关重要的。近年来加速器质谱仪 ^{14}C 制样技术获得很大进展，从而使得加速器质谱仪 ^{14}C 的测量在地球科学中的应用研究有了很大进展[7]。

在宇宙的中子作用下，大气中的碳循环如下：

$$^{14}_{7}N + n \longrightarrow ^{14}_{6}C + p \tag{8-14}$$

$$^{14}_{6}C + O_2 \longrightarrow ^{14}_{6}CO_2 \tag{8-15}$$

$$^{14}_{6}C \longrightarrow ^{14}_{7}N + \beta^- \tag{8-16}$$

化石燃料燃烧中几乎没有释放出含 ^{14}C 的气体碳化合物，所以 ^{14}C 用来对大气中碳化合物的来源示踪。例如 CO_2 的来源，甲烷的来源，大气气溶胶的来源。碳质气溶胶作为大气污染的重要组成形式，对环境、气候、人类健康造成了巨大的危害。其主要组成成分有机碳和元素碳对人类健康影响和全球变化（太阳辐射）响应具有明显的差异。放射性碳同位素（^{14}C）的半衰期为 5 730 a，可有效区分碳质气溶胶的化石燃料和生物质两大来源，因此气溶胶 ^{14}C 放射性碳示踪是一种判定大气气溶胶（颗粒物）来源的重要手段[8]。

中科院广州地球化学研究所沈承德研究员和张干研究员为核心的研究团队成功建立了我国首个大气气溶胶有机碳和元素碳 ^{14}C 分析制样系统。该系统利用气溶胶中有机碳和元素碳热化学性质差异，对有机碳和元素碳进行了热分离，并在线将其转化成 CO_2，最终通过“锌密封法”制成石墨靶，从而可以进行 ^{14}C 测定[9]。

8.1.2 自然界的人造长寿命核素

核武器试验、核反应堆释放、示踪剂的应用、核废物处置中的泄漏等人类活动都会制造长寿命核素 ^{3}H，^{14}C，^{129}I。例如大气圈中宇宙成因的 ^{14}C 总量为 0.9 t，而 1952 年以后美苏两国大气核试验所产生的 ^{14}C 达到 2 t。

20 世纪 50—60 年代，由于核武器的使用使得当时大气颗粒物中 ^{14}C 背景值呈倍数增加。一直到今天，大气中 ^{14}C 背景值也没有恢复到原来的水平。

人工放射性核素利用裂变反应堆和粒子加速器制备。通过反应堆制备有以下两个途径：①利用反应堆中产生的强中子流照射靶核，靶核俘获中子而成为放射性核；②利用中子引起重核裂变，从裂变产物中提取放射性核素。用加速器制备主要是带电粒子引起的核反应产生放射性核。利用反应堆产生的核素产量高、成本低，是人工放射性核素的主要来源。用反应堆产生的核素是丰中子核素，因此它们通常具有 β^- 放射性。用加速器产生的核素则相反，往往是缺中子核素，因而一般具有 β^+ 放射性，而且多数半衰期短。

8.2 $PM_{2.5}$源解析

细颗粒物（fine particle，$PM_{2.5}$）是指悬浮在大气中空气动力学等效直径小于等于 2.5 μm 的颗粒物，其主要含有多环芳烃和重金属等对人体有毒害作用的成分，部分成分如黑炭（black carbon，BC）对太阳光有较强的吸收特性。

我国城市大气颗粒物来源复杂，机动车尾气、电厂排放、工业锅炉和家用燃煤、生物质燃烧、垃圾开放燃烧、粉尘等都是城市 $PM_{2.5}$ 的重要来源。为实现城市环境空气质量达标，需要对这些污染物来源进行深入研究，准确识别并定量主要污染来源的贡献[10]。

目前已有大量利用 ^{14}C 解析大气有机碳和黑炭气溶胶来源的研究。在针对南亚大气棕色云（ABC）碳质气溶胶来源问题的研究中发现，采用 ^{14}C 方法估算的生物燃料和生物质燃烧的贡献高于自上而下（top-down）方法估算的结果，但是估算的生物燃料的贡献低于自下而上（bottom-up）方法估算的结果。然而，采用^{14}C方法估算结果的不确定性明显优于另外两种方法。用^{14}C质量平衡方程估算的结果表明生物质燃烧（包括居民用的生物燃料和作物秸秆燃烧）对黑炭排放的贡献可高达68%，因此指出在制定减排策略时除了考虑化石燃料外，生物质燃烧也是必须要考虑的一个重要方面。最近，Fushimi等[11]在东京的2个站点研究了大气细颗粒物中总碳（TC）的pMC值，发现白天pMC值低于夜间的pMC值，在白天化石碳浓度、臭氧浓度和二次有机气溶胶（SOA）浓度均有升高，表明白天化石来源SOA的主导地位[12]。然而，Lewis等[13]研究结论表明大部分样品中有机碳（OC）与元素碳（EC）比值越大，pMC越大，SOA与TC比值也越大。

碳同位素技术作为一种基于直接观测的碳质气溶胶源解析手段，可用于验证化学质量平衡（CMB）等源解析模型，这种观测技术和相关模型的结合使用可能会提供额外的关于碳质气溶胶来源的信息。如Ke等[14]将^{14}C技术与CMB模型相结合，对美国田纳西河流域三个站点大气PM_{10}和$PM_{2.5}$中碳的来源进行了解析，结果表明利用^{14}C技术确定的化石碳对总碳的贡献与基于CMB模型的一次排放源的碳贡献估计值很吻合，并且通过对比^{14}C技术与CMB模型这两种方法的结果，反映出在田纳西河流域当代生物碳对二次有机碳的贡献占主要地位。Ding等[15]则结合^{14}C技术与CMB模型，进一步定量区分了美国东南部1个城市站点和3个农村站点大气二次有机碳中的化石碳和当代生物碳来源的相对贡献。

8.2.1　$PM_{2.5}$中^{14}C的测量

对于环境科学研究来说，把土壤产生的灰尘和化石燃料产生的尘埃分开无疑是非常重要的。采用加速器质谱的方法对$PM_{2.5}$进行^{14}C分析，用^{14}C的数据给出化石源和生物源的相对贡献。

8.2.1.1　样品的化学制备

^{14}C样品进入实验室后，都要根据测试方法和仪器的测样需求，经过化学制备，转化成为适合仪器探测的化合物形式后才能测量。在化学制备之前，一般都要做必要的前处理。

前处理是一项技术性很强的工作，实质上是对^{14}C测定方法的基本原理、各种样品的形成机理与性质、可接收到的污染及污染物性质、环境对样品保存的影响、现有的样品量以及送测目的等问题全面考虑的前提下进行的，并且基于这些认识制订出合理的前处理方案。

在制订处理方案时要注意下列几点：① 根据样品物质保存环境及状况判断可能的污染物及污染程度，尽可能除去样品中无关的夹杂物。② 在样品块大、样品量充足时，尽可能选取接近测样目的的部位。③ 在样品量受限、制样探测有困难时要保留尽可能多的样品。④ 根据化学流程，经过前处理提供便于化学制备操作的物质。一些样品不经前处理或处理不当所造成的误差，可能远远大于测量结果所给出的统计偏差。因此，前处理直接影响^{14}C数据的可靠性。

通常，前处理分为物理前处理和化学前处理。

^{14}C样品的种类很多，可归结为主要利用样品有机碳制样的有机样品和主要利用样品无机碳制样的无机样品，也有一些既可用有机碳样品又可用无机碳样品。自 1977 年实现用加速器质谱仪测定^{14}C以来，加速器技术发展迅速，国内外有许多实验室开展了加速器质谱仪测定^{14}C的工作，用加速器质谱仪测定^{14}C的方法技术取得重大进展。它较通常使用的 β 计数法主要有两方面优点：

(1) 加速器质谱仪测定的是样品中的^{14}C原子，而不像 β 计数法中仅仅测量在短的时间内发生衰变的^{14}C原子数，因而灵敏度高。

(2) 所需的样品量小，仅仅为 β 计数法的千分之一，即 1～5 mg，而 β 计数法不能测定少量样品。

^{14}C加速器质谱法是加速、分离和测量碳原子离子，目前绝大多数实验室将纯化后的样品制备成为离子源中的靶物质，经铯离子流溅射转变其中的碳成为负碳离子，为了得到高精度，需要在短的时间内有足够的计数，一个优良的靶物质应该满足下列要求[16]：用铯离子流溅射样品时，可以产生 10 μA 以上的 C^- 束流，C^- 束流形状稳定、寿命长；靶物质中样品碳转换为 C^- 效率尽可能高；靶中碳同位素分布均匀，同位素分馏效应小；制靶的重复性好；交叉污染小；制备简单、经济等。

1) 有机碳和元素碳分离方法[8]

气溶胶样品^{14}C测定的实验流程主要包括野外气溶胶样品的采集、样品的燃烧和分离、CO_2 收集和纯化、石墨制靶和加速器质谱仪测定。目前国际上多个^{14}C实验室以及中国科学院广州地球化学研究所、北京大学核物理与核技术国家重点实验室、中国科学院地球环境研究所和中国原子能科学研究院等单位已经具备石墨制样和^{14}C加速器质谱仪测定的技术条件。然而，对于有机碳和元素碳的^{14}C测定的技术难点是如何实现大气气溶胶的不同碳成分的在线燃烧、分离和制样。

21世纪初，Szidat等[17]在瑞士伯尔尼大学环境放射性化学实验室首次建立了气溶胶^{14}C在线制样系统。该方法的原理是“二步加热法”，最早用于有机碳和元素碳的测定，即利用碳质气溶胶中有机碳和元素碳的热化学稳定性差异，不同含碳组分在不同温度条件下热解或者氧化生成CO_2，然后被收集纯化，密封于玻璃样品管中。此后Zhang等也利用这一原理在中国首次建立了类似系统。由图8-1可知，该制样系统由三部分组成，第一部分是气体纯化部分，在样品燃烧之前，载气需通过一个装有氧化铜(CuO)的石英管燃烧炉(温度为850℃)，此步骤中，所有含碳的杂质气体在高温下都可转化为CO_2，然后CO_2及少部分水被置有碱石灰的玻璃管吸收，经过净化的载气空白值低于检出限。第二部分是样品燃烧和分离部分。三个管状炉呈同轴排成一列，石英管从中穿过，自右向左，管状炉分别设定为340℃、650℃和850℃，其中前两个炉子为燃烧反应炉；而第三个炉子为氧化炉(石英管内放有氧化铜颗粒)，主要功能是将不完全燃烧产生的CO氧化为CO_2。另外，样品舟可以在前两个反应炉内自由移动，以获得不同的加热温度。气溶石英膜样品中的有机碳和元素碳可以转化为CO_2。第三部分是气体纯化、测定和收集部分。分步燃烧释放的CO_2，经过干冰和液氮冷阱进一步纯化，并通过压力传感器测定其体积以计算含碳量。最终CO_2被封存在玻璃样品管中。值得注意的是，第三部分由并联的两套同等装置组成，这样一个样品可以经过一次分析在不同时间段分别测定和分离两种含碳成分。

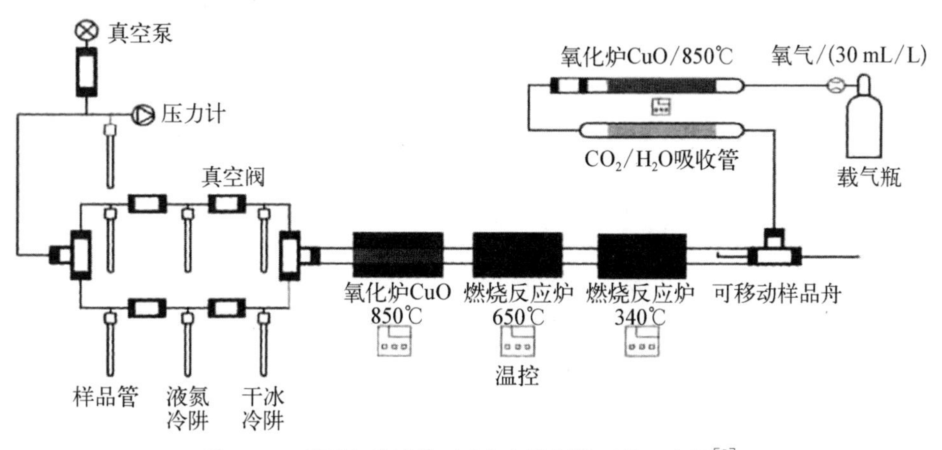

图8-1　碳质气溶胶^{14}C测定在线制样系统示意图[8]

上面提到的利用热化学法分离有机碳和元素碳的缺点是在气溶胶样品加热的过程中，有机碳会发生碳化现象，这样部分有机碳会形成与元素碳物理化学性质相当的化合物，在热化学法中一般无法区分这部分有机碳和元素碳。一般而言，由于大气中的有机碳和元素碳的^{14}C组分差异很大，被碳化的有机碳会导致元素碳^{14}C在测定过程中产生明显的误差。事实上，为了修正因有机碳碳化产生的分析误差，1997 年，美国劳伦斯伯克利国家实验室 Novakov 等[18]提出了热光法测定有机碳和元素碳的设想。该方法是将热化学法和光学法结合起来，可以更准确地测定颗粒物中碳物质的方法。热光法的基本原理是在分析过程中引入一束激光用来检测滤膜对激光的投射或者反射信号，确定有机碳和元素碳的分割点，以校正碳化所引起的误差。具体步骤为：① 从采集样品的滤膜上裁下一块已知面积石英纤维滤膜放入分析仪中；② 样品先在纯氦气的非氧环境中根据温度设定程序逐级升温，其间挥发出的碳被认定为有机碳，此时一部分有机碳会发生碳化生成焦炭(或称裂解碳)；③ 然后，样品再在氦气和氧气载气下逐级升温，此间生成的焦炭和元素碳被分阶段氧化分解并逸出，过程都有一束激光(如 632 nm 或 660 nm)射在石英膜上，由于碳化过程中生成了同样具有吸光属性的含碳物质，其投射光和反射光会因此减弱。当生成的碳化物质被氧化分解时，激光束的透射光或者反射光的光强就会逐渐增强；当恢复到最初的透射或者反射光强时，这一刻就认为是有机碳和元素碳的分割点，即此时刻之前检出的碳都是有机碳，之后检出的碳都是元素碳。

因此，分割点对于有机碳和元素碳的监测至关重要。然而，这里的分割点是建立在一定的前提下的，即假设碳化碳比元素碳先被氧化，或者碳化碳和元素碳具有相同的吸光系数。这种方法是基于光学原理对有机碳和元素碳的含量测定进行校正，而非对它们的物理化学分离，因此不能直接应用于^{14}C分析当中。Zhang 等[19]优化了热光法的分析条件(包括载气、温度程序和前处理方法)，首次建立了用于有机碳和元素碳的^{14}C测定的热光法，称为 Swiss - 4S；此外该方法将 OC、EC 分析仪与制样系统进行了对接，实现了气溶胶样品中有机碳和元素碳的在线测定分离和收集，如图 8 - 2 所示。

表 8 - 1 显示了该方法的分析条件。其主要的分析步骤为：气溶胶样品中的有机碳首先在步骤 S1 中被分离出来；对于元素碳样品，首先要经超纯水萃取，以除去水溶性的有机碳，这部分水溶性的有机碳可认为是有机碳发生碳化的主要成分。

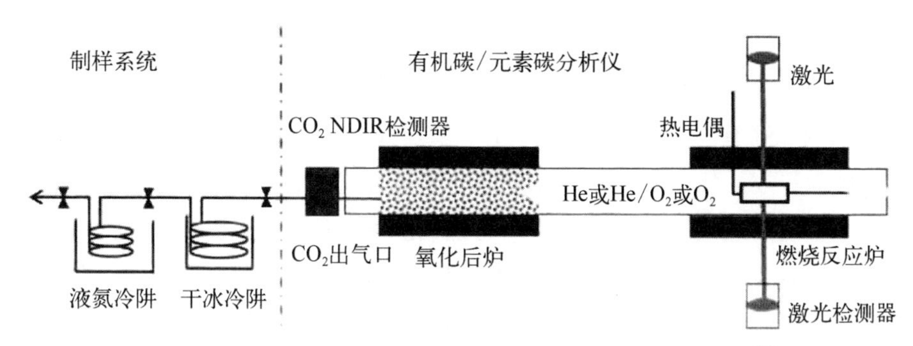

图 8-2　有机碳和元素碳分析仪与^{14}C 制样系统对接示意图[8]

表 8-1　^{14}C 制样用的有机碳元素碳分离及测试方法(Swiss-4S)的分析参数和另外三种方法的比较[8]

方法	Swiss-4S	EUSAAR_2	Medified NIOSH	IMPROVE
步骤＼单位	气体,T/℃, t/s	气体,T/℃, t/s	气体,T/℃, t/s	气体,T/℃, t/s
S1	O_2, 180, 50 O_2, 375, 150	He, 200, 120 He, 300, 150	He, 310, 60 He, 475, 60	He, 120, 150～580 He, 250, 150～580
S2	O_2, 475, 120	—	—	—
S3	He, 450, 180 He, 650, 180	He, 450, 180 He, 650, 180	He, 615, 60 He, 840, 90	He, 450, 150～580 He, 550, 150～580
S4	O_2, 500, 120 O_2, 760, 150	He, O_2, 500, 120 He, O_2, 550, 120 He, O_2, 700, 70 He, O_2, 850, 80	He, O_2, 550, 35 He, O_2, 850, 105	O_2, 550, 150～580 O_2, 700, 150～580 O_2, 800, 150～580

因此,去除这部分碳可以减小有机碳因发生碳化而可能引起的误差。将经过处理过的样品石英膜再次放入有机碳元素碳分析仪中执行 Swiss-4S 方法,此时 S1 分离出来的含碳物质为非水溶性有机碳,还未分离的有机碳会在温度更高的 S2 和 S3 中被分离出来,最后在 S4 分离出来的含碳物质被认为是元素碳。另外,如果将未经萃取和萃取过的样品进行分析,并将步骤 S1～S4 所有含碳物质都收集起来,即可用于总碳或非水溶性总碳的^{14}C 分析。通过同位素质量守恒定律,可以计算水溶性有机碳的碳含量及^{14}C 组成。图 8-3 是某典型气溶胶样品在该方法下的热光法分析图谱。激光信号在步骤 S1 中未发生明显变化,表明有机碳的分离过程中并无发生明显的碳化现象。

Zhang 等发现使用纯氧和对样品进行超纯水萃取后，气溶胶样品的碳化程度一般低于 5%，明显低于其他测试方法(NIOSH 和 EUSAAR_2)。激光信号在 S2 和 S3 有所上升，表明有些化学稳定性低的元素碳可在相对较低的温度下提前释放。然而，最终从 S4 分离出来的元素碳回收率为 75%～95%，远远高于普通的热化学方法。一般认为，热化学方法如两步加热法只能提取出热化学稳定性最强的元素碳，且很难对热化学过程中的损失进行定量。生物质燃烧或者低温环境下产生的元素碳很可能在 340℃(或者 375℃)与有机碳一同燃烧分解，这样最后用于^{14}C分析的元素碳可能仅代表稳定性最强的那部分元素碳，这样生物质燃烧对元素碳的贡献很可能被低估。因此基于热光法的有机碳和元素碳的分离方法(Swiss - 4S)一方面基本消除了碳化作用对元素碳产生的正误差，另一方面也减少了化学稳定性较弱的那部分元素碳的损失，因此该方法同时降低了低估和高估元素碳的化石源贡献率的风险，优化了基于^{14}C测定的气溶胶源解析。

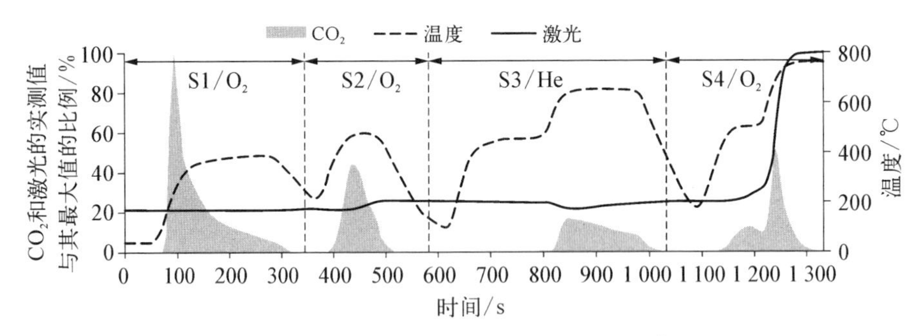

图 8-3　气溶胶样品的热光法分析图谱

注：纵坐标 CO_2 实测值指浓度，激光的实测值指光强度。

中国原子能科学研究院也对 OC 和 EC 的分离做了研究：关于大气样品的有机碳和元素碳分离，难点在于如何有效地将氧化过程中产生的一氧化碳氧化为二氧化碳。这在密封条件下由于石英管内的气压条件以及相关的温度条件都不合适或者会影响其他反应的进行。为此我们选择低温催化剂 CuO-CeO_2 来解决一氧化碳难以被氧化的问题：采用 CuO 来代替 CuO-CeO_2 并且调研得该低温催化剂的最佳气压催化条件与石英管内的气压条件相吻合，反应的温度为 150～200℃。为此做了大量的实验，结果表明该方法巧妙结合了^{14}C制样，可以完成大气 $PM_{2.5}$ 采样膜的 OC(有机碳)和 EC(元素碳)的分离。实验方案如图 8-4 所示。

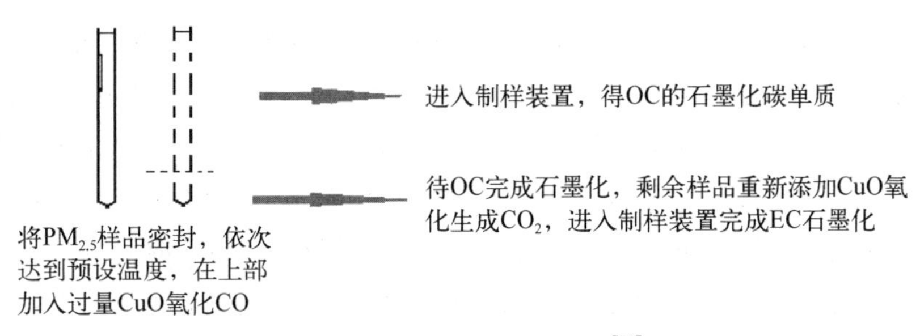

图 8-4　OC 和 EC 分离方案[20]

2）石墨的制备方法

石墨是目前性能最好的加速器质谱仪靶物质。它的优点是转换效率高，C^-流强而稳定，使用寿命长，本底低。制备石墨有高温高压法、高压法、高温法与热催化法等多种，制备石墨技术一般比较复杂。

高温高压法是澳大利亚国立大学和美国地质调查所等使用的技术。这种高温高压法不仅可以直接将木炭、烟煤、木头、棉花、糖等物质转换为石墨，而且还可以用于碳酸盐[21]。前一类样品的处理方法是将样品物质与 Cu、Fe、沸石、高岭土等混合后封在铂制小管中，在 10 kbar、1 200℃条件下，保持 20 min，样品至石墨的转化即完成。碳酸盐和草酸标准的转换是在氢气还原气氛中高温高压条件下实现的，制样装置为内、外两个铂密封管，内铂管装样品，外铂管放置密封的内铂管、铁粉、少量氧化铁及蒸馏水。在高温高压下生成的氢气穿过内管壁扩散入内管，使得碳酸钙和草酸还原，进而转变成石墨。

$$Fe + H_2O = FeO + H_2 \tag{8-17}$$

$$CaCO_3 + 2H_2 = CaO + C + 2H_2O \tag{8-18}$$

$$C_2H_2O_4 + 3H_2 = 2C + 4H_2O \tag{8-19}$$

碳酸钙的反应于 10 kbar、1 200℃条件下需要 24 h 完成，而草酸需要 48 h 完成。

热催化还原 CO_2 制备石墨[22]用 1～5 mg 样品和约 1 g 丝状氧化铜混合后装入石英管中，抽空，加热至 900℃，生成 CO_2，催化反应是在装有铁粉的石英管中实现，催化反应进行之前，先将铁粉加热至 300℃，通入氢气还原铁粉上微量的 CO_2 至 CO，然后用真空泵排除氢气和 CO。将样品 CO_2 通入装铁粉的催化反应管，于 600℃左右还原 CO_2 至碳并转变为石墨。完成反应需 4～8 h。

这种用铁粉热催化还原二氧化碳制备石墨方法迅速得以改进。Hut

等[23]使用的装置主要是一个由石英管和硬质玻璃管构成的管路系统，一个加热炉和一台用来使系统中气体循环的泵。在管中央的铜碟中放置纯度为99.9%的铁粉15～20 mg。用10 mL样品CO_2，于过量的氢气中加热铜碟中的铁粉，并于650℃下进行反应，不断使系统中的混合气体循环，并保持系统内水蒸气压很低的情况下产率大大提高。转化过程在90 min内完成。制得的石墨性能良好，与商品石墨相当。实现样品石墨化的方法不同之处主要在于如何将二氧化碳中的碳还原为石墨单质，目前常用的还原方法有三种，分别是H_2-Fe法、Zn-Fe法和Zn-H-Fe法[24]，就是用氢气、锌粉、锌粉混合氢化钛分别作为还原剂还原二氧化碳，其化学反应过程如表8-2所示。

表8-2　三种制样方法的化学过程

制样方法	化　学　过　程
H_2-Fe法	$CO_2+H_2\xrightarrow{高温/Fe}C+H_2O$
Zn-Fe法	$CO_2+Zn\xrightarrow{高温}CO+ZnO$；$2CO\xrightarrow{Fe}C+CO_2$
Zn-H-Fe法	$TiH_2\xrightarrow{440℃}H_2+Ti$；$CO_2+H_2\longrightarrow CO+H_2O$；$CO_2+Zn\xrightarrow{高温}CO+ZnO$；$CO_2+H_2\xrightarrow{高温}C+H_2O$；$2CO\xrightarrow{Fe}C+CO_2$；$Zn+H_2O\longrightarrow ZnO+H_2$

样品制备具体流程如下（见图8-5）：

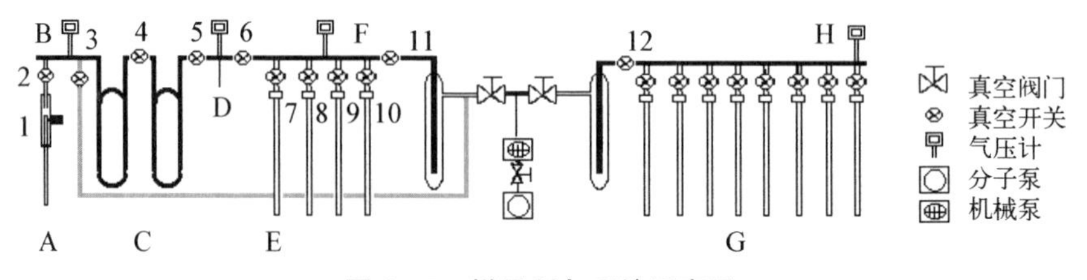

图8-5　样品制备系统示意图

（1）选择适量（含碳量为M_0）的样品（处理过的木头、煤、标准样品OX2、$PM_{2.5}$采集样品），将其置于装有氧化铜粉末的石英玻璃管内（内径为9 mm、长度为30 cm）并充分混合；称量适当的铁粉、锌粉、氢化钛置于还原单元，并称量铁与石英小管的质量为M_1用于测量产率。

（2）将以上石英玻璃管连接在制样装置的G处，可同时安放多组一起进行抽真空处理。真空机组工作并进行该步骤时，应关闭3、11、12号真空阀门，将G单元内接有样品石英管的阀门全部打开使其保持与大气压相等，待真空机械泵运转正常后缓慢开启 12 号阀门，观测 H 气压计示数变化确保正常，没有因安装不当而漏气，这样可有效避免因样品管内的药品被抽除而影响反应并且污染制样系统。

(3) 待 H 气压计示数为 2 Pa 时开启分子泵。约 0.5 h 后，H 处显示示数低于 0.1 Pa 时关闭各自上方的阀门，并调节液化气-氧气焊接喷头的火焰温度大约为 1 200℃将石英管熔断密封。其余依次处理。

(4) 将密封好的样品放置于马弗炉内，对于有机样品（OX-2、煤、木头等）应在 500℃加热 1 h，使其有机物脱水并且碳化或者以 CO_2、CO 的形式存在；再将其加热到 850℃并持续 2.5 h，使碳、CO 与氧化铜反应，最终样品中所有的碳元素以 CO_2 的形式存在。

(5) 调制酒精液氮冷阱。在杜瓦杯中倒入约$\frac{3}{4}$高度的无水乙醇；将液氮缓缓倒入乙醇中，并用玻璃棒搅拌，直至其混合液黏稠可拉丝为止。用温度计测量其温度，待温度为−78～−70℃备用。

(6) 用金刚石玻璃刀将内含 CO_2 的石英管在合适位置划痕并置于图 8-5 中 A 处，将还原单元（见图 8-6）置于图 8-5 中 7、8、9、10 号的任意一处并关闭其余三处阀门（以置于 7 号处为例，关闭第 8、9、10 号），开启其余所有阀门。开启真空机组使图 8-5 中 B、D、F 处的气压值达到 0.1 Pa。

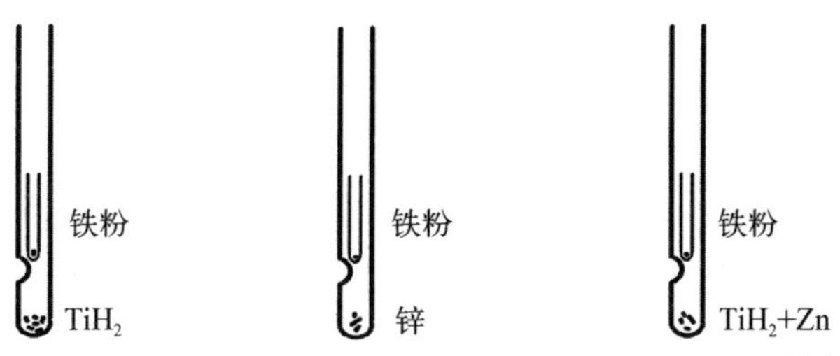

图 8-6　H_2-Fe 法/Zn-Fe 法/Zn-H-Fe 法还原单元[25]

(7) 在 B 处气压值低于 0.1 Pa 时，关闭所有阀门。旋动 1 号阀门使 A 处石英玻璃管破碎，开启 2 号阀门将调制好的乙醇液氮冷阱置于 C 处左侧，待 B 处显示示数稳定后开启 4 号阀门同时将液氮冷阱置于 C 处右侧，待 B 处显示示数稳定后关闭 2 号阀门；将液氮冷阱处做解冻-冷冻处理 2～3 次后关闭 4 号阀门并开启 5 号阀门，将液氮冷阱置于 D 处并缓慢上升，将乙醇液氮冷阱移至 C 处右侧，待 D 处显示示数稳定后关闭 5 号阀门；解冻 D 处并记录此时气压值。

(8) 将液氮冷阱置于 7 号的还原单元石英管下端，开启 6、7 号阀门，缓慢移动液氮冷阱待D处显示示数稳定后，将还原单元熔断密封。

(9) 将还原单元置于马弗炉内加热，使其内部CO_2转化为石墨单质后，处理石英小管外壁杂质并称量其质量M_2，压入靶锥，然后进行加速器质谱仪测量。

8.2.1.2　国内外的示例

我国在20世纪90年代后期开始了加速器质谱仪-^{14}C测定方法在大气气溶胶来源研究中的应用。例如，邵敏等[26]测定了北京、衡阳和青岛等地气溶胶总有机碳的^{14}C组成，发现其化石源的贡献可以达到70%以上。而Yang等[27]通过对北京大气$PM_{2.5}$的^{14}C分析，表明生物源的贡献率为33%～48%，其中秋收季节较高。近年来，由于新技术的出现，我国的气溶胶^{14}C测定开始从总碳发展到有机碳和元素碳的测定。Liu等[28]结合生物质燃烧分子标志物以及^{14}C测定结果，报道了我国东部背景点(宁波)$PM_{2.5}$样品中生物源对有机碳和元素碳的贡献率分别为59%和22%。另外，Zhang等在南方背景点(海南尖峰岭)对$PM_{2.5}$中含碳气溶胶进行了1年的观测，其^{14}C气溶胶源解析结果显示，生物源和化石源对元素碳的贡献率分别为60%和40%，而对有机碳则为77%和23%。最近，Liu等测定了广州冬季$PM_{2.5}$中不同含碳成分的^{14}C组成，发现化石源对元素碳、非水溶性有机碳和水溶性有机碳的贡献率分别为(71±9.8)%、(42±5.6)%和(35±3.1)%。此外，Song等[29]利用固相萃取技术将腐殖酸类物质(或称棕色碳)从大气颗粒物中提取出来并进行^{14}C测定，该项研究显示生物源是广州大气棕色碳的重要来源。为了确定二次有机碳的来源，Zhang等[30]对广州和北京冬季气溶胶中的WSOC进行了^{14}C源解析，研究表明，化石源对北京气溶胶中的水溶性有机碳的贡献率(55%)要明显高于广州(28%)；化石源的水溶性有机碳气溶胶很可能来自机动车和燃煤释放的挥发性有机物和一次颗粒物在大气中的气体-颗粒物的转化和老化。这些研究表明，我国城市大气气溶胶中的元素碳的主要来源为化石燃烧源，而有机碳的来源比较复杂，其化石源贡献率要明显低于元素碳。因此，生物源对我国有机气溶胶的贡献不容忽视。

我国关于放射性碳(^{14}C)气溶胶示踪的研究则刚刚起步，其应用仍局限在相对较小的范围内，今后仍需进一步加强气溶胶中不同含碳组分(主要是有机碳和元素碳)^{14}C测定方法的建立和应用。除此之外，相关研究单位应加强与国外^{14}C实验室合作，积极参加气溶胶^{14}C测定国际间比对工作，以进一步优化现有的样品制备和测定技术。为了确立我国不同碳源气溶胶的^{14}C本底值，还应开展对土壤、扬尘、生物源、机动车、燃煤等排放源样品的^{14}C测定工作，这些研究可以为^{14}C气溶胶示踪提供参考数据。同时，随着大气气溶胶组分分离技术和加速器质谱测定技术的进步，^{14}C 在有机化合物组分及单一化合物的测定将成为可能。例如，大气中多环芳烃(PAHs)的 ^{14}C 测定可以用来直接判别此类毒性有机化合物的来源[31]；而大气样品中有机酸(如草酸)的 ^{14}C 测定可以用来揭示二次气溶胶的来源。将 ^{14}C 测定技术与其他分子标志物的测定以及源解析模型(如正矩阵因数分解和化学质量平衡法等)相结合对大气气溶胶来源定量解析，势必能提供更准确和更完善的来源信息并进一步减小源解析的不确定性。此外，气溶胶 ^{14}C 源解析技术的应用可以尝试从点源观测(如城市和背景点)向观测群延伸，如全国或者一定区域(如珠三角和长三角等)的气溶胶观测网络，这样可以建立基于野外观测的“自上而下”的有机碳和元素碳的来源排放清单解析，从而可以从一定程度上检验、印证和修正基于排放因子的“自下而上”的研究结果，最终减小我国含碳气溶胶排放清单的不确定性。

8.2.1.3　中国原子能科学研究院的研究示例

原子能院也对北京地区的 $PM_{2.5}$ 中的 ^{14}C 开展了研究[20]。

1) 不同区域 ^{14}C 及其碳同位素特征

为了了解在相同时间不同区域内 ^{14}C 及其碳同位素的特征，我们选择健德门和怀柔这两个有特征的区域(见图 8-7～图 8-9)。健德门处于北京市的城

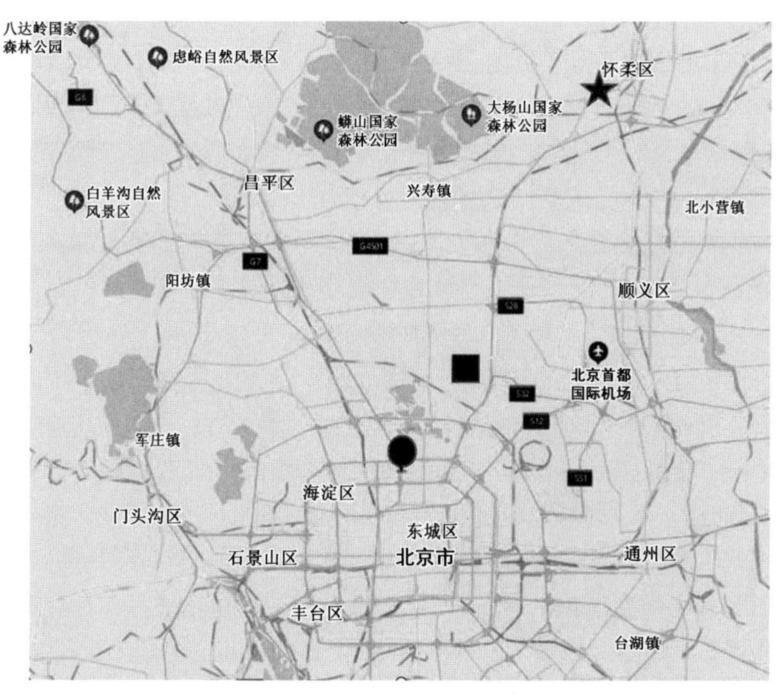

图 8-7　目标研究区域地图(●-健德门;■-朝阳区;★-怀柔站)

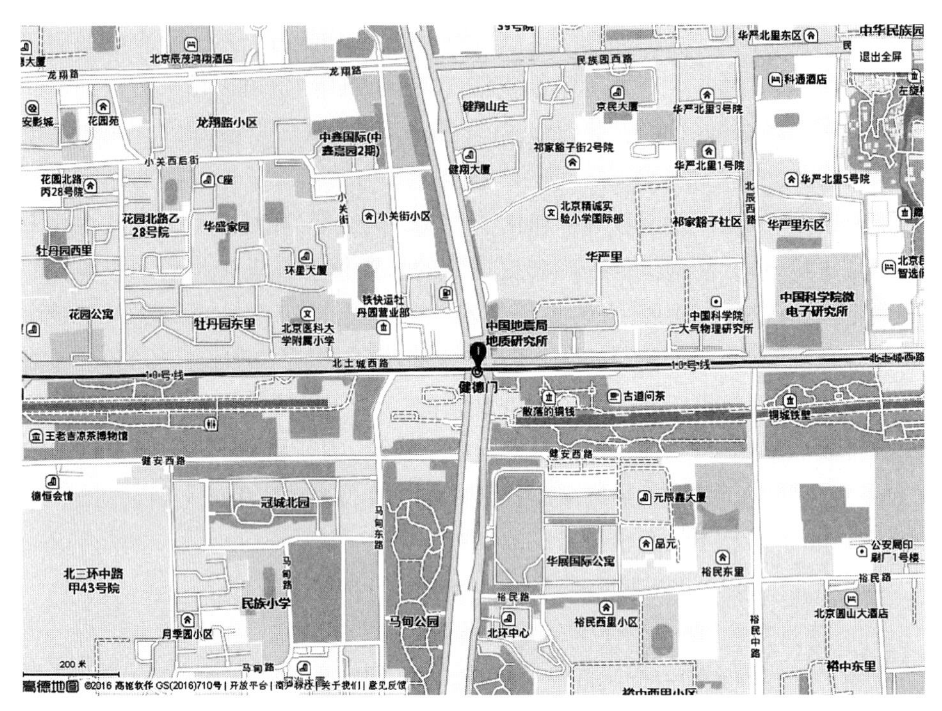

图 8 - 8　健德门周边环境

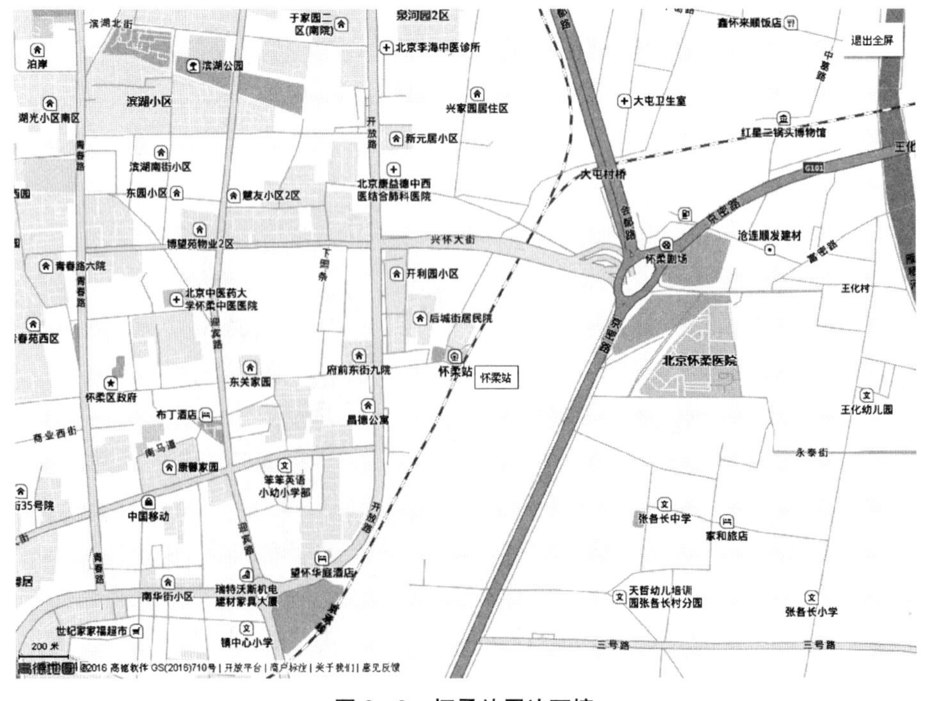

图 8 - 9　怀柔站周边环境

区，在其采样点附近没有工厂等污染源，以写字楼办公区为主，还有一些餐厅等，在污染源地图上明显可以发现健德门在整个北京地图上是少有的无污染源区域，在此选点有着重要的意义；怀柔位于北京市的郊区，采样点位于怀柔站附近，从污染源地图上发现在其西南及东南位置均有工厂等污染源。

我们针对这两个有特点的区域进行总碳的^{14}C特征分析以及δ特征分析。样品经上述步骤处理后，在^{14}C-AMS上进行测试，测试结果如表8-3所示。

表8-3　测试数据分析1

样　品	pMC	统计误差	δ误差/‰	备　　注
OX2	134.15	0.009 533 759	−19.28	KCCAMS
OX1	104.12	0.011 676 953	−17.63	KCCAMS
石墨	0.06			
$PM_{2.5}$ 1	26.21	0.024 203 782	−14.43	怀柔站 20140620-24
$PM_{2.5}$ 2	51.21	0.025 359 156	−39.46	健德门 20140622-24
$PM_{2.5}$ 3	38.64	0.025 915 086	−9.34	怀柔站 20140704-07
$PM_{2.5}$ 4	45.05	0.021 806 219	−24.07	健德门 20140704-07

以上数据结果可简化为表8-4。

表8-4　测试数据分析2

样　　品	^{14}C/pMC	$\delta^{13}C$
怀柔站1	26.2(1±2.4)%	−14
健德门1	51.2(1±3.1)%	−39
怀柔站2	38.6(1±3.0)%	−9
健德门2	45.0(1±2.1)%	−24

由以上数据可知，在现代城市生活中，燃烧源中化石燃料的贡献很大，大约在50%以上；由图8-7和图8-8可知，在健德门附近没有工厂，没有燃烧源；在怀柔站附近，有汽车站并且紧挨高速公路，东南西南部有供暖厂、五金加工厂、不锈钢制造厂、金属制品厂及陶瓷厂等燃烧源（见图8-9），由此从实验数据得出在怀柔的$PM_{2.5}$中，化石源贡献明显高于健德门的，并且从$\delta^{13}C$的值（见表8-4）可以看出怀柔附近使用燃煤多于健德门附近（煤的$\delta^{13}C$值

约−15;石油天然气现代源的 $\delta^{13}C$ 值为−30);考虑采样时的天气状况,查阅天气网(见表 8-5、表 8-6)了解当时天气信息,知道 6 月 20 号左右,风力作用在两地的方向相反,因此两地的 $PM_{2.5}$ 状况互不影响,但是在 7 月 4 号左右,两地的风向相向,由以上数据可知怀柔的化石源贡献减小,健德门的化石源贡献增加,由此可知怀柔西南及东南面的工厂燃烧源会对市内产生影响。

表 8-5 怀柔站天气情况(来自天气网)

日　期	最高温度/℃	最低温度/℃	天气状况	风向	风力
2014/06/22	31	17	阴转晴	西北	<3 级
2014/06/23	31	18	晴转多云	西北	<3 级
2014/06/24	26	19	雷阵雨	北	<3 级
2014/07/04	30	22	多云转霾	西南	<3 级
2014/07/05	31	24	雷阵雨转多云	北	<3 级
2014/07/06	30	24	多云转雷阵雨	东北	<3 级
2014/07/07	34	23	雷阵雨转晴	西北	<3 级

表 8-6 健德门天气情况(来自天气网)

日　期	最高温度/℃	最低温度/℃	天气状况	风向	风力
2014/06/20	28	19	多云转雷阵雨	南	<3 级
2014/06/21	27	19	雷阵雨	北	<3 级
2014/06/22	31	18	阴转晴	东	<3 级
2014/06/23	32	20	晴转多云	西南	<3 级
2014/06/24	27	22	雷阵雨	西南	<3 级
2014/07/04	31	23	多云转霾	西南	<3 级
2014/07/05	31	23	阴转多云	西南	<3 级
2014/07/06	32	24	多云转霾	西南	<3 级
2014/07/07	34	24	阴转晴	西	<3 级

2) 对白天和夜间 ^{14}C 特征分析

为了检验 OC/EC 分离方案的可行性,以及了解城市中心与郊区的白昼和夜间大气污染情况,我们选择怀柔以及健德门两地同一时间的样品进行 OC/EC 分离处理,按既定方案处理的结果如表 8-7 所示。

表 8－7　数据分析　　单位：%

	健德门-白天	健德门-夜间	怀柔站-白天	怀柔站-夜间
OC	46.5±2.0	63.3±1.2	55.7±1.8	60.5±1.7
EC	28.4±1.8	37.3±1.5	23.1±2.1	30.0±1.8

由表 8－7、图 8－10 可知，健德门白天有机碳、元素碳中生物源的贡献比分别为(46.5±2.0)%、(28.4±1.8)%，由化石源贡献比与生物源贡献比之和为 1 知，化石源的贡献比约为 53.5%、71.6%；健德门夜间有机碳、元素碳中生物源的贡献比分别为(63.3±1.2)%、(37.3±1.5)%，化石源的贡献比约为 36.7%、72.7%。由表 8－7、图 8－11 可知，怀柔站白天有机碳、元素碳中生物源的贡献比分别为(55.7±1.8)%、(23.1±2.1)%，化石源的贡献比约为 44.3%、76.9%；怀柔站夜间有机碳、元素碳中生物源的贡献比分别为(60.5±1.7)%、(30.0±1.8)%，化石源的贡献比约为 39.5%、70.0%。城市活动与大气污染程度有一定的相关性，白天不论是在市区还是在郊区，由于人的活动集

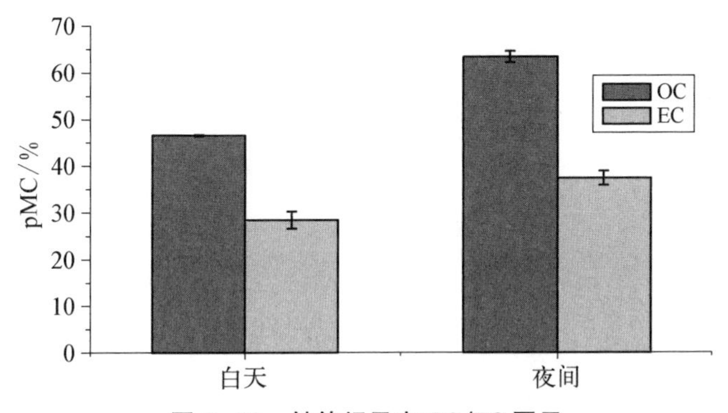

图 8－10　健德门昼夜 OC/EC 图示

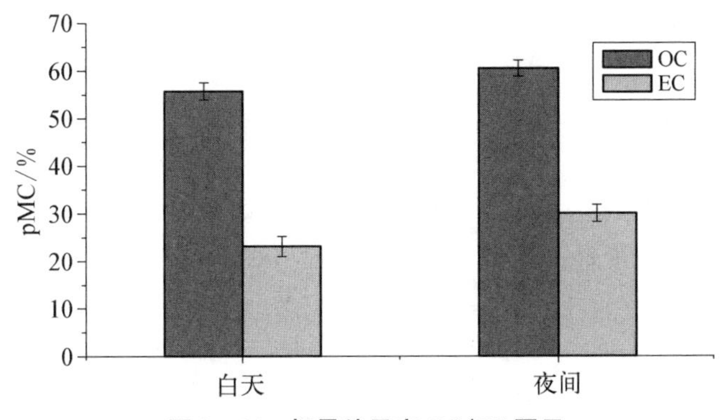

图 8－11　怀柔站昼夜 OC/EC 图示

中，汽油、柴油和煤等燃料燃烧或者是生物质不完全燃烧直接排放的一次有机物等化石源的排放明显多于夜间。由健德门与怀柔站的白天、夜间 EC 值可以发现健德门相比于怀柔站的化石源贡献比变化明显偏大，可以说明在市区的健德门昼夜活动比郊区的怀柔站明显，因为在怀柔站的工厂以及高速公路运营情况受昼夜影响没有市区的大。此外从有机碳和元素碳的值可以看出污染源中相关有机碳的多数来自非化石燃烧，而元素碳的来源中多数为化石源。

3）同一区域长时间段内^{14}C特征

为了解^{14}C在同一区域长时间段的特征分布，我们选择 2014 年 10 月下旬的 15 天来研究其特征。该批次样品的总碳浓度如图 8－12 所示，以及由中国环境科学研究院提供其 OC/EC 的相关数据如图 8－13 所示。OC/EC 的测试数据如表 8－8 所示。

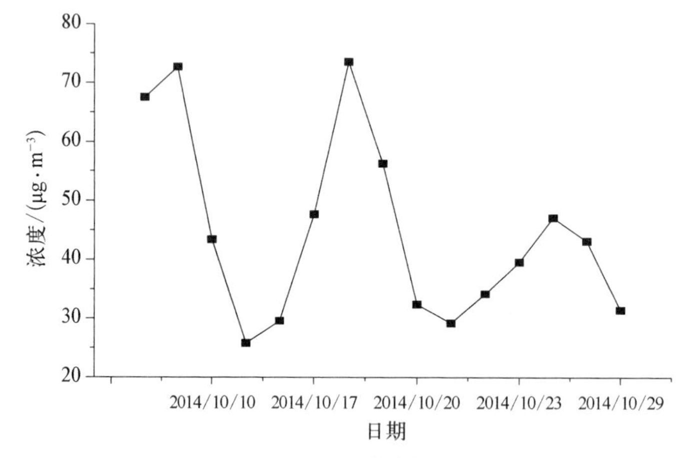

图 8－12　TC 浓度与日期

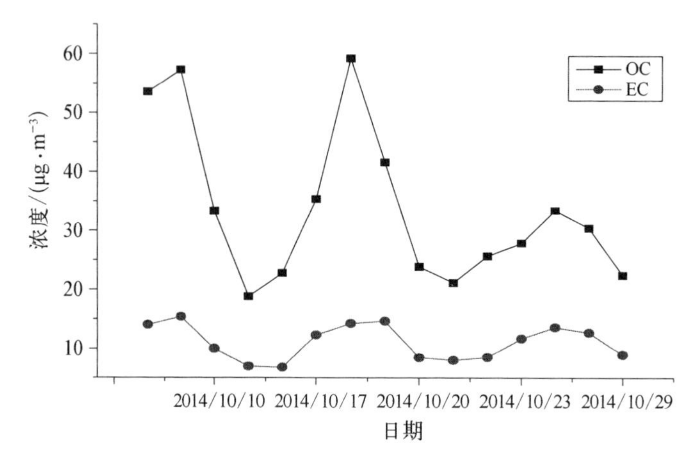

图 8－13　OC/EC 浓度与日期

表 8-8　OC/EC 测试数据　　单位：%

采样日期	OC/pMC	EC/pMC
2014/10/08	69.4±0.71	38.8±0.85
2014/10/09	69.3±0.88	17.3±0.78
2014/10/10	64.8±0.23	32.0±0.24
2014/10/14	63.4±0.12	26.5±0.68
2014/10/16	61.1±0.71	48.3±0.85
2014/10/17	57.1±0.87	54.6±0.44
2014/10/18	57.2±0.70	7.0±0.30
2014/10/19	64.4±0.08	37.9±0.77
2014/10/20	57.9±0.34	48.8±0.81
2014/10/21	55.6±0.10	17.2±0.74
2014/10/22	59.1±0.79	42.7±0.24
2014/10/23	55.7±0.76	63.9±0.32
2014/10/24	62.8±0.31	30.9±0.50
2014/10/25	53.7±0.11	44.9±0.48
2014/10/28	57.8±0.51	40.6±0.80

表 8-9 反映的天气状况表明这 15 天天气情况类似，气温偏差不大，高温集中在 19.8℃附近，偏差 10.6%；低温集中在 9.9℃附近，偏差 26.2%；影响大气颗粒物浓度的风力也基本维持在微风的水平，只有两天中有明显的风影响。从图 8-14 中可以发现在第三、四、五天的 TC 浓度有明显的低谷，可能由于风或者下雨等影响使大气颗粒物明显减少，还可发现第八、九天时也出现低谷，综合分析之前的天气状况，发现这两时间段的最低气温明显低于其他时间段，由此可推知降雨等原因引起的低温可能会降低大气颗粒物中含碳物质的浓度。由图 8-15 分析可得，大气颗粒物中有机碳与元素碳有一定的相关性，OC/EC 的值约 3.5 左右，研究表明该值大于 2.2 时可认为大气颗粒物中有机碳存在二次转化；由图 8-14 表明非化石燃料来源如生物质燃烧和自然源排放对目标区域有显著贡献，同时也表明二次污染物主要来自生物源；有机碳中生物源占碳源的 60.62%，元素碳中化石源占碳源的 63.24%，元素碳与总碳的 pMC 值有一定的相关性。在这 15 天中第四天、第十一天为星期日，由图 8-13～图 8-15 中可以看出在该位置出现峰值，说明在星期天目标区域的碳源贡献主要为生物源，化石

源的贡献远小于生物源对城市大气颗粒物的贡献;结合当天的总碳浓度认为生物质燃烧对区域有较大的影响。

表 8－9　朝阳区天气情况(来自天气网)

日　期	最高温度/℃	最低温度/℃	天气状况	风向	风力
2014/10/08	22	13	霾	东南	<3 级
2014/10/09	22	14	霾	东北	<3 级
2014/10/10	21	13	霾转阵雨	东	3～4 级
2014/10/14	22	7	多云转晴	西南	4～5 级
2014/10/16	22	7	晴	西南	<3 级
2014/10/17	22	8	霾	东	<3 级
2014/10/18	21	11	霾	北	<3 级
2014/10/19	20	10	霾	东南	<3 级
2014/10/20	17	9	雾转晴	东南	<3 级
2014/10/21	19	7	晴	东南	<3 级
2014/10/22	20	8	多云转霾	东	<3 级
2014/10/23	18	12	霾	东	<3 级
2014/10/24	19	11	雾转霾	东	<3 级
2014/10/25	18	12	雾转晴	东南	<3 级
2014/10/28	15	6	多云转霾	北	<3 级

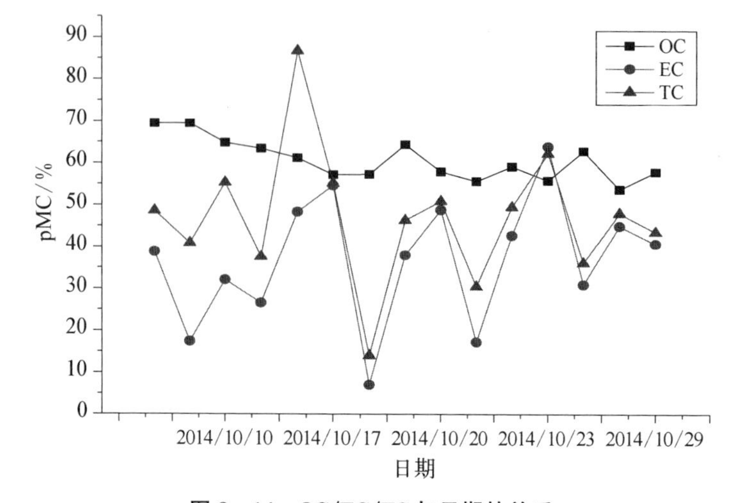

图 8－14　OC/EC/TC 与日期的关系

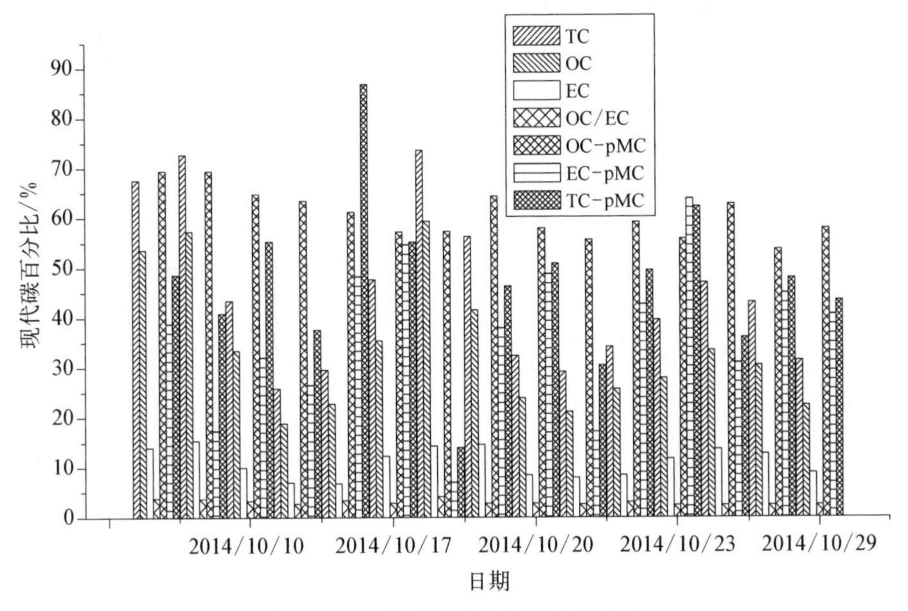

图 8-15　各指标参数与时间的关系

8.2.1.4　测量的原理

确定空气中颗粒物的 ^{14}C 含量可以深入了解碳质材料中化石碳源和现代碳源的比例。

通常情况下，^{14}C 在颗粒物中的含量水平通过 $R_{C(14/12)}$ 来衡量。这个比率的测量包括两个部分：首先测得 ^{14}C 与总碳的比值 $\Delta^{14}C$，再测得 $R_{C(13/14)}$ 作为修正，便可求得 $R_{C(14/12)}$。如果没有显著的非正常 ^{13}C 的排放，$R_{C(13/14)}$ 对 $R_{C(14/12)}$ 的影响小于 1%。

$R_{C(14/12)}$ 通过 fm(the fraction of morden carbon)来展开分析。fm 可通过下式定义。

$\Delta^{14}C$ 是指经过同位素质量分馏校正和 ^{14}C 衰变校正(校正到 1950 年)，相对于标准的千分差值，参照 Stuiver 和 Polach 的计算方法：

$$\Delta^{14}C=\left(\frac{A_{sn}}{A_{abs}}-1\right)\times 1\,000 \tag{8-20}$$

式中，A_{sn} 是指样品经过同位素分馏效应校正的 ^{14}C 放射性比活度或同位素丰度；A_{abs} 不但经同位素质量分馏且经衰变校正到 1950 年的绝对国际(现代碳)标准物质 ^{14}C 放射性比活度或同位素丰度。放射性比活度是单位质量物质的放射性活度。例如，^{14}C 的放射性比活度以 Bq/g 为单位，表示每克碳元素中每秒钟内发生衰变的 ^{14}C 核素数目。显然，放射性核素的比活度与样品物质中该核素的同位素丰度成正比。

A_{sn} 定义为

$$A_{sn}=A_s\times\left[1-\frac{2\times(25+\delta^{13}C_S)}{1\,000}\right] \tag{8-21}$$

式中，A_s 为实测样品中的 ^{14}C 比活度或同位素原子数比值，应对此值进行校正，国际上统一规定，被测样品的测定值一律校正到 $\delta^{13}C=-25‰$；$\delta^{13}C_s$ 为样品中稳定同位素 $^{13}C/^{12}C$ 比值；角标 s 表示被测样品。

因为本研究对测量精度要求较高所以要进行分馏校正。

A_{abs} 定义为

$$A_{abs}=A_{on}e^{\lambda(y-1\,950)} \tag{8-22}$$

式中，A_{on} 为经过同位素分馏效应校正后标准物质的比活度或者同位素丰度比值；λ 为 ^{14}C 的衰变常数；y 为样品的测试年代。A_{on} 定义为

$$A_{on}=0.95A_{ox}\times\left[1-\frac{2\times(19+\delta^{13}C_{ox})}{1\,000}\right] \tag{8-23}$$

式中，A_{ox} 为实测标准物质的比活度或者同位素丰度 $^{14}C/^{12}C$；$\delta^{13}C_{ox}$ 为标准物质稳定同位素 $^{13}C/^{12}C$ 比值。

最后，在实际计算过程中所有树轮样品的 $\Delta^{14}C$ 值会根据 $\frac{A_s}{A_{on}}$ 比值、样品中 $\delta^{13}C$ 值和草酸标准Ⅰ的 $\delta^{13}C$ 值从下式计算得出：

$$\Delta^{14}C=\frac{A_s}{A_{on}}\times\frac{[1\,000-2\times(25+\delta^{13}C_S)]}{0.95\times[1\,000-2\times(19+\delta^{13}C_{ox})]\times e^{\lambda(y-1\,950)}} \tag{8-24}$$

8.2.2 燃烧物中源解析

放射性碳同位素（^{14}C）是区分化石源与生物源等燃烧源指示性物质。^{14}C 的半衰期约为 5 730 a。化石燃料的形成时间远远大于 ^{14}C 的半衰期，所以化石燃料燃烧所排放的颗粒物中 ^{14}C 的含量几乎为零。而秸秆、树枝等现代生物质

燃料所含^{14}C的水平和化石燃料存在着显著的差异，所以获得当前大气颗粒物^{14}C的含量水平能够有效区分两种不同燃料源的贡献。

测得^{14}C含量后，可以通过以下方程式来分析生物质燃烧来源：

$$\Delta^{14}C_{sample} = \Delta^{14}C_{biomass} f_{biomass} + \Delta^{14}C_{fossil}(1 - f_{biomass}) \qquad (8-25)$$

式中，$f_{biomass}$是生物质源的贡献比；$\Delta^{14}C_{sample}$是样品中^{14}C的含量，即所测得的含量；$\Delta^{14}C_{fossil}$是化石源颗粒物中^{14}C的含量，一般为$-1\,000‰$；$\Delta^{14}C_{biomass}$是生物质源颗粒物中^{14}C的含量，此值应该为90‰～225‰，其中90‰是生物质燃烧所产生的CO_2中^{14}C的含量，而225‰是树木等悬浮生物质中^{14}C的含量。根据方程便可计算出生物质源贡献比范围。而化石源的贡献比为$1-f_{biomass}$。

8.2.3　其他核素的测量

铅同位素原子数比值$R_{Pb(207/206)}$可用来指示燃煤和机动车排放。不同来源的铅同位素，其丰度不同，因此可以把铅同位素丰度比作一种指纹技术来研究铅污染的来源及其贡献。燃煤的$R_{Pb(207/206)}$是0.84～0.86，机动车的$R_{Pb(207/206)}$是0.86～0.91[10]。

8.3　生态环境

核工业为人类带来巨大利益的同时也给我们赖以生存的地球环境造成了一定影响，特别是人类核活动产生的放射性核素滞留在环境中对我们有着潜在的威胁。

8.3.1　环境中^{14}C的变化

^{14}C的半衰期为5 730 a，自然界中的^{14}C主要是由宇宙射线产生的次级中子与大气中的^{14}N发生核反应$^{14}N(n,\ p)^{14}C$生成的[32]，生成的^{14}C很快氧化为^{14}CO，随后氧化为$^{14}CO_2$，从而进入全球动态碳循环之中。当全球的碳同位素循环达到平衡的时候，放射性^{14}C与其稳定同位素^{12}C的单位质量的原子数比值在一定时间范围内近似为一固定值，目前自然界^{14}C与^{12}C的单位质量的原子数比值约为1.2×10^{-12}。宇宙射线的通量与大气中^{14}N的含量并不是绝对恒定的，因此^{14}C在自然界的含量在贯穿整个地球历史的过程中并不是恒定不变的。太阳活动和地球磁场的变化可以影响进入大气层的初级宇宙射线的通量，

从而影响大气层中^{14}C的产生率。

目前,^{14}C在自然界的浓度变化主要取决于两个方面。一方面,随着工业革命的到来,人类对能源的大量需求,致使大量煤、石油和天然气等化石燃料中的碳释放到大气中,化石燃料在其形成过程中处于与外界隔绝的环境之中,由于^{14}C的不断衰变,化石燃料中的^{14}C几乎已经全部衰变殆尽,随着大量化石燃料中的碳释放到大气环境中,稀释了^{14}C与^{12}C的同位素原子数比值。另一方面,引起^{14}C浓度变化的因素是20世纪五六十年代大气核武器试验,核武器试验引起的^{14}C浓度变化高达近两倍。北半球^{14}C的浓度在1963年达到峰值,南半球^{14}C的浓度在1965年达到峰值。直到1963年核武器试验禁令的颁布,^{14}C在大气中的浓度逐渐衰减。全球碳循环的深入使得^{14}C分布到了更广泛的系统中。

^{14}C广泛用于定年、全球气候变化、碳循环、太阳活动和地磁场等研究领域。目前,以树轮工作为主建立了约1.4万年以来的高精度和高分辨的^{14}C年代校正曲线,其校正分辨率达到了"十年"甚至"年"的尺度。对于更老的^{14}C年代校正采用其他的地质记录,如采用$^{230}Th/^{234}U/^{238}U$对原始珊瑚进行^{14}C计年校正[33]。Reimer等[34]在前人工作的基础上经过精细的集成,利用树轮、植物化石、洞穴堆积物、珊瑚和有孔虫等给出了反映当前研究水平的5万年以来大气^{14}C的变化历史。

20世纪五六十年代由于大量的核试验,产生了一个近乎两倍脉冲的^{14}C,随着大气的沉降作用以及大气圈与生物圈的交换,大气中的^{14}C被生物捕获,从而将核试验产生的^{14}C脉冲记录下来。B. A. Buchholz等[35]利用生物成因的材料(包括树轮、植物和大气样品)中^{14}C的分布给出了北半球1900—2015年、南半球1900—2012年^{14}C的变化曲线,如图8-16所示,图中NH表示北

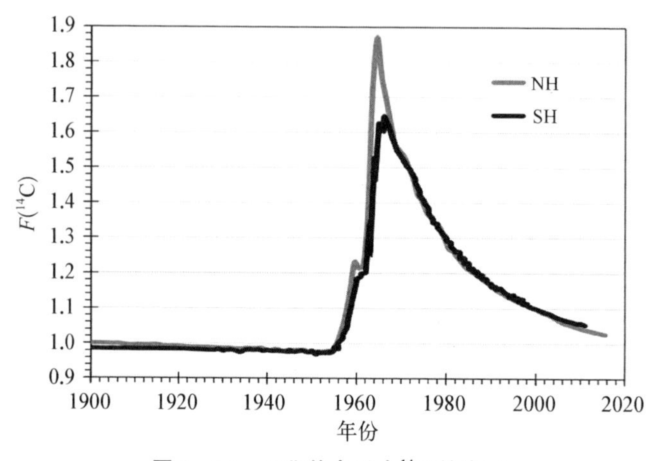

图8-16 工业革命以来^{14}C的变化

半球，SH 表示南半球。

8.3.2 人造放射性核素的分布

随着几十年核工业的发展，放射性核素与人们的生活越来越密切。放射性核素的利用在造福于人类的同时，也对人类赖以生存的环境造成了不小的影响。

天然放射性核素包括原生放射性核素和宇生放射性核素。自有地球以来就存在于自然界的放射性核素称为原生放射性核素，如天然衰变系列钍系、铀系和锕系；另外自然界还存在一些天然的原始放射性核素，如^{40}K。宇宙射线与大气层和地球表面氧、氮等多种元素的原子核相互作用后产生的放射性核素称为宇生放射性核素，如^{3}H、^{14}C、^{10}Be、^{22}Na 等。

天然放射性核素的活度浓度一般都很低，人们为了满足科研、生产和医疗等方面的应用需求，利用反应堆和加速器生产了各种各样的人工放射性同位素。在反应堆运行期间、后处理过程中、核设施退役处理过程中及核事故泄漏中，释放到环境中的放射性核素，特别是长寿命的放射性核素，由于其半衰期较长，会长期滞留在环境中，对人类的健康造成潜在的威胁，因此特别受到人们的重视。20 世纪五六十年代世界各地发生的核试验向环境中释放了大量的放射性核素，到目前为止，核试验向环境释放的长寿命的放射性核素如^{14}C、^{129}I、锕系核素等依然存在。

目前，在核电厂、后处理厂、退役核设施及核试验点附近环境中的长寿命核素主要有^{14}C、^{129}I、^{90}Sr、^{137}Cs 和锕系核素(其中主要包括^{236}U、^{239}Pu、^{240}Pu、^{242}Pu)等。这些释放到环境中的人造长寿命放射性核素，虽然释放量很少，但是毒性大，并且由于它们的半衰期较长，可能会长期滞留在环境中，对人类的健康造成潜在的威胁。

8.3.2.1 ^{14}C 的来源及分布

环境中的^{14}C 除了来源于宇宙射线与氮的(n, p)核反应外，由于人类活动产生的^{14}C 主要来源于大气核试验的排放和原子核电厂的排放、后处理厂的排放以及发生核事故造成的排放。在反应堆中，生成^{14}C 的途径有$^{13}C(n,\gamma)^{14}C$，$^{14}N(n,P)^{14}C$ 以及$^{17}O(n,\alpha)^{14}C$，其中以(n,α)反应产生的量最多。^{14}C 的环境流动性很强，一旦释放进入环境，便与其他稳定同位素^{12}C、^{13}C 一样参与各种复杂的生物循环，并在食物链上得到富集，最终对环境安全构成威胁，现在^{14}C 已经被公认为是对社会公众产生潜在的最大集体剂量的可能核素。人工产生的放射性核素^{14}C经过参与全球碳循环，已经分布到大气圈、水圈、生物圈和岩石圈中。

8.3.2.2 ^{129}I的来源及分布

人类活动产生的^{129}I主要来自大气核试验的排放、核电厂和燃料后处理厂的排放和核事故的排放。^{129}I是一个重要的放射性裂变产物核，裂变的产额比较高，其半衰期长达 1.7×10^{7} a，随着核电厂的运行，^{129}I在核电厂及其周边环境中不断积累。由于极易迁移，一旦发生核事故将会向环境中释放大量的^{129}I，对人类是一个潜在的威胁。随着人类对核能的开发和利用，大量的^{129}I进入自然界，尤其是燃料后处理厂向环境中释放的^{129}I数量极其巨大，其排放量相当于核试验释放量的 25 倍，相当于切尔诺贝利核事故释放的 500 倍。大量人类核活动短时间内使得^{129}I在环境中的同位素比值飙升了 2～4 个数量级[36]。

8.3.2.3 ^{90}Sr的来源及分布

自然界的^{90}Sr主要来自核试验和燃料后处理厂及核事故的释放[37]。^{90}Sr的半衰期为 28.8 a，在环境中持久性存在。由于它的裂变产额高，并且与钙有相似的化学性质，一旦摄入体内可能渗入骨骼而长期存在，是导致骨癌和破坏造血机构的潜在危险物。^{90}Sr的子体^{90}Y，是一个短寿命的高能 β 放射性核素，因此^{90}Sr是人类健康关心的核素之一。核试验产生的^{90}Sr通过大气沉降作用不断从平流层沉降到地面，由于 Sr 的化学性质活泼，容易进入作物，从而伴随饮食进入人体。牛奶是提供^{90}Sr的最主要食品，其次是谷物和蔬菜类食品。

8.3.2.4 ^{137}Cs的来源及分布

^{137}Cs是反应堆中产额较高的裂变产物核素，核电站在正常运行工况下会有少量的^{137}Cs随气态流出物或液态流出物释放到环境中。目前自然界的^{137}Cs主要来源于核试验后的大气沉降和核事故释放。通过大气沉降的^{137}Cs极易被土壤吸附，一旦与土壤接触，就被土壤强烈吸附而固定，几乎没有渗滤损失，它的迁移主要取决于物理过程，因此^{137}Cs常用于土壤侵蚀速率研究。

8.3.2.5 锕系核素的来源及分布

环境中的^{236}U和^{239}Pu、^{240}Pu主要是通过大气核试验、核反应堆事故（如切尔诺贝利和福岛）以及燃料后处理厂（如英国的 Sellafield[38] 和法国的 La Hague[39]）等释放的。^{236}U用于核安全与核保障，是日常监测的关键核素之一。除了^{239}Pu、^{240}Pu外，环境中还有少量的^{238}Pu、^{241}Pu、^{242}Pu。据估计，20 世纪五六十年代通过大气核试验大约有 10 pB(1 pB=10^{15} Bq)的钚释放到大气中,经过大气沉降不断地进入海洋、地表土壤中。

8.3.2.6 其他长寿命放射性核素的来源及分布

除了上述所列核素外,在环境中还有少量的^{36}Cl、^{41}Ca、^{59}Ni、^{63}Ni、^{93}Zr、^{99}Tc、^{126}Sn、^{135}Cs、^{237}Np 等人类活动产生的长寿命核素。1952—1964 年间,在海洋站点进行的核试验过程中,由于海水中大量的 NaCl 存在,经(n,γ)反应产生的^{36}Cl 在短时间内使其在自然界的浓度上升了 2~3 个数量级。大气中的^{36}Cl 以 HCl 的形式参与大气循环,并且以干沉降或湿沉降的方式沉降到地表或海洋中。人类活动过程中也产生了少量的^{41}Ca,其中一部分是核试验产生的,科学家在瑞士阿尔卑斯山的冰中测量到了核爆产生的^{41}Ca 峰浓度;另外在反应堆的结构材料如混凝土中有由(n,γ)反应产生的活化产物^{41}Ca。^{59}Ni 的半衰期为 7.6×10^4 a,是核废物管理与处置时关心的核素之一,它主要是由不锈钢材料中的镍同位素^{58}Ni 通过(n,γ)反应产生的。在核爆过程中产生了少量^{63}Ni,E. Holm 等在瑞典的罗根湖地区测量了地衣中的^{63}Ni,发现其从 1964 年的 0.6 Bq/kg 下降到 1988 年的 0.1 Bq/kg。^{93}Zr 是核电厂运行期间产生的裂变产物,也有少部分的^{93}Zr 是通过^{92}Zr 中子活化产生的。^{93}Zr 是核燃料后处理过程中关心的核素之一。^{99}Tc 也是核反应堆中的裂变产物之一,其裂变产额可高达 6.06%,因此是核燃料循环中关心的核素之一。反应堆产生的^{99}Tc 也有少部分是^{98}Mo 活化后经过 β 衰变二次产生的。除此之外,在核爆过程中也产生了少量的^{99}Tc,P. Zhao 等研究了美国内华达州核试验点附近地下水的^{99}Tc 污染情况。^{126}Sn 作为裂变产物,它在反应堆中的裂变产额比^{137}Cs、^{90}Sr 要低两个数量级,但是由于它半衰期较长,因此也是核废物处置过程中关心的核素之一。自然的^{126}Sn 主要是^{238}U 自发裂变产生的,它在自然界的丰度非常低,在核试验过程中也会产生少量的^{126}Sn。因此它可以用于核安全和核核查[40]。^{135}Cs 在反应堆中的裂变产额与^{137}Cs 的裂变产额相差不大。由于其较长的半衰期,在环境中难以探测到,但是它的持久存在性使得在核废物处置时不得不考虑它的影响。锕系核素除了铀、钚之外,通过核试验和反应堆也产生了少量的其他超铀核素,如^{236}Np、^{237}Np、^{241}Am、^{246}Cm 等长寿命核素。

8.3.3 气候变化

^{10}Be 是高能宇宙射线与大气中的氮、氧原子核发生散裂反应的产物。它生成后在大气中滞留 1~2 年的时间,主要通过降水沉降到地表和海洋。大陆

的冰芯和海洋的锰结壳记录了^{10}Be的浓度，利用加速器质谱高灵敏的探测方法，根据$\frac{^{10}Be}{^{9}Be}$的深度剖面可以推测海洋循环及古气候变化。

与^{10}Be类似，在冰芯、沉积物中记录的^{14}C也可以用于气候变化的研究。另外，近年来由于化石燃料释放大量的温室气体如甲烷和二氧化碳，导致了全球变暖。大气碳质气溶胶是全球气候变化研究中辐射强度估算不确定性的最大来源之一。利用碳同位素源解析技术有利于准确估算大气气溶胶对气候变化的影响。

8.4 资源调查

加速器质谱技术的应用范围非常广泛，除前面各章所述之外，对海底资源、地下水资源、石油资源的探索和利用都有着一定的价值，对铀矿等矿物的探索有着潜在的应用价值。

8.4.1 海底资源

随着现代工业的迅速发展，陆地矿产资源日渐短缺，开发海洋资源成为一个必然的趋势。海洋占地球表面积的71%，整个水体容积达13.7亿立方千米，是一个巨大的宝库。海水中溶存着多种元素，目前已实现了食盐、镁、钙、溴等的大量生产。而深海海底更是蕴藏着丰富的锰结核、锰结壳等重要资源[41]。深海锰结核与富含钴元素的锰结壳中含有锰、镍、钴、铜等多种有色金属资源，因此对海洋中锰结核、锰结壳资源的开发具有极为重要的战略意义和经济价值。利用^{10}Be-AMS技术可以测定近千万年以来所形成的锰结核的生长速率，可了解大洋底锰结核在几百万年间的生长过程[42]，为研究锰结核的生长机制及资源分布等提供更详细的资料，从而为开发深海锰结核资源提供科学依据。^{10}Be的半衰期为1.51 Ma，假定^{10}Be的生长及沉积速率是常量或者近似为常量，那么利用加速器质谱技术测量^{10}Be可以对10 Ma内的锰结核(壳)进行定年。利用$^{10}Be/^{9}Be$剖面可以确定10 Ma内结核(壳)的平均生长速率与年龄-深度关系(具体定年原理详见6.5.2节)。

8.4.2 地下水资源

^{14}C作为一个理想的定年核素，可以研究5万年以来的地下水年龄，利

用$^{14}C/^{12}C$剖面可以确定地下水的年龄-深度关系(具体定年原理详见6.5.2节)。利用^{14}C可以研究地下水在系统中的滞留时间,可以说明区域内地下水年龄的分布情况,对于区域地下水系统研究工作有重要意义。地下水年龄可以反映地下水的循环速率,对估计地下水补给来源,评价地下水资源的可更新能力都有着重要的作用和意义,对于放射性废物处置的地质选址有着重要的参考价值[43]。另外,在退役的核电厂和地下核试验附近地下水中,有可能有多种长寿命放射性核素存在,如^{129}I、^{14}C、^{137}Cs等,利用多核素示踪,结合地下地质条件可以对浅层地下水循环进行综合研究,对于地下水资源的开发、利用有着潜在的应用价值。

8.4.3　石油资源

^{14}C-AMS技术可以用于油田注水示踪研究。其基本原理是:将含有^{14}C示踪剂的水溶性试剂注入油田井中,在注入井周围的采油井中每隔一定时间进行连续取样,直至采出井中示踪剂含量恢复到本底水平为止。油田示踪通过注入井注入示踪剂,在周围采出井进行示踪剂动态监测,根据示踪剂的采出分布可以推测井间地层参数,对油田后期开采制订合理的方案、提高油田采收率起指导作用。

8.4.4　其他资源

利用加速器质谱仪技术在寻找矿物方面有着潜在的应用价值。有学者曾经对铀矿周围的地下水样品进行分析,发现其中的^{129}I和^{36}Cl含量异常高。其中^{129}I主要是^{235}U及^{238}U裂变产生的,^{36}Cl是由^{35}Cl中子活化产生的。研究表明,铀矿中含有较高的中子通量,其中一部分中子是^{235}U及^{238}U自发裂变产生的;一部分中子是由铀矿中核素衰变产生的α粒子引起(α,n)反应产生的;一部分是热中子诱发^{235}U裂变产生的。地下水作为慢化剂,含有较高的热中子通量,因此^{35}Cl通过中子活化产生的^{36}Cl含量较高。反过来,如果在地下水中发现有异常高的^{129}I或者^{36}Cl,那么可能指示周围有铀矿物的存在。

参考文献

[1]　卢希庭,江栋兴,叶沿林.原子核物理[M].北京:原子能出版社,2000.

[2]　赵庆章.不同电子屏蔽效应对^{210}Po α衰变速率影响的实验研究[D].北京:中国原子能科学研究院,2016:35-36.

[3] 孔屏.宇宙成因核素在地球科学中的应用[J].地学前缘,2002,9(3):41-48.

[4] Gosse J C, Phillips F M. Terrestrial in situ cosmogenic nuclides: theory and application[J]. Quaternary Science Reviews, 2001, 20(14): 1475-1560.

[5] 鞠志萍,何明,李世红,等. ^{26}Al 的加速器质谱测量及其应用[J].原子核物理评论,2006,23(3):300-303.

[6] 黄湘通,郑洪波,Chappell J.宇宙成因核素 ^{10}Be, ^{26}Al:原理及其在地表过程中的应用[J].同济大学学报(自然科学版),2005,33(9):1206-1212.

[7] 沈承德,易惟熙,刘联璠,等.加速器质谱计在地球科学中的应用[J].核技术,1988,7:3-9.

[8] 曹芳,章炎麟.碳质气溶胶的放射性碳同位素(^{14}C)源解析:原理、方法和研究进展[J].地球科学进展,2015,30(4):425-432.

[9] Zhang Y, Liu D, Shen C, et al. Development of a preparation system for the radiocarbon analysis of organic carbon in carbonaceous aerosols in China[J]. Nuclear Instruments and Methods in Physics Research Section B, 2010, 268(17-18): 2831-2834.

[10] 曹军骥. $PM_{2.5}$ 与环境[M].北京:科学出版社,2014.

[11] Fushimi A, Wagai R, Uchida M, et al. Radiocarbon (^{14}C) diurnal variations in fine particles at sites downwind from Tokyo, Japan in summer[J]. Environmental Science and Technology, 2011, 45(16): 6784-6792.

[12] 张世春,王毅勇,童全松.碳同位素技术在碳质气溶胶源解析中应用的研究进展[J].地球科学进展,2013,28(1):62-70.

[13] Lewis C W, Stiles D C. Radiocarbon content of $PM_{2.5}$ ambient aerosol in Tampa, FL [J]. Aerosol Science and Technology, 2006, 40(3): 189-196.

[14] Ke L, Ding X, Tanner R L, et al. Source contributions to carbonaceous aerosols in the Tennessee Valley Region[J]. Atmospheric Environment, 2007, 41(39): 8898-8923.

[15] Ding X, Zheng M, Edgerton E S, et al. Contemporary or fossil origin: Split of estimated secondary organic carbon in the southeastern United States [J]. Environmental Science and Technology, 2008, 42(24): 9122-9128.

[16] Polach H A. Radiocarbon targets for AMS: a review of perceptions, aims and achievements[J]. Nuclear Instruments and Methods in Physics Research Section B, 1984, 5(2): 259-264.

[17] Szidat S, Ruff M, Perron N, et al. Fossil and non-fossil sources of organic carbon (OC) and elemental carbon (EC) in Göteborg, Sweden[J]. Atmospheric Chemistry and Physics, 2009, 9(5): 1521-1535.

[18] Novakov T, Hegg D A, Hobbs P V. Airborne measurements of carbonaceous aerosols on the East Coast of the United States[J]. Journal of Geophysical Research: Atmospheres, 1997, 102(D25): 30023-30030.

[19] Zhang Y, Perron N, Ciobanu V, et al. On the isolation of OC and EC and the optimal strategy of radiocarbon-based source apportionment of carbonaceous aerosols

[J]. Atmospheric Chemistry and Physics, 2012, 12(22): 10841 - 10856.

[20] 庞义俊. ^{14}C - AMS 测量及其在 $PM_{2.5}$ 源解析中的应用[D]. 桂林: 广西师范大学,2016.

[21] Vogel J S, Southon J R, Nelson D, et al. Performance of catalytically condensed carbon for use in accelerator mass spectrometry[J]. Nuclear Instruments and Methods in Physics Research Section B, 1984, 5(2): 289 - 293.

[22] Rubin M, Mysen B O, Polach H. Graphite sample preparation for AMS in a high pressure and temperature press[J]. Nuclear Instruments and Methods in Physics Research Section B, 1984, 5(2): 272 - 273.

[23] Hut G, Östlund H G, van der Borg K. Fast and complete CO_2-to-graphite conversion for ^{14}C accelerator mass spectrometry[J]. Radiocarbon, 1986, 28(2A): 186 - 190.

[24] Xu X, Trumbore S E, Zheng S, et al. Modifying a sealed tube zinc reduction method for preparation of AMS graphite targets: reducing background and attaining high precision[J]. Nuclear Instruments and Methods in Physics Research Section B, 2007, 259(1): 320 - 329.

[25] 庞义俊,何明,杨旭冉,等. 基于小型单极加速器质谱测量 ^{14}C 的样品制备技术研究[J]. 原子能科学技术,2017,51(10): 1866 - 1873.

[26] 邵敏,汪建军. 大气气溶胶含碳组分的来源研究: 加速器质谱法[J]. 核化学与放射化学,1996,18(4): 234 - 238.

[27] Yang F, He K, Ye B, et al. One-year record of organic and elemental carbon in fine particles in downtown Beijing and Shanghai[J]. Atmospheric Chemistry and Physics, 2005, 5(6): 1449 - 1457.

[28] Liu D, Li J, Zhang Y, et al. The use of levoglucosan and radiocarbon for source apportionment of $PM_{2.5}$ carbonaceous aerosols at a background site in East China[J]. Environmental Science and Technology, 2013, 47(18): 10454 - 10461.

[29] Song J, He L, Peng P A, et al. Chemical and isotopic composition of humic-like substances (HULIS) in ambient aerosols in Guangzhou, South China[J]. Aerosol Science and Technology, 2012, 46(5): 533 - 546.

[30] Zhang Y L, Liu J W, Salazar G A, et al. Micro-scale (μg) radiocarbon analysis of water-soluble organic carbon in aerosol samples[J]. Atmospheric environment, 2014, 97: 1 - 5.

[31] Sheesley R J, Krus M, Krecl P, et al. Source apportionment of elevated wintertime PAHs by compound-specific radiocarbon analysis[J]. Atmospheric Chemistry and Physics, 2009, 9(10): 3347 - 3356.

[32] Libby W F. Atmospheric helium three and radiocarbon from cosmic radiation[J]. Physical Review, 1946, 69(11 - 12): 671 - 672.

[33] Fairbanks R G, Mortlock R A, Chiu T - C, et al. Radiocarbon calibration curve spanning 0 to 50, 000 years BP based on paired $^{230}Th/^{234}U/^{238}U$ and ^{14}C dates on pristine corals[J]. Quaternary Science Reviews, 2005, 24(16 - 17): 1781 - 1796.

[34] Reimer P J, Bard E, Bayliss A, et al. IntCal13 and Marine13 radiocarbon age calibration curves 0 - 50, 000 years cal BP[J]. Radiocarbon, 2013, 55(4): 1869 - 1887.

[35] Buchholz B A, Alkass K, Druid H, et al. Bomb pulse radiocarbon dating of skeletal tissues[M]. Boston: Academic Press INC, 2018: 185 - 196.

[36] Wagner M, Dittrich-Hannen B, Synal H - A, et al. Increase of ^{129}I in the environment[J]. Nuclear Instruments and Methods in Physics Research Section B, 1996, 113(1 - 4): 490 - 494.

[37] Gastberger M, Steinhäusler F, Gerzabek M H, et al. ^{90}Sr and ^{137}Cs in environmental samples from Dolon near the Semipalatinsk Nuclear Test Site[J]. Health Physics, 2000, 79(3): 257 - 265.

[38] Christl M, Casacuberta N, Lachner J, et al. Status of ^{236}U analyses at ETH Zurich and the distribution of ^{236}U and ^{129}I in the North Sea in 2009[J]. Nuclear Instruments and Methods in Physics Research Section B, 2015, 361: 510 - 516.

[39] Cundy A B, Croudace I W, Warwick P E, et al. Accumulation of COGEMA-La Hague-derived reprocessing wastes in French salt marsh sediments [J]. Environmental Science and Technology, 2002, 36(23): 4990 - 4997.

[40] Shen H, Jiang S, He M, et al. Study on measurement of fission product nuclide ^{126}Sn by AMS[J]. Nuclear Instruments and Methods in Physics Research Section B, 2011, 269(3): 392 - 395.

[41] 罗婕,田学达,魏学锋,等.深海锰结核资源的研究进展[J].中国锰业,2004,22(4): 6 - 9.

[42] 吴世炎,曾文义.加速器质谱法测定深海锰结核样品中的^{10}Be[J].台湾海峡,1998,17(2): 185 - 189.

[43] 周志超.高放废物处置库北山预选区深部地下水成因机制研究[D].北京:核工业北京地质研究院,2014.

索 引

核能与核技术出版工程

书　目

第一期　“十二五”国家重点图书出版规划项目

最新核燃料循环
电离辐射防护基础与应用
辐射技术与先进材料
电离辐射环境安全
核医学与分子影像
中国核农学通论
核反应堆严重事故机理研究
核电大型锻件 SA508Gr. 3 钢的金相图谱
船用核动力
空间核动力
核技术的军事应用——核武器
混合能谱超临界水堆的设计与关键技术(英文版)

第二期　“十三五”国家重点图书出版规划项目

中国能源研究概览
核反应堆材料(上下册)
原子核物理新进展
大型先进非能动压水堆 CAP1400(上下册)
核工程中的流致振动理论与应用
X 射线诊断的医疗照射防护技术
核安全级控制机柜电子装联工艺技术
动力与过程装备部件的流致振动
核火箭发动机
船用核动力技术(英文版)
辐射技术与先进材料(英文版)
肿瘤核医学——分子影像与靶向治疗(英文版)